◎ 著

从零开始读懂
物理学

北京大学出版社
PEKING UNIVERSITY PRESS

U0187695

内 容 简 介

牛顿是怎样建立万有引力定律的? 引力是超距作用吗?

光速为什么不变? 爱因斯坦为什么要提出相对论?

电子是粒子还是波? 薛定谔的猫到底是怎么一回事?

宇宙大爆炸是怎样一步步建立的? 暗物质与暗能量真的存在吗?

物理学总是令人着迷又令人困惑。本书从"零"开始,站在"问题"角度,循序渐进地讲述了整个物理学理论的演变过程,内容涵盖经典力学、电磁学、热力学与统计力学、光学、相对论、量子物理和宇宙学。

本书思路清晰、行文流畅,措辞严谨又不乏幽默,插图简约又不乏精准,内容简练又不乏深意。除物理内容外,本书多处以开放式思维探讨物理与数学、哲学之间的关系,旨在与读者共同建立理性思维,是青少年及广大物理爱好者绝佳的入门书籍。

图书在版编目(CIP)数据

从零开始读懂物理学 / 汪振东著. — 北京:北京大学出版社,2022.11
ISBN 978-7-301-33368-6

Ⅰ.①从… Ⅱ.①汪… Ⅲ.①物理学－普及读物 Ⅳ.①O4-49

中国版本图书馆CIP数据核字(2022)第169862号

书　　　名	从零开始读懂物理学
	CONG LING KAISHI DUDONG WULIXUE
著作责任者	汪振东　著
责任编辑	王继伟
标准书号	ISBN 978-7-301-33368-6
出版发行	北京大学出版社
地　　　址	北京市海淀区成府路205号　　100871
网　　　址	http://www.pup.cn　　　新浪微博:@北京大学出版社
电子邮箱	编辑部 pup7@pup.cn　总编室 zpup@pup.cn
电　　　话	邮购部 010-62752015　发行部 010-62750672
	编辑部 010-62570390
印　刷　者	大厂回族自治县彩虹印刷有限公司
经　销　者	新华书店
	880毫米×1230毫米　32开本　10.25印张　262千字
	2022年11月第1版　2024年6月第5次印刷
印　　　数	14001-18000册
定　　　价	59.00元

　　记得刚学物理的时候，最让笔者感到好奇的是电。电是什么？灯泡为什么能发光？如果把灯泡放到月球上，在地球上按下开关，灯是瞬间亮还是过一会才亮呢？老师们说："电是电子的流动，所以电有速度，而且肯定超越不了光速，因为任何速度都不能大于光速 —— 这是爱因斯坦说的。"于是笔者对光又产生了很多疑问：光是什么？为什么它是最快的？光和空气一样有重量（质量）吗？在一次"卧谈会"上，笔者宣布了最新的"研究成果"：光没有质量，否则人会感觉黑夜比白天轻松很多。很快，这一理论遭到其他同学的驳斥："那是因为除反射的光外，其他的光都被你吸收了，但你的身体不会吸收空气……"

　　在今天看来，这些问题似乎太幼稚可笑。但翻翻物理学史，伟大的理论不正是从这些"幼稚可笑"的问题当中诞生的吗？比如古希腊人否定地动说，可能仅仅是因为地球转动没有形成东风；暗能量假说之所以存在，也可能仅仅是因为没有办法解释宇宙正在加速膨胀。这些案例不胜枚举。因此，笔者认为在学习物理时，任何幼稚可笑的问题都不是多余的。

　　在笔者的教学过程中，学生总会提出各种奇怪的问题。笔者发现将它们解释清楚完全是徒劳的，因为往上追溯，一个问题最终会带出无穷无尽的问题。尽管笔者不能解释清楚，但记录下来总是件好事，于是将点串成线，形成了本书。

本书总共分 7 章。

第 1 章为经典力学。一开始，人们以为地球是宇宙的中心，但是行星们似乎并不"听话"，于是哥白尼用太阳取代地球的位置，提出日心说。日心说意味着地球无时无刻不在运动，既然运动就会产生强大的东风。为了解释这一问题，伽利略提出相对运动和惯性定律。在此之上，牛顿力学体系渐渐成型。

第 2 章为电磁学。牛顿的光芒照耀着宇宙的各个角落，以至于牛顿之后的科学家们总是希望电磁力与万有引力相契合 —— 符合平方反比和超距作用。最初的几十年确实如此，但当问题逐渐变得扑朔迷离时，伟大的法拉第提出了"场"的概念。麦克斯韦从场出发，断言电磁波的存在并预言光就是电磁波。当赫兹证实这一切之后，场理论取代了超距作用。

第 3 章为热力学与统计力学。燃烧与热是生活中两种常见的现象，它们的本质是什么？在 19 世纪中叶之前，人们一直认为它们都是某种元素 —— 燃素和热素。这种元素运动便产生了热效应。但当热素无法解释众多现象时，科学家们终于认识到热是一种能量（热力学），这种能量来自分子运动（统计力学）。

第 4 章为光学。一开始，人们从光的三种传播方式得出光是一种微粒，然而第四种传播方式（衍射）让科学家们对光的本质产生了激烈的争论 —— 波粒战争。光是什么？光有速度吗？每当人们以为快要揭开光最后的神秘面纱时，发现又进入了一个未知领域：光速不变诞生了相对论；光电效应是量子物理的基础；光的红移让人们发现宇宙正在膨胀……

第5章为相对论。自19世纪开始，光的波动说打败了微粒说。波传输需要介质，人们搬出了以太。但当科学家们辛辛苦苦寻找以太时，发现根本无法找到。这时初出茅庐的爱因斯坦站了出来，建立了相对论，也解决了物理学当时的窘境。

第6章为量子物理。组成物质的微粒是原子，原子的本意是"不可分割"，但最终还是被汤姆孙打开了。当科学家们"进入"原子内部参观时，发现经典的物理理论在这里并不适合，于是哥本哈根派的勇士们"另立山头"，却一不小心捅了哲学的屁股，一场荡气回肠的辩论开始了……

第7章为宇宙学。宇宙大爆炸是物理学中最脍炙人口的话题之一。宇宙真的起源于大爆炸吗？原始原子有存在的可能吗？黑洞又是怎么诞生的？暗物质与暗能量是怎么来的？这些都是该章的话题。

除物理内容外，本书还尝试探讨物理与数学、哲学之间的关系，大致有以下三个方面：一是从微积分角度探讨万物是连续的还是离散的，二是探讨测量对于物理的重要性，三是简述量子力学带来的哲学悖论。

有几点需要特别说明：一是本书的图片仅是示意图，并非实物图和实验结果图；二是本书记录了一些人物故事，这些故事只为展示人物性格与历史背景，并不能作为正史考究；三是对于一本科普书而言，举例的生动性与精准度总是难以两全的。本书从生活出发，举了不少事例，只为抛砖引玉。

在写作的过程中，笔者遇到不少困难。首先，物理与数学、哲学之间的细节问题一度困扰着笔者，好在笔者的同事 —— 饶冬飞教授给予了笔者无私的帮助，与他讨论才让笔者茅塞顿开。其次，由于笔者不善绘画，绘图问题一度影响这本书的写作进度，好在未铭图书给予了笔者非常大的帮助。在此，对帮助过笔者的老师、同事和朋友致以深深的谢意。

由于笔者水平有限，书中难免出现纰漏，恳请读者朋友批评指正。

CONTENTS
目　录

第 3 章　热力学与统计力学

第 4 章　光学

第 5 章　相对论

第6章 量子物理

第 7 章 宇宙学

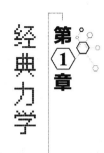

第1章 经典力学

1.1 地心说

没人能清楚地说出物理学究竟起源于哪里，但绝对与人类的好奇心有关。好奇心驱使着人类思考，思考又驱使着人类把眼前的景象勾勒成简便的模型。比如瞭望苍穹，古代中国人会把天形容成一个大锅盖，太阳、月亮和星星都在这个大锅盖上升起落下，周而复始；远眺一望无际的大地，他们会将其形容成一个板，人们便在这个板上耕种劳作，生生不息——这就是我们所熟知的"盖天说"（图1.1）。它与"宣夜说""浑天说"并称为"论天三家"。毫无疑问，这三种假说都代表着人类早期的宇宙观。

图 1.1 盖天说

无独有偶，在地球的另一边，古希腊人也有类似的、朴素的宇宙观。不同的是，他们地处半岛，很容易相信大地这块板是漂在大海里的，为了不让板沉下去，他们又相信板下有很多只乌龟……

然而，自然界中有很多现象提示古希腊人大地不是平的。比如当帆船归来时，站在岸上的人们总是先看到桅杆，再看到船身；往北走，北极星更靠向头顶。这些现象说明大地可能是弧形的，也可能是球形的，后来古希腊人从月食上找到大地是球形的直接证据。如图 1.2 所示，当月亮进入地球的本影区时，就会形成月食。如果大地是一块平板或弧形的板，那么它的影子不可能总是圆，因此大地必须是球。

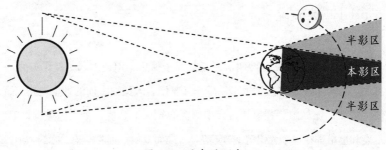

半影区

本影区

半影区

图 1.2　月食的形成

地是"球"形的，天（宇宙）是什么样的呢？古希腊人又展开了无边的想象，最终形成"地心说"。地心说最早起源于被誉为"科学和哲学之祖"的泰勒斯创立的米利都学派。较为成熟的地心说模型是古希腊数学家欧多克斯（公元前 408—公元前 355）提出的。欧多克斯认为宇宙也是球，不同天体位于不同的同心球上，地球位于所有球体的正中心，即宇宙的中心（图 1.3）。

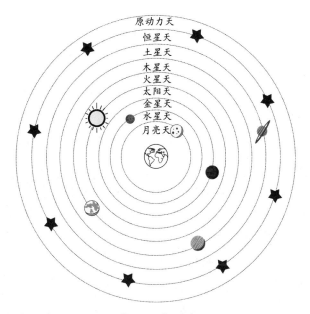

图 1.3 地心说

所有的天体每天都会绕地球转一圈,于是形成了昼夜交替;太阳球转动的方向与其他球相反,这就解释了为什么总在夜晚能看见星星。太阳球还会以年为单位,以某个角度来回摆动,于是就有了四季交替。这些星体绕地球运动的轨迹如何呢? 速度又是怎样呢? 欧多克斯受老师柏拉图(公元前 427—公元前 347)的影响,认为星体的运动轨迹是圆的,速度是均匀的。因为在柏拉图学派看来,圆和匀速都是最完美的。

地心说成功地解释了很多自然现象,因此很容易被人们接受,并最终被亚里士多德(公元前 384—公元前 322)总结到自己的自然哲学体系中。亚里士多德是古希腊时代的一位集大成者,他的研究成果涵盖哲学、物理学、数学、艺术、社会学等诸多学科。此处我们虚构两个人物 —— 小亚同学和德老师,来简述亚里士多德在地心说及物理学上的思想。

小亚同学："您说地球是个球，站在地球上面的人毫无问题，但站在下面的人会掉到宇宙中吗？"

德老师："当然不会。我们必须有个概念，球上每个点都是平等的。因此，不管你在地球的任何位置，你所谓的'下面'实际上指向地心。每个物体都有重力，重力是物体的属性，重力让每个物体都会下落。"

小亚同学："那为什么白云浮在天上，火苗会向上，炊烟也会飘向天空？难道它们就没有重力吗？"

德老师："世间万物都是由土、水、火、气四种元素组成的，土元素最重，水元素次之，火元素再次之，气元素最轻。重的会下落，轻的自然会上浮。白云和炊烟主要由气元素组成，所以会上浮。火苗是由火元素组成的，火靠近气，虽然比气重，但也会上浮。"

小亚同学："天体在天上飘，是气组成的吗？"

德老师："我应该说得更明白一些，土、水、火、气四种元素构成了地球周围的万物。到了月亮天，就不存在这四种元素了，而是弥漫着第五种元素——以太。天体由以太组成，因此没有重力，自然不会落到地球上。"

小亚同学："一片树叶和一块小石头都有重力，为什么小石头下落得更快呢？"

德老师："因为小石头的重力大，所以下落得快。"

小亚同学："我更糊涂了！您说的重力到底是什么？它怎么会让物体下落？"

德老师："首先，你必须明白什么是力。力是维持物体运动的原因，比如一张桌子，你不推它不动，你一推它就动。重力也可以使物体运动，但是它是物体的内在属性，与普通的力不同。普通的力必须通过接触才能产生作用，而重力可以远距离作用。

小亚同学："您说推了桌子，桌子会动，但我松开手后，桌子为什么还会向前移动？很显然，我现在没有给它力了。"

德老师想了很久，说："这可能是空气迂回导致的……"

古希腊与亚里士多德

早在公元前 3000 年左右，一支印欧人部落离开多瑙河畔，迁徙到希腊半岛和克里特岛，与原住民融合，成为希腊人的祖先。在汲取两河文明和古埃及文明后，古希腊人创造了璀璨的克里特文明和迈锡尼文明。迈锡尼文明一度因外族入侵而毁灭，又因《荷马史诗》的记载而重新绽放。公元前 5 世纪，希波战争后，古希腊文明的发展进入黄金时期。此时的古希腊人建立了很多学派，最为有名的当数柏拉图建立的柏拉图学派。欧多克斯正是在加入柏拉图学派后提出了成熟的地心说模型。

希腊半岛的北部有一个叫马其顿的城邦正在兴起。马其顿不断蚕食古希腊的一些城邦，其中就包括亚里士多德的故乡 —— 一个被古希腊人统治的色雷斯城邦[①]。亚里士多德的父亲是马其顿的宫廷御医，所以年轻时的亚里士多德对医学有一定的兴趣，但他更向往古希腊人建立的繁荣城邦 —— 雅典。18 岁时，亚里士多德前往雅典，成为柏拉图的学生，在柏拉图学院学习了 20 年。亚里士多德聪慧无比，而且敢于挑战，思想上自然会和柏拉图及学

---

① 古希腊并非一个国家概念，而是一个地区概念。马其顿、色雷斯到底属不属于古希腊范畴，历史上有很大争议。

院的其他人产生冲突。柏拉图去世后，亚里士多德创立不同于柏拉图的哲学体系，受到了很多人的攻击和排挤。亚里士多德不为所动，说了句"吾爱吾师，吾更爱真理"，然后被迫离开雅典，周游四方。三年后，他受马其顿国王腓力二世的邀请，成为腓力二世的儿子亚历山大的老师。

希波战争后，古希腊城邦之间为了各自的利益组成同盟，同盟之间能吵就吵，吵不赢就打，最为著名的当数以雅典为首的提洛同盟与以斯巴达为首的伯罗奔尼撒同盟之间的伯罗奔尼撒战争。最终，腓力二世为雅典和斯巴达之间的战争画上句点——占领它们，从此希腊半岛就成了马其顿的属地。

腓力二世雄心勃勃，希腊半岛只是他计划的一部分，甚至是极小的一部分，他觊觎的可是亚洲大陆。正当腓力二世往亚洲大陆进发时，天不遂人愿，他遇刺身亡，二十岁的亚历山大继位。亚里士多德重回雅典，在雅典建立了属于自己的学院——吕克昂学院。亚里士多德喜欢在学院里边走边讲课，一副非常逍遥的样子，于是后人称之为"逍遥学派"。

与此同时，亚历山大开启了长达十年的东征，建立了第一个横跨亚欧非的帝国，并把古希腊文明带入了帝国的各个角落。他在帝国很多地方建立以自己名字命名的古希腊式新城市，其中就包括埃及的亚历山大城。然而好景不长，三十二岁的亚历山大突发热病而亡，被他征服的民族纷纷起义，帝国瞬间陨落。作为亚历山大的老师，亚里士多德自然脱不了干系。他被迫再次离开雅典，逃到自己的故乡。第二年，亚里士多德去世。关于亚里士多德的死有不同的说法，阴谋者推测他可能是被毒死的，学者认为他可能是因为无法解释潮汐现象① 而跳海自杀的。不管怎样，亚里士多德的思想是古希腊时代的一次最伟大的凝结。他第一个为物理学提供了较完备的体系，而第二个为物理学提供完备体系的是两千多年后的牛顿。

尽管亚里士多德及其地心说很成功、很伟大，但仍然掩盖不了一些看似细枝末节的问题。如果以年为单位来看火星，它的轨迹就有点捉摸不透。从地球上看，每年火星基本上是从西向东走，但有时会逆行，速度也会时快时慢（图 1.4）。

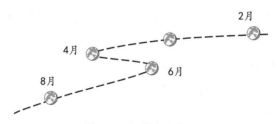

图 1.4　火星的运动

地心说出现了危机，于是天文学家们提出了两套修正方案。

第一套方案来源于古希腊人阿利斯塔克（公元前 315—公元前 230）。阿利斯塔克是一位严格靠观察数据来推测理论的天文学家，因此被后人誉为"第一位真正意义上的天文学家"。他在测量的基础上，推测出了惊人的结论。

---

① 亚里士多德认为水元素会因重力而下降，但海水却会涨潮。潮汐现象困扰了无数的物理学家，直到万有引力出现。本书为了简明，没有将潮汐加入讨论之中。

（1）地球不是宇宙的中心，太阳才是！所有的星体都绕着太阳做圆周运动。

（2）地球不仅绕着太阳转（公转），自己每天还转一周（自转），所以才会昼夜交替。

这哪里是修正？这简直就是革命！不过，这场革命在形成风暴之前，就偃旗息鼓了，因为阿利斯塔克无法从根本上解决如下问题。

（1）地球如此之大，太阳如此之小，怎么让人相信偌大的地球竟然围绕小小的太阳转动？阿利斯塔克给出的解释是，太阳远比我们看到的要大得多，只不过离我们太远，看起来小而已。他通过测量与估算，得出太阳的半径大约是地球的6~7倍。尽管该数值与今天测量的值相差甚远（109倍），但阿利斯塔克是人类历史上第一位认识到太阳比地球大的人。

（2）当时的古希腊人已经测得了地球的直径，要是地球每天转动一周，其速度是马的近千倍，速度如此之快，人为什么不会头晕，也没有形成强大的东风呢？

"地动说"便被尘封起来了。

第二套方案的提出者是古希腊最伟大的天文学家喜帕恰斯（约公元前190—公元前125，也译成伊巴谷）。他巧妙地避开日心说，只继承阿利斯塔克观测与计算的方法，创造了一系列成果。他的很多理论时至今日仍被地理学与天文学采用，如岁差、视差等。此外，他是人类历史上第一位正确测量出月地距离的人 —— 地球半径的60倍左右。

在历史遗留问题上，喜帕恰斯坚持地心说，并创造性地提出了"均轮""本轮"的假说。这一假说最终被来自埃及亚历山大城的托勒密（约90—168）继承[1]，暂时解决了地心说中存在的问题（图1.5）。

---

[1] 关于均轮和本轮思想的提出者，现在尚存疑问。不管是不是托勒密，托勒密都作出了巨大贡献，此处只需要说明。

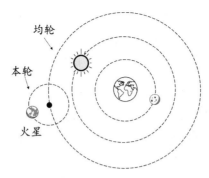

图 1.5 托勒密地心说

（1）太阳、月亮绕着地球转。

（2）像火星这样的天体，除大圈均轮外，还有小圈本轮。火星沿着小圈转动，而小圈的圆心又沿着大圈绕着地球转。如此，便解释了火星的迂回轨迹。

（3）星体转动的速度并非匀速，但是转动的角度是匀速的，即匀角速运行。

（4）如果一个本轮不足以描述星体的轨迹，就添加更多的本轮，直至与真实轨迹一致为止。

托勒密将自己的天文学理论全部写到《天文学大成》一书中，为天文学留下了光辉的一笔。在后来的一千三百多年里，《天文学大成》一直是西方的天文学教科书。

仔细分析一下，我们会发现所谓的本轮圆心正是太阳。除太阳和月亮外，大部分星体都有本轮，也就是说，托勒密的理论中隐含了很多太阳。那么，能不能将这些太阳合并到一处呢？显然不能，因为合并到一处，就不再是地心说了——这正是托勒密必须避开的。但是否定地动说，为了维持圆周与匀速运动，就必须增加本轮，一层层地套下去，直到完全与实际相符为止。于数学计算而言，并无不可，但于物理学而言，则大费周章。物理学不仅要寻求客观事物的本质，还要求建立简便和完美的数学模型。地心说与完美的数学模型成了托勒密的鱼和熊掌，托勒密自然深知这点。因此，他特别强调该模型不是宇宙本质，而是观测手段，或者说是一种数学处理方法，如果有新的方法那是最好不过的。然而事与愿违，他的地心说最终被嫁接成上帝创造万物的理论基础。

1.2　日心说

转眼间，一千三百多年过去了。

在这一千三百多年里，欧洲发生了许多大事。亚历山大帝国灭亡后不久，地中海成了古罗马的"内陆湖"。公元 4 世纪前后，统一的古罗马帝国分成东西两个帝国。5 世纪中后期，西罗马帝国灭亡，欧洲进入黑暗的中世纪。这是一个神权时代，那些与神学相违的哲学都被天主教付之一炬，科学和哲学俨然成为神学的婢女。东罗马帝国依然屹立于东方，直到 15 世纪中叶。在这一千多年里，东罗马帝国战火频仍，过得也不平静。从 11 世纪中期到 13 世纪中后期，由于种种原因，东罗马贵族的财产或被抢、或在流亡时重新回到了欧洲，其中包含了大批古希腊和古罗马的艺术珍品与典籍，文艺复兴开始了。

文艺复兴伊始，很多思想先驱们以各式各样的艺术形式抨击黑暗，但是直面神权的还数自然科学。因为相比艺术，自然科学最大的优势在于摆事实、讲证据。事实与证据一旦被人们掌握，便会以星火燎原之势摧枯拉朽。哥白尼正是为自然科学点燃星星之火的人。

哥白尼（1473—1543）出身于波兰的一个贵族家庭，比唐伯虎大三岁。大约在唐伯虎三笑点秋香的年纪，他只身前往文艺复兴的策源地——意大利，到名校博洛尼亚大学学习神学和医学。在博洛尼亚大学的三年，他并没有把精力放在主业上，而是对古希腊的人文学科产生了极大的兴趣。为此，他常去听一些无关神学的讲座，结识了很多良师益友。由于他的数学功底非常扎实，天文学老师建议他研究一下天文学，哥白尼一不小心在天文学道路上越走越远。

自从《天文学大成》成了教科书之后，在长达一千三百多年的时间里，人们在天文学理论方面没有突破性的进展，唯一能做的就是发现新天体，然后套用托勒密的地心说模型去解释。前文说过，对于一个复杂运动的天体而言，一个本轮不够，就增加更多的本轮，于是"大圈套小圈"地最多套到了八十多个——显然不是人类大脑所能想象的。如果托勒密的理论是一套数学方法，那它是不是用加法在费心费力地计算乘法呢？

哥白尼不走寻常路，在他看来既然上帝创造了宇宙，就不会选择用这样冗繁的方式让它运行，所以他要寻找出一个更简洁的模型，借以消除人们对上帝的"误会"。不幸的是，在长达十几年的时间里，哥白尼发现托勒密的学说尽管有些误差，但总体上还算精确。但是哥白尼坚信上帝是一个简约而不简单的人或神，或许正是因为这份坚信，他才能在一堆早就被遗忘的古籍中找到阿利斯塔克的日心说。哥白尼认真研究了前人的学说，发现大部分天体与地球的距离在不断改变，而与太阳的距离变化不大。这足以证明太阳才是宇宙的中心，于是新的宇宙模型诞生了（图 1.6）。

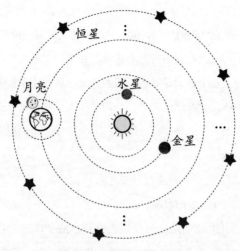

图 1.6　哥白尼的日心说

　　继承了阿利斯塔克的学说，就得解决阿利斯塔克遗留下来的问题。在此，我们依然虚构两个人物——小哥和白老师，通过二人的对话简明阐述哥白尼的核心思想。

　　小哥："您说地球绕着太阳转，为什么如此大的地球会绕着小小太阳转动？"

　　白老师："实际上，太阳远比地球大，大约是地球的 20 倍。"

　　小哥："宇宙以太阳为中心，那么四季是怎么形成的？"

　　白老师："古希腊人早就注意到四季与太阳直射点的关系。地球每年绕太阳转一圈，直射点会发生变化。冬至日，太阳直射南回归线，此时南半球是夏天，而北半球是冬天。随着地球与太阳位置的变化，直射点开始向北移动。春分日，太阳直射赤道。夏至日，太阳直射北回归线。此时太阳直射点开始向南移动，秋分日，太阳又直射赤道。冬至日，太阳直射南回归线（图 1.7）。一年四季，年年四季，周而复始。

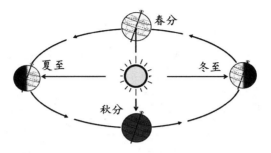

图 1.7　四季形成

小哥："那昼夜交替是怎么回事呢？"

白老师："地球除公转外，还每天自西向东自转一周，面向太阳是白天，背向太阳是黑夜（图 1.8）。"

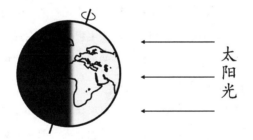

图 1.8　昼夜交替

小哥："照您这么说，地球上应该有很强的东风啊，或者我向上抛起一块小石头，它也应该落到抛出点的西边，而不是正下方。"

白老师："这个问题确实困扰了我很长时间，后来我从高山和海水中找到了答案，高山和海水是由土元素和水元素组成的，所以它们有可能也会遵守与地球一样的运动法则。既然与地球一起转动，那么在地球上看来，它们都是静止的。这个运动法则应该对悬浮物同样有效。由于空气中含有水和尘埃（土元素），所以空气会随着地球一起转动，而不会形成强大的东风。同样，小石头是由土元素组成的，自然也会与地球一起转动。不过，这些现象只在地球附近有效，像天空中突然出现的天体①就另当别论了。"

其实在最后一个问题上，哥白尼也不能十分肯定。因此，在他所著的《天体运行论》中用了很多"似乎""可能""也许"等不确定的字样。但是对于宇宙和天体的形状及天体的运动方式，哥白尼给出了斩钉截铁的回答：形状是球，运动是圆，速度是匀速。哥白尼继承了古希腊人的圆是最完美的思想，尽管地球上有凹凸不平的高山海洋，但那就像人脸上的一颗小小的青春痘，地球整体上还是一个球形。

哥白尼时期的地心说已然有了宗教意识，贸然发表新观点会给自己带来麻烦。起初哥白尼想仿照古希腊的毕达哥拉斯，述而不作，只将日心说观点告诉周围的朋友。当一位红衣主教看到哥白尼的手稿后，强烈建议他将手稿撰写成书。正是在朋友的鼓励下，哥白尼拖了一个九年又一个九年，直到"第四个九年"②，才将《天体运行论》写好，然后托这位红衣主教带到德国公开发表。据说哥白尼在弥留之际才收到从德国纽伦堡寄来的《天体运行论》样书，只摸了摸封皮，便与世长辞了。这种说法的可信度并不高，因为在《天体运行论》出版的前半年，哥白尼已经因脑卒中失去了一切知觉，并长期处于昏迷状态，但传说总会添上一抹悲壮的色彩。

《天体运行论》出版后，没有立刻引起轩然大波，这可能与长期的以"识字为耻"的愚民政策有关——连字都看不懂，又怎么去理解书中的几

---

① 指的是彗星，那时人类对彗星认识不全。
② 引自《天体运行论》自序——《给保罗三世教皇陛下的献词》。

何数学呢？真正发现其价值的还是数学家们，开普勒（1571—1630）便是其中之一。1595 年，他依据日心说理论，写了一本叫《宇宙的神秘》的书，用数学方法将宇宙勾勒成一幅美丽的画卷。

　　柏拉图时代，古希腊人就已经找到 5 种正多面体，即正四、正六、正八、正十二、正二十面体。每个正面体都可以有一个内切球和一个外接球，如果其中一个正面体的外接球是另一个正面体的内切球（图 1.9），就可以获得 6 个球体 —— 正好与绕着太阳转的六大行星（金、木、水、火、土、地球）数量相等。莫非这是神的旨意？开普勒根据这条线索，建立了一套完美的宇宙模型[①]。

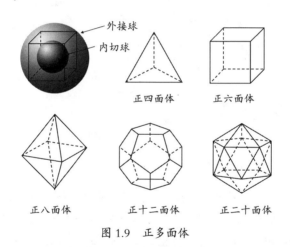

图 1.9　正多面体

　　尽管在今天看来，这根本不是神的旨意，因为后来人类还发现了天王星和海王星，而正多面体的数量却没有增加哪怕一个，但是我们依然被开普勒的数学功底所折服。

---

　　① 建立这套模型很不容易，不仅要与观测数据相符，还要安排好正多面体的次序。此处只做简单介绍。

　　书出版后，开普勒寄了一本给天文学家第谷·布拉赫（1546—1601）。第谷在布拉格拥有自己的天文台，所观测的数据非常详细缜密，在当时非常有名望。在收到《宇宙的神秘》之前，第谷也曾读过哥白尼的《天体运行论》，认为与其说地动说带来的问题让人含糊不清，不如承认地球不动，其他行星绕着太阳转 —— 用太阳取代了本轮的圆心（图 1.10）。

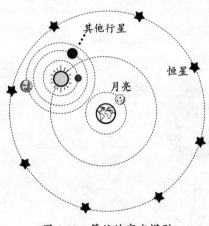

图 1.10　第谷的宇宙模型

　　从根本上说，第谷的模型属于地心说范畴。第谷是一位经验主义者，对自己观测的数据十分自信。数据不会说谎，但不代表"不骗人"，如果没有正确的分析思路，得到的结果可能南辕北辙。正确的思路需要数学，这正是第谷所欠缺的，所以第谷看到开普勒的书，喜爱至极，立刻写信给开普勒，盛情邀请他来布拉格担任助手。两位历史上伟大的天文学家终于在 1600 年见面并合作。

　　在布拉格，开普勒看到了从未见过的观测数据，并在皇帝鲁道夫二世的安排下，与第谷一同制定《鲁道夫星表》。然而，快乐总是短暂的，第二年，第谷因水银中毒去世，留给开普勒的是一堆精准的观察数据和火星谜题。

又是火星！这是一个让人伤透了脑筋的行星。根据哥白尼的日心说，开普勒推算出的火星位置与第谷观测的位置存在误差。这个误差很小，大约等于秒针走 1/50 秒的角度，然而当这个秒针指向天体时，任何小角度也会产生非常大的距离。那么，到底是自己算错了还是第谷看错了呢？开普勒选择相信自己的老师，因为第谷的严谨程度是有目共睹的。

到底哪出了问题呢？开普勒想飞到火星一探究竟，可是身无飞翼，最好还是先从地球算起。但又怎么站在地球上确定地球在宇宙中的位置呢？原理很简单，根据三角形的稳定性即可。在一个平面内，想要确定一个定点的位置，至少需要另外两个固定的点，所以开普勒需要找出两个固定的天体。

幸运的是，宇宙中有一颗太阳。既然肯定日心说，那么可视太阳为静止不动，所以第一个点很容易确定下来。不幸的是，宇宙中只有一颗静止的太阳，尽管恒星也可视为静止，但没有办法测量出它们与地球的相对位置。开普勒是聪明绝顶的，他意外地选择了火星。

又是火星？火星不是行踪诡异、来无定时吗？是的，但这些都是相对地球而言的。相对太阳，火星则要规矩很多：约 687 天（一个火星年）绕太阳转个来回——这对于开普勒来说，已经是了如指掌。在一个火星年内，总有一天太阳、地球、火星在一条直线上，称为"火星冲日"。火星冲日可以简单理解为太阳、火星、地球三点在一条直线上，且太阳和火星位于地球的两侧（图 1.11）。每当火星冲日出现时，太阳下山，火星升起；太阳升起，火星下山，所以有整个晚上的时间来观测火星。

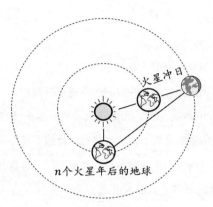

图 1.11　测量地球轨道

　　开普勒从某个火星冲日开始计算，等再过一个火星年时，火星必然会回到原来的位置，但地球的位置发生变化，再根据太阳、地球与火星的角度关系，就能测出地球的相对位置。反复如此、如此反复，便可测定地球的轨道。如法炮制，也可得出火星的轨道。只是这样的计算需要很多年的数据，好在第谷的观测为开普勒扫清了障碍。

　　原理很简单，过程却很复杂，结果更让人意外。无论是火星绕日还是地球绕日，它们的轨道都是椭圆而非正圆。再推而广之，行星绕日的轨道都是椭圆，太阳处在椭圆轨道其中一个焦点上（图 1.12）。这就是"开普勒第一定律"，也称为"椭圆定律"。

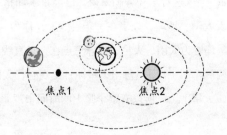

图 1.12　行星椭圆轨道

只能用"丑陋"二字来形容椭圆定律，因为从古希腊开始，圆作为一个完美形状已经深深地烙在人们心间。上帝没有选择地球作为宇宙中心也就算了，居然连运行轨道、运行速度也没有选择完美的圆和匀速，真是让人失望至极！以至于很长一段时间内，人们都拒绝相信椭圆定律，其中就包括伽利略。

作为一名数学家和虔诚的教徒，此时的开普勒可能也比较失望。他继续计算，试图进一步找出行星的运动规律。不久，开普勒得出新的结论：在同样的时间内，行星和太阳连线扫过的面积是相等的（图 1.13）。这就是"开普勒第二定律"，也称为"面积定律"。

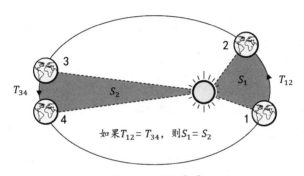

图 1.13　面积定律

1602 年，开普勒几乎完成了椭圆定律和面积定律的测算，但由于他的计算数据全都来源于第谷——属于第谷后人的财产，自己并没有版权，所以直到 1609 年才发表。

那时的欧洲正值乱世。1612 年，鲁道夫二世被自己的弟弟赶下皇位，郁郁而终。开普勒因宗教信仰问题被迫离开布拉格，过得并不富裕，尽管主要工作还是制定《鲁道夫星表》，但不得不从事一些迎合市场的工作，比如占星术，所以他写了不少关于占星术的书。当时红酒在欧洲非常风靡，测量红酒酒桶的体积是一个热题。1615 年，开普勒发表著作《求酒桶体积之新法》。表面上看与红酒有关，实际上它是一本关于计算椭圆体的数学著作。酒桶是椭圆的，轨道也是椭圆的。或许正是从中获得了灵感，开普勒推导出第三定律：所有行星绕太阳一周的时间 T 的平方与它们轨道长轴 R 的立方之比是相等的（图 1.14）。

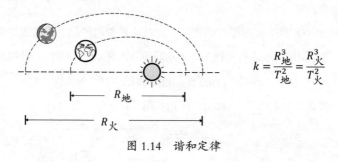

$$k = \frac{R_{\text{地}}^3}{T_{\text{地}}^2} = \frac{R_{\text{火}}^3}{T_{\text{火}}^2}$$

图 1.14　谐和定律

　　1619 年，开普勒所著的《宇宙谐和论》出版，正式发表了"开普勒第三定律"，所以第三定律也称为"谐和定律"。谐和，和谐，是谁让宇宙这么和谐呢？此时开普勒正好看到英国宫廷御医吉尔伯特写的《论磁》一书，他发现磁力与这种星体间的作用力有几分相似，都不需要接触就可以产生效果，所以他认为太阳发出的某种"磁力"驱使行星绕其转动。这是人类第一次从动力学上解释天体运动，也为后来人指明了一个研究方向：力是宇宙的驱动力，不是上帝。

第谷与开普勒

　　开普勒出身于一个贵族家庭。他出生时，家族已然败落。5岁时，他的父亲为了家族生计，以雇佣兵的身份参加荷兰与西班牙之间的"八十年战争"，从此杳无音信。他的母亲是一位旅店老板的女儿，后来可能做过一些有关占星术的工作。幼年时期，开普勒便展现出惊人的数学天赋，对天文学也有很浓厚的兴趣。进入大学后，他主修神学，一心想成为一名牧师。当他遇到哥白尼的《天体运行论》后，命运发生转折。开普勒从一开始便觉得日心说比地心说更合乎逻辑，所以他很快相信这一学说，并写了《宇宙的神秘》一书。出版后，开普勒将其寄给了当时一些比较有名的人物，其中包括第谷和伽利略。

第谷出身于丹麦的一个贵族家庭，自幼便过继给伯父抚养。他的伯父希望他学习当时贵族圈里非常时髦的法律、神学和修辞学，将来可以谋一份很有前途的职业，更可以光耀门楣。第谷从小性格犟，脾气大，虽然表面上顺从，但内心一直都没有改变过对天空的向往。上大学之后，天文学家成功预测了一次日偏食，这让他大为惊奇，内心的暗流涌动成了再也刹不住的洪水，于是他白天佯装学习法律课程，晚上则偷偷地研究托勒密的《天文学大成》。过了几年，第谷的伯父去世，他继承了一大笔财产。金钱加上无拘无束让第谷开启了周游列国的行程。1572 年，他观测到一个白天都能看见的新星[1]，让他名声大振。丹麦皇帝请他回来做御用天文学家，并花重金为他建立天文台，第谷也在此留下了很多宝贵的数据。

第谷是一个豪爽的人，就像武侠小说中的大侠一样。大侠总会得罪一些宵小之人。天文台落成后，贵族子弟经常去参观。有一次，丹麦的小王子在参观时把玩了一下某个精密的仪器，第谷心疼不已，对其破口大骂，让小王子颜面尽失。不幸的是，这个

---

[1] 超新星爆发，非常亮。关于超新星见 7.3 节。这个超新星后被命名为"第谷超新星"。

小王子后来成为丹麦的国王，而且还是一个记仇的国王。他上台后不久，就把第谷赶了出来，还摧毁了他的天文台——据说那是花了一吨黄金才建成的。不久，罗马帝国皇帝鲁道夫二世邀请第谷去德国，并在布拉格为他修了一座新的天文台，只是设备和以前差得太远了。尽管如此，第谷依然通过肉眼观测作出了不可磨灭的贡献。那时人类还没有发明望远镜，所以第谷被誉为"望远镜发明前最伟大的天文学家"，其成就和喜帕恰斯旗鼓相当。

1600 年，开普勒来到布拉格，与第谷一起工作。一个是有数学天赋却无观察数据，一个是观测能力超强却不精通数学，两人本是天作之合，然而工作起先进展得并不顺利。第谷是一个有钱的贵族，经常出席贵族们的高级宴会。通常情况下，大家都会介绍一下自己的工作，第谷可能在介绍自己的成就时，忘记带上了开普勒。在开普勒妻子的枕边风中，第谷成了一个盗窃自己成果的人，于是开普勒留下了一封羞辱第谷的信，毅然决然地离开了布拉格。第谷看到信件后，痛心不已，深情地邀请开普勒回来，并邮寄了盘缠。开普勒收到信后，为自己的莽撞懊悔不已，写了封忏悔信后，又回到第谷身边。那时的开普勒还没有正经的差事，前几个月都是由第谷资助的。后来第谷将其推荐给鲁道夫二世，开普勒也成了御用的数学家，两人的共同任务是制定《鲁道夫星表》。

好景不长，1601 年，第谷因水银中毒去世，开普勒顶替了第谷的职位。尽管开普勒可以使用第谷的观测数据，但毕竟是私人遗产，属于第谷的后人，在法律上存在一些争端，从而导致开普勒将自己所著的《新天文学》一拖再拖，直到 1609 年才发表。

历史对鲁道夫二世的评价并不高，认为他是一个平庸的皇帝。他的昏聩直接导致了 1618 年爆发的"三十年战争"，开普勒也是这场战争的受害者。从第谷去世到鲁道夫二世被赶下台（1612 年），开普勒完成了很多伟大成就，包括天文学、光学和数学，还独立发明了望远镜。纵然如此，他依然无法在政治上得到庇护，不得不离开布拉格，去往林茨大学[1] 任教。

1612 年之前，开普勒是皇家数学家，但薪水只有第谷的一半，而且还时不时停发。1618 年，战争爆发后，开普勒几乎领不到薪水。估计也就只有 1612 年到 1618 年，薪水是正常开出的。家庭的负担一直让他的财政捉襟见肘。尽管如此，开普勒是当时难得的多产科学家，出版了非常多的书籍——包括一些关于占星术的书，奠定了光学和天文学的基础。

开普勒是科学史上一位关键的人物，不幸的是，除了关于占星术的书，他的大部分科学理论在当时并不被人们认可，比如下文中着重介绍的伽利略就不承认椭圆定律。

1.3 从实验开始

伽利略（1564—1642）出身于一个没落的贵族家庭。1581 年，17 岁的伽利略来到比萨大学主修医学。伽利略精通很多学科，时常有些小发现和小发明。这些小发现和小发明往往在不经意间改变了科学的历史进程。1583 年，伽利略在祈祷时看到吊顶在左右晃动，他掐了掐脉搏，发现了物体晃动的等时性原理。几十年后，英国人惠更斯（1629—1695）根据该

---

① 后更名为约翰·开普勒林茨大学。

原理发明了摆钟。从上古时代开始，人类就一直为精准计时努力着，也发明了很多计时工具。早在秦汉时期，中国人就利用日晷①来计时，足见中国古代劳动人民的智慧。

1596 年，为了测量病人的体温，作为医生的伽利略发明了温度计②，从此人类对热和温度有了新的认识。更让伽利略声名鹊起的是，他根据阿基米德的浮力原理发明了比重秤，可以轻松称出较轻物体的重量③，被誉为"当代的阿基米德"。

上大学时，伽利略对亚里士多德的《物理学》研究颇多，发表了一些相关的著作。当收到开普勒寄来的《宇宙的神秘》后，他猛然间发现，天文学上的成就才能让自己扬名立万，其他的学科都是小巫见大巫，于是他以无比的热诚投入天文学研究当中。不过，他没有第谷的观测数据，想要有一番作为，除非有新仪器 —— 望远镜。

1608 年左右，荷兰人就用凹凸镜发明了望远镜，只是伽利略还不知道。有次伽利略到威尼斯去拜望好友，得知威尼斯政府打算购买荷兰人的新发明以进行军备竞赛，而这个新发明仅仅采用几块平时用来烧蚂蚁玩的凸透镜。伽利略计上心来，通过好友告诉威尼斯贵族们不要着急，可以等他发明出来再说。果不其然，一个多月后，伽利略将自己研制的新望远镜送给了威尼斯政府，因此获得了一份终身教授的职位，薪水也翻了 3 倍。更为关键的是，伽利略发明的望远镜比荷兰人的清晰 9 倍，是肉眼的 33 倍，这足以让他清楚地看到月球表面。于是他激动地写信给开普勒说："月球的表面并不是完美的，那些阴影就像地球上的大山河流一样，只是没有水

① 晷者，影子也。日晷是根据影子的方位来计时的。

② 见 3.1 节。

③ 称较轻的物体最常用的办法是"叠加法"，即称多个，然后除以数量。但像纪念邮票一类的物体是没有办法叠加的，伽利略设计比重秤的目的可能正源于此。

而已，圆圆的是陨石坑。”

正当人们争相谈论伽利略的神奇工具时，他又发现了木星的其中4颗卫星、发光的银河原来是由无数颗恒星组成的。他把这些新发现都告诉了开普勒，并骄傲地说：“我想我已经观测到土星运动的轨道了。”当时开普勒正在研究土星，看到信后兴奋不已，回信问伽利略能不能送一个望远镜给他。伽利略回答说他的望远镜全都送给了贵族们，打算以后再做一些清晰度更高的望远镜，等做好了，再送给一些朋友们。

现在我们已经无法知道伽利略是否真的打算研制新的望远镜，就算研制了，也无法肯定他说的那些“朋友”中包括开普勒，但是我们仿佛看到了一个噘嘴“卖萌”的小女孩对别人说：“看，我有糖，就是不给你。”事情总有好的一面，开普勒自然不会认为伽利略的托词是真的，所以他不会傻傻地等到“长发及腰”、天荒地老。1611年，开普勒独立发明了新的望远镜。天文学由此全面进入了望远镜时代。

此后两年内，伽利略利用望远镜发现了很多肉眼不曾见过的星体，当时的人都称：“哥伦布发现了新大陆，伽利略发现了新宇宙。”在肉眼看得见的星体上，伽利略也有许多新发现。

（1）伽利略发现金星和月亮一样，也有盈亏，这是由金星、地球、太阳的相对位置关系引起的。伽利略通过大量的观测数据推测金星、地球都是绕着太阳运动的，为哥白尼的日心说提供了坚实的数据支撑。

（2）伽利略发现太阳上黑黑的小点点不是其他行星的“影子”，因为小黑点移动速度非常慢，如果是行星的影子，那么影子的移动速度会很快，所以这些小黑点只能来自太阳自身的“缺陷”——太阳黑子。这些缺陷让人们不禁觉得原来“上帝制造”也有“劣质”产品，而地球也不过是这些产品的其中之一——显然这完全不符合亚里士多德那套地球不动、上天完美的学说。

（3）再经过长期的观察，伽利略发现太阳黑子的转动也有周期性，从而得出太阳也在自转的结论。假设哥白尼的日心说成立，地球则绕着太阳转，如果太阳都自转了，又有什么理由相信地球不能自转呢？

伽利略用几块玻璃片发现了"天外有天"，也激发了当时人们对日心说更大的兴趣。当越来越多的人谈论哥白尼的日心说时，教会再一次出手了[1]。1616年，教会将《天体运行论》列为禁书，并严禁任何人在公开场合下大谈特谈日心说——这便是"1616禁令"。

相比其他人，伽利略的处境其实要好很多，尤其是在1623年他的一位好哥们（乌尔班八世）从红衣主教坐上了教皇的位置之后。伽利略觉得机会来了，他跑到罗马为自己的新发现进行游说。由于当时日心说是一个公开的话题，很多贵族都认同哥白尼将科学与宗教分开的观点。教皇本人对伽利略的新发现持欢迎态度，但是负责宣传教育的神父们不干了。可面对着如此高深的理论和铁一般的事实，神父们也无可奈何，只好对伽利略的推测和结论下手。他们让伽利略放弃哥白尼的日心说，如果做不到，至少对地心说不要存在偏见；如果某个场合下，非提日心说不可，那么一定要提到地心说，而且不能带有主观意见，只能当成历史去阐述。

伽利略是倔强的也是聪明的。在完全符合禁令的要求下，他写了一本名为《关于托勒密和哥白尼两大世界体系的对话》（以下简称《对话》）的书，书中虚构三位人物：沙格列陀、萨尔维阿蒂和辛普利邱。沙、萨二人皆是日心说的支持者，而辛却坚持认为亚里士多德（逍遥学派）说的话都是正确的。

《对话》仿照古希腊的很多著作（如《理想国》），以三人对话的形式展开，分为四天，每天一个主题，第一天证明了地球和其他天体一样，是一个运动的天体；第二天证明了地球每天会自转一周；第三天证明了地

---

[1] 1600年，哲学家布鲁诺就因支持哥白尼的日心说而被教会处以火刑。

球以年为单位绕日一周；第四天讨论了潮汐问题[①]。该书洋洋洒洒几百页，表达了对托勒密体系的批判和对哥白尼体系的辩护。

要为哥白尼体系辩护，就绕不开一个话题：地球自转为什么没有东风或向上抛起的物体为什么没有落在抛出点的西边？伽利略认为是相对运动。在此，我们仅依照《对话》第二天中的一个思维实验来阐述伽利略的相对运动思想。

相对运动

哥白尼将上述问题归结为元素，但他本人也将信将疑。伽利略借沙格列陀之口举了一个小例子。

如图 1.15 所示，一块小石头从桅杆上落下，它的速度可以看成两种运动的组合：一种是水平方向上的运动，另一种是垂直方向上的运动。

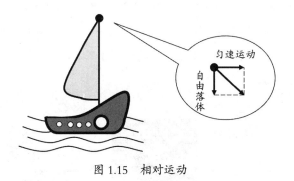

图 1.15　相对运动

① 伽利略认为潮汐是地球自转运动的结果，在今天看来是错误的。

先来看水平方向上的运动。小石头离开船体后，依然保持原有的速度。站在岸上看，小石头和船一同运动，但是在船上的人看来（以船作为参照物），小石头是静止的。这就是相对运动。实际上，哥白尼在解释地球自转时，也用到了相对运动原理，即空气和小石头都与地球是相对静止的。

为什么小石头离开船体后还会继续运动呢？按照亚里士多德的说法，力是维持物体运动的原因，但此时水平方向上除了空气阻力并无其他力了。显然亚里士多德的观点是错误的，而正确的解释应该是小石头本身就具备维持原来速度的属性。在《对话》中，伽利略称这种属性为"冲力"。

冲力一词在哥白尼之前就有了，可见人们对逍遥学派的质疑由来已久。现代物理学中称之为"惯性"，惯性一词最早出现在开普勒所著的《哥白尼天文学概要》中，意思为"懒惰"。惯者，一以贯之也，可以简单理解为：物体（无论是运动还是静止）始终想要维持原来的样子，直到被外力改变。而开普勒所说的惯性大约相当于现代物理学中的"惯性力"。惯性力是虚拟出来的力，比如人拉一辆静止的车子，必须用一个不小的力才能使其运动。反过来看，仿佛有一种看不见的力在向后拉车子（图 1.16），不让它运动。

图 1.16　惯性力

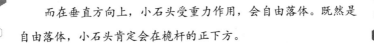

而在垂直方向上，小石头受重力作用，会自由落体。既然是自由落体，小石头肯定会在桅杆的正下方。

1632 年，在伽利略 5 次到罗马游说后，《对话》终于获得教会的出版许可。由于此书以对话的形式书写，一改以往枯燥的科学讲解，普通人都可以愉快流畅地阅读，所以风靡一时。

那时欧洲三十年战争仍在继续，这是一场属于宗教的战争，许多诸侯公国借着宗教纷纷站队，罗马帝国日渐式微。罗马教皇也渐渐感到自己的权威在很多国家消失殆尽，可下面的人告诉他："即使在罗马，您老人家的余额也有待充值。"一语惊醒梦中人，伽利略的处境可想而知。教会改口称伽利略违反了 1616 年的禁令，并对伽利略进行了严厉的审判，最终以问题严重、亟待审查为由禁止了《对话》的再版现售，并且一劳永逸地判了伽利略终身监禁。颇为讽刺的是，当人们知道了审判结果后，《对话》早就被抢购一空。防民之口甚于防川，这个道理其实大家都懂，只是在既得利益面前，谁都显得那么的脆弱。

就这样，伽利略被软禁在家。由于年轻时观察太阳，强烈的阳光灼伤了他的双眼，最后全部失明。即便如此，他依然坚持完成了另外一本对话——《关于两门新科学的对话》（以下简称《新对话》）。这部书稿在 1636 年就已完成，由于教会禁止出版他的任何著作，他只好托一位威尼斯友人秘密带出境，这本书的发表彻底改变了自然物理学，也一举将伽利略推到了"近代物理学之父"的高度。

《新对话》也分为四天，每天一个主题。第一天讨论材料学，第二天讨论重力的作用，第三天讨论运动，第四天讨论抛体运动。

很显然，在《对话》中，辛普利邱先生仍然没能从托勒密的世界体系中觉醒过来，所以在《新对话》的第一天，伽利略就借沙、萨二人之口，劈头盖脸地问了辛先生这样的问题：

亚里士多德认为自由下落的物体，重则快，轻则慢。诚如所言，假设一块大石头下落速度是 8[①]，另一块小石头下落速度是 4，将二者绑在一起会以多大的速度下落呢？无非有两种情况。

（1）一轻一重，轻重中和，所以速度要小于 8，大于 4。

（2）一轻一重，轻重相加，所以速度要大于 8。

这是人类历史上最有名的悖论之一。据说伽利略为了向人们展示，特意爬到比萨斜塔上，同时丢下两个不同重量的铁球，发现两个铁球同时着地，这便是历史上著名的"比萨斜塔实验"，时间是 1589 年。后人对比萨斜塔实验的真实性颇有争议，因为它最先只记载于一位伽利略的粉丝给他写的传记中。那时的伽利略已是晚年，且双目失明，只能靠口述讲述往事，所以崇拜者为了书的可读性，添点油加点醋也未可知。如果故事是真实的，为什么其他书上鲜有记载？要知道当时伽利略已经是很有名气的人物了。

先不论比萨斜塔实验的真实性，只讨论另外一个实验。从一些史料及《对话》和《新对话》中，我们可以推测伽利略没少做这个实验。

如图 1.17 所示，将一个非常光滑的直木板固定在斜面上，钢球从木板顶端沿斜面滑下，用水钟测量钢球每次下滑的时间及到达水平面时的速度，得出结果如下。

（1）小球在平面上移动的距离几乎与时间成正比，即 $s = vt$（s 为距离，

---

① 物理学中的量由数值和单位组成，但通常也用无单位的数值表达某个含义。原书中用的是无单位的数值。

v 为速度，t 为时间）。

（2）小球的最终速度与小球的重量无关。

（3）小球越高，小球最终在平面上走的距离也越远，即到达平面时速度越大。

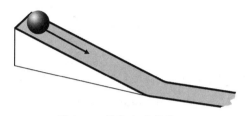

图 1.17　斜面小球实验

在此，我们虚构两个人物 —— 小略和伽老师，借以表达伽利略的运动思想。

小略："小球原本静止，最后有了速度，这个速度从何而来？"

伽老师："小球下落后，速度可以分成两个部分，一个是水平的，一个是垂直的，你问的是哪个呢？"

小略："先说说垂直的吧！"

伽老师："我们来简化一下吧！假设斜板也是垂直的，那么小球的下落就是自由落体。自由落体的物体，速度很显然来自重力。"

小略："您说这个速度是多少？"

伽老师："你这个问题是不成立的。小球静止，速度一开始是 0，在重力的作用下速度开始增加，是一点点增大的，所以当你问速度时，应该先告诉我你问的是哪个时刻。"

小略："我有点糊涂了！重力不是恒定的吗？为什么速度会渐渐增大呢？"

伽老师："对于一个物体而言，重力的大小是不变的，但是速度会累加。

为了说明这点，我创造了一个新概念，叫作'加速度'。加速度由力产生，力不变，加速度不变，但不变的只是增加的速度，而速度却在增加。打个比方，假设我每天给你一个糖果，你每天的糖果增加的数量都是1——没有变化，但你口袋里的糖果数量在不断增加——除非你吃了它们。"

小略："我似乎明白了。每个小球都有重力，重力产生的加速度一样，所以只要高度一样，它们最终速度是一样的。"

伽老师："孺子可教！"

小略："那水平的速度从何而来呢？"

伽老师："你必须注意到实验用的是斜板。小球滚下来时，如果木板是光滑的，那么小球只受到重力和斜板的支撑力，支撑力在垂直方向上会与部分重力相互抵消，而在水平方向上，会产生加速度，水平方向上的速度就来了（图1.18）。"

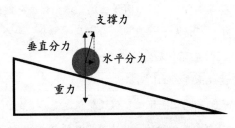

图 1.18　小球受力分解

小略："按照您刚才画的图，当小球到达水平木板时，所受的支撑力应该与重力抵消，小球为什么还运动呢？"

伽老师："我们必须搞清楚物体运动的原因，一个物体运动并不需要力来维持，力只是改变物体运动的状态。比如一开始小球静止，在重力和支撑力的作用下，静止状态发生改变。同样的道理，小球到达水平木板后，它的状态是运动的，此时没有力改变它的状态，所以会因为惯性继续运动下去。因此，力是改变物体运动状态的原因，而维持物体运动的是惯性。"

小略："照这样说的话，如果木板足够长，小球将会永远运动下去？"

伽老师："在理想状态下，确实如此。"

小略："理想状态是什么？"

伽老师："对于一个物理系统而言，我们必须先将其简化。在这个实验中，我们只考虑了木板的支撑力和小球的重力，并没有考虑木板和小球之间的摩擦力。这个摩擦力是由木板和小球的材质决定的，木板的表面越粗糙，平面上的小球很快就会停止；木板的表面越光滑，平面上的小球就会运动得越远，当没有摩擦力时，小球会永远地运动下去。这是一种理想状态，尽管在现实生活中并不存在，但会给研究物理带来极大的方便。"

伽利略通过实验给出了一套比较完备的运动学体系。很多学者将这个简单实验列入物理学史上十大最美实验之首——按时间先后为第一个，原因如下。

（1）实事求是。远离了古希腊时代的天马行空，转而以实验为基础，脚踏实地地建立数学模型。

（2）大胆假设。伽利略突破真实的实验局限，大胆地提出理想化的实验模型，将经验与理性结合起来，开创了人类思维的新格局，为物理学乃至自然科学奠定了思想基础。

伽利略的丰功伟绩如同太阳一般耀眼光辉，但他的太阳也有小小的黑子。在小球实验中，如果不出意外，小球将会永远地沿着直线匀速运动下去。可是意外无处不在，当时人们认为宇宙是有限的球形，试问有限的宇宙怎么能容得下无限伸展的物体呢？所以，伽利略认为木板不会永远地直下去，比如实验中的木板慢慢延长，最后弯着弯着就绕地球走了一圈，那样的话，木板上的小球将会永远地做着圆周运动；即便人类有能力制造一个木板，并让它冲出地球、冲出太阳系，甚至冲到"天尽头"，可是最终也冲不出圆圆的宇宙，所以小球最终逃不了圆周运动的命运。因此，伽利略认为直线运动是圆周运动的前奏，最终都以"圆惯性"方式运动，而地球的自转、公转皆来自圆惯性。

伽利略崇拜真理，尽管他成功地挑战了亚里士多德的体系，但是只对事不对人；而对于哲学家柏拉图，他既对事又对人地崇拜起来，所以"圆是最美的"让伽利略情有独钟，以至于伽利略会对他的同行、亦师亦友的开普勒的椭圆轨道理论视而不见。但这不是个例，在那个年代，连哥白尼的日心说都尚处于猜测阶段，更别说椭圆轨道了。

伽利略的"自误"不禁让后人感到画蛇添足般的遗憾，但是我想遗憾是多余的。假设人类有能力在外太空放置一个小球，并让它自转起来，我们完全有理由相信它会一直转下去。对于这种"一日转、终生转"的运动方式，在万有引力或转动惯量守恒之前，唯有圆惯性才能完美解释。

伽利略如此伟大又如此高傲。他曾意气风发，却又时运不济，最终只搏了个身后之名。1642年1月8日，伽利略与世长辞。据说在前一天晚上，他走到阳台摸着自己心爱的望远镜，或许当时的他希望自己就像光一样，飞到木星上、飞到宇宙中，去探寻一切真相。第二天，仆人发现他倒在阳台上昏迷不醒，连忙找大夫，然而所有的大夫都因为伽利略是囚犯而拒绝给他医治。下午，伽利略逝世，享年78岁。

三百多年后，后人替伽利略完成了最后的梦想。1989年，伽利略号木星探测器正式升空，并于1995年顺利抵达木星轨道。

三百多年后的1992年，梵蒂冈教廷终于为伽利略平反，并宣称三百多年前（1633年）对伽利略的审判是一个"善意的错误"。

1.4　力学定律

有一个凄美的传说。

一位已逾知天命之年的老头在路边邂逅了 18 岁的公主，因为老头才华横溢，被国王选中做公主的数学老师。时间久了，公主和老头产生了不伦之恋。国王知道后，一气之下将老头放逐，并禁止他们之间的任何交流。流离失所的老头身染沉疴，给公主寄去的十二封信如石沉大海，写完第十三封信就气绝身亡了。信中只有一个简单的数学公式：$r = 1 - \cos\theta$，国王看不懂，将全国的数学家请来，但无人能解开谜团。于是国王很放心，将这封信给了闷闷不乐的公主。公主收到信，立刻明白了恋人的意思。她用老头教给她的"坐标系"将这个方程画了出来 —— 是一个心形图（图 1.19）。

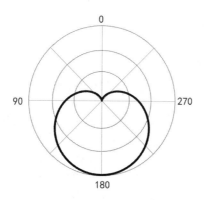

图 1.19　心形图

故事中的老头叫笛卡尔（1596—1650），出生于法国，是一位伟大的哲学家、数学家、物理学家，但是他有一点不好 —— 身体不好。因此，

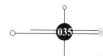

上学后，老师们心疼笛卡尔，允许他在床上多躺一会，不必做早操。躺在床上的笛卡尔没有休息，他的脑海里总是翻腾着奇思怪想，久而久之成了一种习惯。据说坐标系就是他躺在床上想出来的。

从古埃及开始，东方智慧与西方智慧在战争后的一次次融合让人类在代数和几何上都取得了很大的成功，但在笛卡尔之前，它们仍是两门相对比较独立的学科。几何直观形象，代数精确抽象。能否把几何图形和代数结合起来，让代数中的每个数在几何上都有意义，同时也让几何中的形与代数中的数一一对应，是当时很多数学家们思考的问题。

据说有天笛卡尔躺在床上，突然看到角落里有只蜘蛛正在结网［图1.20（a）］，一下子醍醐灌顶。他想如果把蜘蛛看成一个点，而把墙角看成三个数轴，那么空间上的蜘蛛就可以用这三个数轴的坐标确定下来［图1.20（b）］；反之，如果确定了一个坐标，那么就可以确定这个点的位置。这就是最初的笛卡尔坐标系。通常情况下，建立二维坐标系足以满足平面分析需求［图1.20（c）］。

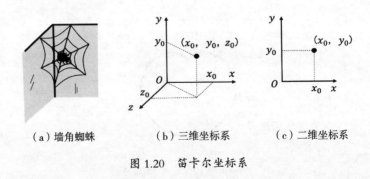

（a）墙角蜘蛛　　　（b）三维坐标系　　　（c）二维坐标系

图1.20　笛卡尔坐标系

蜘蛛是活的，当蜘蛛网上落了一只苍蝇时，蜘蛛会从中心 A 点跑到苍蝇所在的 B 点处，饕餮一餐后又返回 A 点。尽管都是在 AB 之间活动，但是意义却不同，该如何在坐标系中表达呢？很简单，画个带箭头的线段就行了，记为 $\overrightarrow{AB}$。线段长度表示大小，箭头表示方向，所以称之为"向量"。箭者，矢也，故而向量又称为"矢量"。根据伽利略的运动相对性原理，速度自然有大小、有方向，故而速度也是矢量。

对于一个矢量而言，它会遵守平行四边形法则。通常我们将矢量分解到两个垂直的坐标轴上，但有时也会分解到任意方向［图 1.21（a）］。分解后的矢量称为"分量"。矢量的分解就像光照射后留下的影子［图 1.21（b）］，因此也称为"投影"。

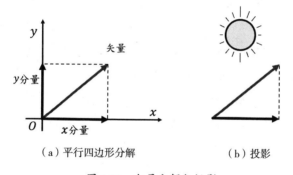

（a）平行四边形分解 　　　　　　（b）投影

图 1.21　矢量分解与投影

从古希腊开始，人们认为物体运动有两种最基本的方式：直线运动和圆周运动。我们可以通过以下实验来诠释。如图 1.22 所示，一个刚性小球被绳子拴住，在光滑的水平面上绕圆心旋转。很显然，小球的运动是圆周运动。如果剪断绳子，小球会沿着圆周的切线方向飞走——这是惯性导致的必然结果。

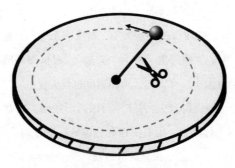

图 1.22　向心力

由此可见，圆周运动时的小球的速度方向始终与绳子垂直——方向不断改变，所以小球的运动并非匀速，不变的仅仅是速率而已。再根据惯性理论，速度改变就需要有外力作用，小球所受的外力来自绳子的牵引，称为"向心力"。换句话说，正是绳子提供了向心力，小球才会做圆周运动。既然圆周运动需要力的作用，那就不存在所谓的圆惯性。这也说明圆周运动并不是完美的，更不是匀速直线运动的归宿。根据这个实验，笛卡尔将惯性的表述修改为：物体总是保持静止或匀速直线运动，直到外力改变它。

仔细分析一下，小球的运动与天体运动非常相似——都是绕着某个点做圆周或椭圆运动，那么天体是否也受了某种"天上的力"的作用呢？答案是肯定的，不过我们不急于解释"天上的力"，"地上的力"仍有很多难题需要解决。惯性思想认为力能改变物体运动，但并没有解释如何改变。解决这一问题的是牛顿——史上伟大的物理学家。

牛顿出生于 1642 年的圣诞节 [1]，是一个早产儿。他出生时只有大约

---

[1] 儒略历。加上 10 天等于格里历，所以也可以说牛顿是 1643 年出生的。当时欧洲大陆采用格里历，但是英国仍然采用儒略历。

1.35kg——连正常人的一半都不到。在所有人看来，这个孩子夭折不过是早晚的事，然而牛顿却坚强地活了下来，并且坚强地活到了 84 岁。

母亲再婚后，幼年的牛顿便和他的外婆一起生活。即便到了少年时期，也看不出牛顿有什么特别之处。他成绩平平，只是动手能力很强，时常做一些小物件，比如著名的"牛顿的风车"。19 岁的牛顿告别家乡，前往剑桥大学深造。在大学 4 年里，他把一生想要干的事情都列在纸上，每一个都是当时最复杂的难题。1664 年牛顿毕业，正当他想大显身手时，欧洲暴发了黑死病。牛顿只得回乡躲避瘟疫，成了无职待业的闲杂人等。赋闲在家的牛顿并没有闲着，他的大脑就像浩瀚的星空，灵感就像划过天际的流星，在转瞬即逝间便可将整个星空点燃。1665 年 5 月，划过他大脑的那颗流星叫作"流数术"，也就是现在所说的微积分。

微积分

微积分的思想古来有之，最早可追溯到圆面积的计算。由于弧度的存在，圆面积难以计算，将其割成小块的正多边形就好算多了。三国时期，数学家刘徽（约 225—约 295）发明了非常精妙的算法——割圆术。

如图 1.23 所示，圆内接一个正 6×2^n 边形。当 $n = 0$ 时，正六边形的面积与圆面积误差较大（阴影部分）；当 $n = 1$ 时，面积误差就小了很多；当 n 不断增大时，圆面积与正多边形面积之间的差值就越小；当 n 趋向无穷大时（记为 ∞），二者面积相等。割圆术体现的正是微分思想。根据割圆术，刘徽推算了圆面积公式：$S = \pi r^2$。

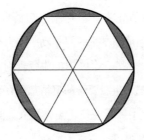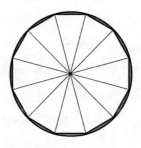

图 1.23 割圆术

上式中 π 为圆周率，即圆周与直径的比，它是一个常数。要想求得圆的面积，必须先求出 π 值。古代中国人很早就注意到 π 值的重要性，《周髀算经》[1]中就有"径一周三"的说法，即圆周率等于 3。刘徽通过计算 n = 5（正 192 边形）时的圆周率，得出圆周率约为 3.14。后人在割圆术的基础上不断地得出更精确的圆周率，南北朝时期的祖冲之（429—500）精确计算了 n = 12（正24576 边形）时的圆周率，即我们常说的"圆周率在 3.1415926到 3.1415927 之间"，这个精确值直到 900 年后才被西方改写。

祖冲之的儿子祖暅[2]（456—536）也是一位数学家。他曾推导球体积公式，提出"幂势既同，则积不容异"的原理，后人称为"祖暅原理"。幂者，面积也；势者，高度也；积者，体积也。也就是说，两个同高的物体，如果等高处的面积相等，那么体积相

---

[1] 中国古代著名的算术著作，大约成书于公元前 1 世纪。

[2] 也叫作祖暅（音同"更"）之，按中国传统，起名要避讳尊者，但"之"是虚词，不在避讳之列。

同。简单点说，水平方向上一刀横切——无论在哪切，如果切出来的两个面积是相等的（图 1.24），那么两个体积也是相等的。也许你感到疑惑，面积与体积是两个不同的物理量，怎么会产生相同的结果呢？其实这与"将一条线段看成由无数个点组成"的道理是一样的，体积也可以看成由无数个面组成。

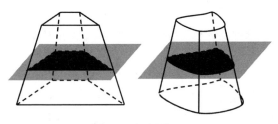

图 1.24 祖暅原理

祖暅原理体现的正是积分思想。简单点说，点没有长度，线可以看成由无数个点组成；线没有宽度，面可以看成由无数条线组成；面没有高度，体可以看成由无数个面组成。祖暅根据这一原理推导出球体积公式，再推导出球面积公式：$S = 4\pi r^2$。

古希腊人同样对圆周率的计算有深入的研究。阿基米德（公元前 287—公元前 212）利用圆内接正多边形（与割圆术相同）和圆外切正多边形两种不同的方法测算了 π 的数值，还推算了圆面积、球表面积、球体积、抛物线、椭圆面积等公式。阿基米德的数学思想对人类产生了极其深远的影响，所以有学者认为假设有人要为历史上的数学家排个座次，如果前三名中没有阿基米德，那肯定是不科学的——另外两位是牛顿和高斯。

然而，微积分光有思想是远远不够的。到了牛顿时代，动力学在数学上遇到了非常大的困难。一个没有外力作用的物体，它的速度是均匀的；一个做自由落体运动的物体，它的加速度是均匀的，但物体的运动并不总是这两种简单的形式，遇到复杂的运动形式该如何处理呢？换句话说，如何从这两种简单的形式出发，推算出更适合复杂情形的数学模型呢？

设有一个物体，它的运动方程是 $s = t^2$，s 表示位移，t 表示时间。把它画到 s-t 坐标轴上 [图 1.25（a）]，在曲线上任意取两点，对应有 t_0 和 t_1、s_0 和 s_1，则计算 t_0 到 t_1 时刻的平均速度为：

$$v = \frac{s_1 - s_0}{t_1 - t_0}$$

设 $\Delta t = t_1 - t_0$，$\Delta s = s_1 - s_0$，令 Δt 逐渐减小，则 Δt 内的平均速度与 t_0（或 t_1）的瞬时速度就越接近。根据微分思想，当 $\Delta t \rightarrow 0$，此时 $\Delta s \rightarrow 0$，而 $\Delta s / \Delta t$ 就等于 t_0（或 t_1）的瞬时速度。

以上是求得某个点的瞬时速度，但每个点都如此去求会让数学失去魅力。数学要做的是建立瞬时速度 v 与时间 t 之间的方程，这个方程正是 $s = t^2$ 的微分方程 $v = 2t$ [图 1.25（b）]。这是一个匀加速运动，再对速度进行微分，可得加速度方程 $a = 2$ [图 1.25（c）]。

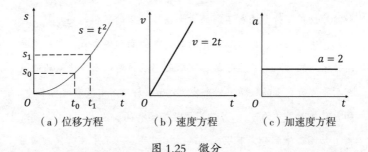

（a）位移方程　　　　　（b）速度方程　　　　　（c）加速度方程

图 1.25　微分

积分是微分的逆运算。我们用积分来求一个不规则形状的面积。设有方程 $y = f(x)$，它的曲线如图 1.26 所示。求 $x = x_a$ 和 $x = x_b$，$f(x)$ 与 x 轴所围成的面积。与割圆术很相似，当 $n = 5$ 时，误差很大；当 $n = 10$ 时，误差就小很多了；继续切割，当 $n \to \infty$ 时，面积就求出来了。

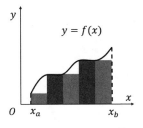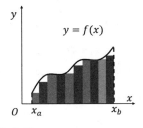

图 1.26　积分图

与微分类似，如果每个不规则面积都这样去求，数学也就失去了意义。积分运算的关键在于找出积分方程，假设 $g(x)$ 就是 $f(x)$ 的积分方程，那么阴影部分的面积等于 $g(b) - g(a)$。

用方程 $v = 2t$ 来验证一下，它的积分方程为 $s = t^2$，阴影部分的面积 $S = 2^2 - 1^2 = 3$，与几何方法求得的结果一致（图 1.27）。

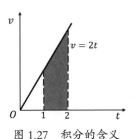

图 1.27　积分的含义

也许你会问，这种计算方式合规矩吗？我们刚学习除法时，第一要义便是除数不能为 0，然而微分中 $\Delta t \to 0$，Δs 同样也会趋于0，难道0÷0还有意义吗？同样，在运用积分求面积时，无论怎么切割，只要n是一个确定值，计算出来的面积永远都是近似值，而不是真实值。

这个疑问归根到底是无穷大（∞）引起的，古希腊人称之为"无穷大量"，其倒数就是"无穷小量"。无穷大的概念大约起源于公元前1200年的古印度，最初并非用于数学，而是用于哲学或神学。当古希腊人将其应用到数学时，质疑就出现了。

芝诺（约公元前490—公元前430）是古希腊的哲学家，他认为物体运动的速度（瞬时速度）是不存在的。为了证明这点，他提出了不少运动悖论，最为有名的是阿喀琉斯[①]追乌龟。

乌龟在前面跑，阿喀琉斯在后面追（图1.28）。阿喀琉斯的速度比乌龟快很多，很显然，如果阿喀琉斯不在路旁边睡觉，他将在某个时间点追上乌龟，记为$t_{追}$。然而，芝诺认为阿喀琉斯永远也追不上乌龟，如果这样计算，则有下面的结果。

第0次计算：乌龟在位置0，阿喀琉斯在后。

第1次计算：当阿喀琉斯跑到了位置0时，乌龟跑到了位置1，乌龟还在前。

……

第n次计算：当阿喀琉斯跑到乌龟的上一个位置$n-1$时，乌龟跑到了位置n，乌龟仍然在前。

由于n可以无限增加，所以阿喀琉斯永远也追不上乌龟——无穷大量出现了危机。

---

① 阿喀琉斯是古希腊神话中的人物，以善跑而出名。

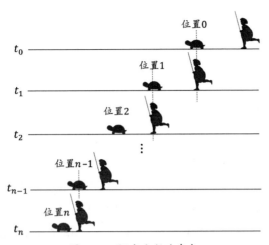

图 1.28　阿喀琉斯追乌龟

无穷小量遇到同样的问题，当 $\Delta t \rightarrow 0$ 时，则 $\Delta s \rightarrow 0$，它们的比值就是瞬时速度。瞬时速度到底存不存在？Δt 是不是 0？如果是 0，则不存在瞬时速度；如果不是 0，那瞬时的"瞬"到底是多久呢？实际上，这是一个哲学问题，很多科学家对此望而却步，但是物理学的发展必须依靠数学。在牛顿看来，数学是一种方法，而不是证据，要想往前就必须将瞬时速度与哲学脱钩，因此建立了流数术——牛顿称变化率为"流数"，也就是今天的微分。

这种可以"看成 0，却又不是 0"的问题受到当时许多很有名望的人的猜疑和指责，并引发了第二次数学危机，当时英国红衣大主教就提出一个悖论。设有一个算式：

$$\text{Sum} = 1 - 1 + 1 - 1 + 1 - 1 \cdots$$

如果改写成：

$$\text{Sum} = (1 - 1) + (1 - 1) + \cdots$$

则 Sum = 0；如果改写成：

$$Sum = 1 + (-1 + 1) + (-1 + 1) + \cdots$$

则 Sum = 1。到底 Sum 等于几呢？牛顿也没有答案。

第二次数学危机直到 19 世纪才算彻底解除。1851 年，德国著名的数学家魏尔斯特拉斯（1815—1897）给出了"极限"的数学定义，微积分也从边应用边怀疑走向了严格表达的一种数学方法。利用极限，我们来解释一下前文中的一些悖论。对于一个无穷小量而言，比 0 大，却永远小于任何给定的数值，也就不存在 0 ÷ 0 的问题了。在阿喀琉斯追乌龟的悖论中，芝诺说的"永远"根本就没有多远，只是以 $t_{追}$ 这个时间点为极限而已，即 $t - t_{追} \to 0$。而红衣大主教的悖论并不存在，尽管 Sum 的最终取值取决于 n 的实际值，但这个算式不是收敛的，并不能证明微积分是错误的。

根据牛顿的手稿来看，牛顿大约于 1665 年 5 月就发明了微积分，但没有发表出来。从 1672 年到 1686 年，德国数学家莱布尼茨（1646—1716）发表了好几篇关于几何曲线求解的论文，轰动了整个欧洲。牛顿听闻后，立刻站出来指责莱布尼茨，称他剽窃了自己的研究成果，而自己才是微积分的独家发明人，一时间众说纷纭，莫衷一是。究其原因，可能与莱布尼茨在发明微积分之前去了一趟英国有关。据说莱布尼茨本想拜访牛顿，但当时的牛顿不愿意与外界接触，莱布尼茨只从牛顿助手那里看到了一些手稿，不过这些手稿中是否包含微积分，现在已成了无头公案。总之，牛顿发明微积分是无可争议的，而莱布尼茨是第一个发表微积分的。按照现在的游戏规则，发明权无疑当属莱布尼茨。

原理上，两人差不多，但牛顿的出发点是运动力学，而莱布尼茨的出发点是几何计算。除此之外，两人使用的符号也不一样。我们依然以图 1.27 为例，牛顿用 $\dot{s}$ 表示流数（微分），用 $\acute{v}$ 表示反流数（积分），很难看出二者与时间 t 的关系。相比牛顿，莱布尼茨更注重数学符号的表达形式，他用 $\mathrm{d}t$ 代替 Δt，$\mathrm{d}s$ 代替 Δs，则 $v = \dfrac{\mathrm{d}s}{\mathrm{d}t}$；用 $\int$ 表示积分，则 $s = \int v\mathrm{d}t$。这种表达形式为二阶微分提供了便利：$a = \dfrac{\mathrm{d}^2 s}{\mathrm{d}t^2}$；$s = \iint a\mathrm{d}t$。因此，今天的数学依然采用莱布尼茨所创立的符号。

实际上，微积分的出现并非偶然，当时欧洲很多数学家离发明微积分只差半个身位，比如牛顿的老师巴罗很早就敏锐地感觉到积分是微分的逆运算，但他并不了解其背后的物理含义，从而将这半个身位让与了牛顿。山雨欲来，哪片云彩都有可能下雨，因此莱布尼茨独立发明微积分是完全有可能的。退一步说，就算莱布尼茨"借鉴"了牛顿的微积分，也不能忽略他对微积分所作的贡献。

随着牛顿的名望越来越高，英国人纷纷卷入这场没有硝烟的战争。他们本能地站在牛顿的一边，对莱布尼茨口诛笔伐，甚至写文章辱骂——后来证实这些文章大多数都是牛顿亲手写的，只是托他人发表而已。然而，争论不是靠人头取胜的打群架，所以英国人也没能把莱布尼茨怎么样，反而招致欧洲大陆——特别是德国人的不满，最终"杀敌八百，自损一千"地排斥欧洲大陆的科学发展，闭门造车了一把……这些都是很多年后的事情，而此时——公元 1665 年，力学的故事仍在继续。

牛顿建立流数术的出发点是运动力学，建立之后提出了力学三大定律。

力学第一定律：一切物体在没有受到外力作用时，总保持匀速直线运动或静止状态。又称为"惯性定律"。

奇怪！这条定律不是伽利略提出来的吗？最多加上笛卡尔，与牛顿有什么关系呢？实际上，伽利略和笛卡尔都没有很好地回答一个问题：什么是力？是屁股被胖揍后留下的"疼"，还是手掌上留下的"红"呢？谁也说不清，科学家们还欠"力"一个定义。

自古以来，基本物理量的定义一直很令人头疼，比如最基本的物理量 —— 质量，它就像生活中一个烂熟的字，提起笔后却忘记第一笔从哪下手。伽利略对质量的概念就很含糊不清，以至于在《对话》和《新对话》中，经常将质量与重量混淆。第一次提出质量概念的是哲学家培根（1561—1626），他将质量定义为："物体所含物质之量"。但这个表述存在很大问题，因为"物质"一词也是含糊不清的。牛顿无疑借鉴了前人的表述，认为质量等于密度与体积的乘积。但密度又是什么呢？密度是指定体积内质量的量度。这样一来，牛顿用密度定义了质量，而质量又需要用密度来定义 —— 这是一个先有蛋还是先有鸡的问题。不过，牛顿并没有在这个问题上纠缠，直接给了质量的计算方式：与重量成正比。这是一个非常好的办法，对于那些无法用文字精确表达的物理量，用数学公式表达是最简洁不过的。

力该如何用数学公式表达？笛卡尔在研究物体运动时发现，物体的运动与其质量有关，因此提出一个新的物理量，它等于质量与速率的乘积，即 $p=mv$ —— 现代物理学中"动量"的雏形。几十年后，惠更斯根据小球碰撞实验，发现笛卡尔所提出的物理量会突然减小或增大，甚至凭空消失，换成现在的物理术语叫作"不守恒"。由于不守恒，笛卡尔的物理量受到莱布尼茨的极力反对。莱布尼茨认为描述物体最好的量是质量乘速率的平方，即 $E=mv^2$——现代物理学中"动能"的雏形。他将这个物理量称为"活力"，将笛卡尔的物理量称为"死力"。活力与死力谁更有资格进入物理学，科学家们争论了百年之久。

牛顿发展了笛卡尔的"死力"，把速率改成了速度，称其为"运动的量"。速度是矢量，那么运动的量也就成了矢量，矢量遵守平行四边形法则，也就守恒了。

有了动量，定义力就方便了很多。假设一个质量为 m 的物体以速度 v 运动，在外力 F 的作用下，速度 v 发生改变，动量 p 也会发生改变，则：

$$F = \mathrm{d}p / \mathrm{d}t$$

又 $p=mv$，可得：

$$F = m \cdot \frac{\mathrm{d}v}{\mathrm{d}t} = ma$$

力学第二定律：物体加速度的大小与作用力成正比，与物体的质量成反比，加速度的方向与作用力的方向相同。又称为"加速度定律"。

力学第三定律：作用力和反作用力分别作用在两个物体上，它们的大小相等、方向相反，作用在同一直线上，且同时消失、同时存在，性质相同。又称为"作用力与反作用力定律"。

需要特别强调的是，作用力与反作用力不是一对平衡力［图 1.29(a)］。平衡力指的是作用在同一个物体上的力，而作用力与反作用力指的是作用在不同物体上的力［图 1.29(b)］。

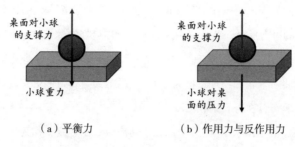

（a）平衡力　　　　　　　（b）作用力与反作用力

图 1.29　平衡力、作用力与反作用力

　　古希腊人对作用力与反作用力的思考由来已久。亚里士多德在讨论物体运动时指出，动物走路时脚必须挨着地面，必须对地面施加力；与此同时，地面也会对动物施加力，这两个力是相等的。可以看出，这两个相等的力就是作用力与反作用力，但他没有创造新概念，而是用"相互作用"来表述。

　　通过以上表述，我们可以看出亚里士多德认为物体运动有两个必要条件，一是施加力——这与"力是维持物体运动的原因"的思想是一致的，二是相互作用的力必须相互接触，比如走路脚要接触地面，吹灯嘴要接触空气、空气要接触灯火。

　　能让物体运动的还有重力，在亚里士多德看来，重力是物质固有的属性，与其他的力不可同日而语。但是我们来做一个实验，就能发现亚里士多德的谬误。

　　如图 1.30 所示，空中有个小球，因为重力自由落体。等落到桌面上后，小球受桌面的支撑力而变得静止，小球对桌面的压力和桌面对小球的支撑力是一对作用力与反作用力，而小球的压力正是来自小球的重力，即压力与重力是相同的。

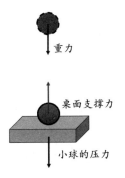

重力

桌面支撑力

小球的压力

图 1.30　重力也是力

从上述实验可以看出，重力也是力[①]，它并不比其他的力高一头。再延伸一点，地球上的物体有重力，太阳会不会产生"重力"呢？换句话说，地球绕日运动的力是否来源于太阳产生的某种"重力"呢？我们终于回到"什么是宇宙的第一动力"这个问题上来了。

1.5　万有引力

"什么是宇宙的第一动力？"

亚里士多德："毫无疑问，是神！"

哥白尼："同意楼上的说法！但我必须补充一点，他说神就是上帝——我们唯一的真神。"

伽利略："上帝创造了宇宙，同时也创建了宇宙运行的规则，这个规则正是圆惯性。"

---

① 在汉语中，力与重力都有个"力"字，所以很容易看出它们有从属关系，但在古希腊语中，它们是两个不同的单词。

开普勒："有些问题从力的角度分析可能会更好一点，我认为宇宙的第一动力是某种磁力 —— 就像磁铁一样。我们可以管这种磁力叫引力。"

笛卡尔："引力，绝对是引力。我做过实验，一个拴在绳子上的小球，绕圆心转动（图 1.22），绳子给了小球向心力。地球绕太阳转动也是如此，它进行圆周运动的向心力来自太阳的重力，我们可以称之为引力。"

"太阳离地球那么远，引力又是如何作用的呢？"

笛卡尔："我的哲学思想告诉我，万物之间都是有联系的，太阳与地球也是如此。它们之间的相互作用是通过以太元素传播的。以太弥漫于太空，大质量的太阳将以太扭曲成漩涡，地球就处在漩涡当中。就像搅动水桶里的水形成一个漩涡，而水上飘着的物体就会跟着漩涡转动起来。"

近代哲学之父 —— 笛卡尔

自文艺复兴起，教会将哲学与宗教相结合，形成了经院哲学。经院哲学是一种为宗教服务的思辨哲学，其要旨是为宗教信仰找到合理的哲学依据。当自然哲学（物理学）迅速发展时，经院哲学对自然的解释就捉襟见肘了。笛卡尔率先打破思想禁锢，激烈地批判了经院哲学的烦琐僵化和教条主义，并提出了唯理论的演绎法，因此他被后人誉为"近代哲学之父"。笛卡尔的演绎法分为四步，此处仅以伽利略的小球实验浅析之。

（1）绝不接受没有确定为真理的东西。大意是指在一切没有尘埃落定之前，拒绝接受任何所谓的真理，即便它是从伟大的亚里士多德口中说出的。简单点说，要怀疑一切。

（2）把研究的每个难题细分为小部分，直到可以圆满地解决为止。比如小球从斜面上滚下来，它的运动比较复杂，但细分成两个方向上的运动就让问题简单很多。

（3）按顺序，先易后难，一点点由简单的研究对象上升到复杂对象。比如先研究最简单的水平运动，再考虑复杂的运动，然后把实验中小球的运动形式推广到更复杂的宇宙万物中。

（4）把一切情况完全地列举出来。分析问题必须彻底、全面，才能得出真理。尽管伽利略得出了惯性，但是也得出了圆惯性，显然这是不够全面的，不够全面就值得怀疑，于是一二三四，再来一次。

可以看出，笛卡尔方法的出发点就是"怀疑一切"。在笛卡尔看来，怀疑应具有普遍性，比如课堂上，我们可以怀疑老师所说的，因为老师也会出错；读书时可以怀疑书本上所写的，因为尽信书不如无书；我们甚至可以怀疑眼睛看到的一切，因为眼睛也会被"蒙骗"，比如夜晚抬头看天空，比星星亮的是月亮，比月亮更亮的是路灯，这与实际完全相反。

那有什么东西不能怀疑呢？思考，唯有思考，因为怀疑本身就是思想活动的一种，当怀疑"我在怀疑"时，就进入了严重的死循环中。道理大约等同于：

"喂，你在吗？"

"对不起，我不在！"

"哦，那我也不在。"

……

所以，我思故我在！

这是笛卡尔整个哲学体系的出发点。从字面上理解就是：我思考所以我存在，但这种解释就像把"How old are you"翻译成"怎么老是你"一样望文生义。笛卡尔不否认每个物体都有其特定的客观本质，问题是该怎么认知到物体的本质呢？思考！思考的主体是什么？我！所以"我"必须存在。这句名言大致上是说主体与客体的认知关系，但往往被扣上"二元论""唯心主义"的大帽，成了反面教材。

什么是哲学？可能至今也没人能下个精准的定义，但是谁都不会怀疑哲学是写给人看的，而不是给阿猫阿狗、桌子板凳看的。站在这个角度，笛卡尔的思想就非常正确，因为同一个事物，在不同的人看来有不同的认知，就像西方谚语说的"一百个人眼中有一百个哈姆雷特"，哪个才是客观上的哈姆雷特呢？可能哈姆雷特甚至莎士比亚自己都糊涂了，所以认知一个事物时就必须把"人"的因素考虑进来，而不能脱离主体遑论客体是多么的客观。

同样，物理作为一门基础学科，尽管有客观的一面，但不可否认物理是"人"的物理，而不是其他动物的物理，脱离了"人"，物理学将会变得毫无意义。在后面的章节中，我们将不断地讲述这点。

关于宇宙的第一动力，笛卡尔的观点是否正确呢？问题又踢给了牛顿，牛顿将其归结为"万有引力"。提到万有引力，人们又不免将其与苹果树联系起来。在整个科学史上，再也没有哪个故事能比"苹果的故事"更有名了。

有一天，牛顿在苹果树下思考问题，忽然一个苹果掉落下来，砸在牛顿头上。牛顿醍醐灌顶，想到了万有引力定律。其实苹果掉落与万有引力还有十万八千里的距离，它不过做了一次简单的自由落体而已。是什么导致物体会自由落体呢？如果是地球引力，那么引力又符合什么样的数学公式呢？这是一个漫长而复杂的过程，大致可以分三步来讲述。

第一步：论证引力与距离之间的关系。笛卡尔认为太阳的引力为地球提供向心力，并且向心力 F 与距离 r 成反比，记为 $F \propto 1/r$。牛顿通过计算指出笛卡尔的理论与开普勒第三定律相违背，因此在向心力的基础上，牛顿提出了"离心力"。什么是离心力？物体圆周运动时必须有力牵引，否则将会沿着切线飞走。反过来理解，物体因自身惯性，仿佛有一种力迫使它离开圆心，这种力就叫作离心力。离心力是一种惯性力，是虚拟的，不是真实存在的。对于地球和太阳而言，地球退行太阳的离心力的大小等于太阳对地球的引力，方向相反［图 1.31（a）］。

如图 1.31（b）所示，小球受力做曲线运动，如果 $F = F_圆$，则做匀速圆周运动；如果 $F > F_圆$，则像螺旋一样，不断靠近圆心；如果 $F = 0$，则会沿着曲线的切线方向做直线运动；如果 $0 < F < F_圆$，则会退离圆心。

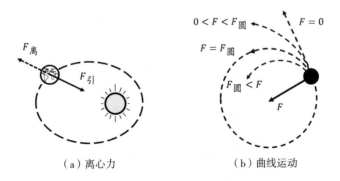

（a）离心力　　　　　　（b）曲线运动

图 1.31　离心力与曲线运动

牛顿根据开普勒第三定律和向心力公式，推导出行星退行太阳的离心力与距离的平方成反比，称为"平方反比定律"，记为 $F \propto 1/r^2$。

第二步：验证平方反比定律的正确性，即平方反比是否与实际测量一致。实际上，早在 1645 年，法国天文学家布里阿德（1605—1694）就提出了平方反比的假说，不过牛顿应该不知道这一点。在牛顿青年时期，很多物理学家都已经猜到平方反比定律的正确性，但均没有办法验证平方反比定律适合椭圆轨道。牛顿也在这个问题上花费了很长时间，他的第一个验证对象是月亮。早在古希腊时代，科学家们就已经测得地球半径，也测得月地距离 —— 大约是地球半径的 60 倍。依据平方反比定律，月球受到地球的引力应该是地面的 1/3600。一开始，牛顿从伽利略的观测数据中只计算出了 1/4900 的数值 —— 误差太大，后来牛顿经过观察才计算出正确的数值，进而将平方反比定律与椭圆轨道契合起来。

如果地球的重力对月亮有效，那么太阳的"重力"对地球同样有效。牛顿根据更多星体的运动数据，证实了平方反比定律的正确性。也就是说，天上的力与地上的力没有本质区别。牛顿成功地迈向了统一"天上人间"的伟大一步。

第三步：将引力推广到所有物体，即万有引力。在这个问题上，牛顿轻松解释了千古之谜——潮汐现象。如图 1.32 所示，由于平方反比定律，$F_远 < F_地 < F_近$，靠近月亮的海水被月亮吸引，会涨潮。同时，地球也会受月亮引力的影响，比远离月亮的海水更靠近月亮，所以海水会呈椭圆形。

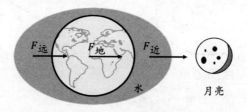

图 1.32　潮汐现象

1686 年，牛顿发表伟大著作《自然哲学之数学原理》（以下简称《原理》），首次提出了万有引力公式。

$$F = \frac{Gm_1m_2}{r^2}$$

上式中 G 是一个常数，称为"万有引力常数"。牛顿将一些复杂的常量全都归结在一起。问题来了，万有引力是如何作用的呢？无非有以下两种作用方式。

（1）接触作用，即万有引力不能凭空存在，必须通过介质才能传输。既然需要介质，那么作用效果肯定有时间性——用象声词"嗖"来表达。很明显，笛卡尔为引力请出了以太，认为引力作用是有时间性的。

（2）超距作用，即无须任何介质。既然无须介质，那么作用效果肯定是瞬时的——我们可以借用网络词汇"duang"来表达。需要特别强调的是，这里的"瞬时"与前文中的"瞬时速度"不是一回事。瞬时速度中的"瞬"是一个无限接近 0 但又不是 0 的量，而这里的"瞬"真的等于 0。

两种作用方式，牛顿该如何选择呢？实际上，牛顿别无选择，因为万有引力公式不含时间变量。假设突然有人把太阳偷走，万有引力公式右边其中一项为 0，左边引力只能为 0。所以，牛顿认为万有引力是超距作用——无须媒介也无视时间。

关于引力的作用方式，是牛顿对还是笛卡尔对呢？根据笛卡尔的以太漩涡学说，地球长时间处在以太漩涡中，会变得中间（赤道）瘦两头（南北极）尖——就像搓丸子一样；而根据牛顿的万有引力，中间受力要大，所以中间要肥，两头更圆——就像拉面团一样。1735 年，法国国王路易十五命令巴黎科学院测量地球的形状，证实了牛顿的预言。向来民族优越感十足的法国人终于向英国人低下了高贵的头颅，超距作用成为主流。

牛顿将宇宙的第一动力归为万有引力，但是牛顿却没有否定上帝，这是必然的。除信仰外，还有很多问题悬而未决。

（1）引力是怎么产生的？太阳是怎么知道地球的位置而去吸引它呢？牛顿没有答案，但也没有归咎于上帝，他申明要留给后人思考。我们知道，解释这一问题的是两百多年后的爱因斯坦，或许这是爱因斯坦能与牛顿相提并论的主要原因吧。

（2）宇宙为什么没有坍缩？ 1692 年，正当《原理》畅销时，有位叫本特利的神父写信给牛顿：当所有的星体都相互吸引时，宇宙将会坍缩，最终会被吸到一起，但是宇宙却是永恒的[①]—— 这便是历史上著名的"本特利悖论"。然后本特利话锋一转，问道：这是否就意味着上帝的存在？每当宇宙因为万有引力而收缩到不可逆时，上帝就轻轻地拨一下或哈一口气，让宇宙恢复原来的形状。就像手表慢了，要人为拨动一下发条才能让钟继续运转下去。人们常说晚年的牛顿尝试证明上帝的存在，指的就是这种间接的反证法。

对上帝虔诚的牛顿回信道：首先他不否认上帝的存在，但是他认为上帝在创造完宇宙之后就不再参与宇宙的运作了。上帝已经制定好了规则，宇宙按照上帝的规则运行就可以了。以地球为例，虽然受到太阳的引力，但是同时也受到其他星球的引力，从而导致受力平衡。只是这种平衡态非常脆弱，稍微扰动一下，宇宙就会迅速坍缩，所以牛顿的平衡解释很牵强，也无法从根本上解释本特利悖论。

（3）地球为什么会自转？地球的自转可以用万有引力来解释。实际上，重力只是地球引力的近似值。地球上除南北极外，其他点上的引力要分一部分作为地球自转的向心力（图 1.33）。

[①] 哈勃发现宇宙膨胀前，人类一直认为宇宙是永恒的。见 7.1 节。

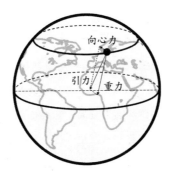

图 1.33 地球自转的向心力

既然有向心力，为什么人感受不到呢？那是因为这个力非常非常微弱，但当这个质点是一股洋流时，这股力便是传说中的"洪荒之力"。地球自转可以用万有引力来解释，但又是谁给了地球自转的初速度呢？牛顿曾戏称"上帝踹了一脚"，可见作为当时的"最强大脑"对此也是无可奈何。

每个历史人物都有时代的局限性，牛顿也不例外。随着物理学的发展，这些问题都得到了一定的解释，上帝也被请出了物理学。

站在巨人肩膀上

纵观整个物理学史，可能再也没有哪一年能比 1665 年和 1666 年更激动人心了。1665 年的夏天，牛顿把自己关在屋子里。屋顶上开了个小孔，阳光透过小孔直射下来，再透过一个三棱镜就会呈现出彩虹般的颜色。牛顿第一次提出光的色散理论：白色光是复合光，由透过三棱镜后呈现出的那些彩色光组成。利用色散理论，牛顿解释了颜色的千古谜题。今天色散现象已经进入了幼儿园的科普教材，但在当时是一个非常大胆的想法，因为欧洲人认为白色代表纯洁，纯洁的东西怎么会杂七杂八呢？

　　为了天文观测，牛顿还发明了一种新式望远镜——反射望远镜。前文中，我们讲述了伽利略和开普勒的伟大发明［图1.34（a）和图1.34（b）］。他们二人所发明的望远镜均是透射式的，即光会通过凹凸透镜，进而产生放大效果。如果想看得远，透镜就必须更大或表面更弯曲，这样一来，望远镜的长度就会很长。牛顿的望远镜利用了平面镜和凹面镜的反射原理，将物体的像多次缩小［图1.34（c）］，从而改变了体积庞大的弊病。相同的效果下，其体积只有原来的1/10。

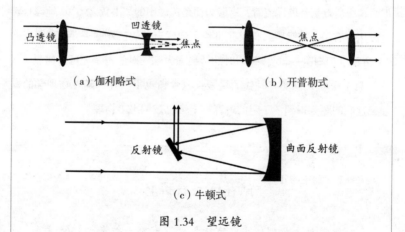

图1.34　望远镜

　　1667年，祸乱岁凶的日子结束，牛顿回到剑桥，并于第二年获得了硕士学位。牛顿的才华很快得到赏识，他的老师巴罗为了提携这位后生，提前辞去卢卡斯数学教授的职位，以便牛顿能尽快上岗。1671年，牛顿的望远镜引起了英国皇家学会的注意，牛顿也在此时递交了第一篇论文——《关于光和颜色的理论》，内容正是光的色散现象。当时的皇家学会会长是胡克（1635—

1703)，胡克是一位非常伟大的科学家和发明家，他所提出的弹簧的"胡克定律"经常出现在中学的试卷上。胡克还曾制造过显微镜和望远镜，和波义耳一起研究过化学，是当时极有身份和威望的人。1665 年，意大利人格里马第发现了光的衍射现象①，认为光并非某种微粒，而是一种波 —— 正好与胡克的观点相契合。所以，当收到牛顿的论文后，胡克是这样说的："牛顿先生有关折射与颜色的文章我已经读过了，他研究中的优点与体现的好奇心深深地打动了我，但是从他处理颜色现象问题的假设看，我还没有看到任何一条不可推翻的论证能向我证明这个理论是牢不可破的！"然后用"毫无意义"给这个论文打了分。

对于这样的评价，牛顿怒不可遏地回答道："难道我生下来就是为了讨好你的吗？你认为我反对你还不够资格？那么等你能说出'我的水平已经不能评价你的文章'时再说吧。"于是牛顿收回论文。

当时英国科学发展非常迅猛，时常会举办科学会议，牛顿成了经常被提问的对象。牛顿对此感到非常厌倦，表示在一切尘埃落定之前，拒绝发表任何观点。和避乱时候一样，牛顿经常把自己锁在剑桥大学的一个小屋子里，把灵魂留在自己的精神世界里，宛如一个隐士。打破牛顿平静生活的是天文学家哈雷（1656—1742）。

当时几乎所有的科学家都相信引力是宇宙的第一动力，且符合平方反比定律，但是他们都无法将平方反比定律与椭圆轨道统一起来。1679 年，胡克写信给牛顿，提了自己的观点并请求牛顿帮助，但牛顿并没有回信。1684 年，哈雷亲自跑到剑桥，问："要是平方反比正确的话，那么行星的轨道理论上是什么样的？"

---

① 衍射是光的一种传播方式。见 4.1 节。

牛顿回答："椭圆！"

哈雷大吃一惊，问："你是怎么知道的？"

牛顿："我算过啊！"

哈雷问："怎么算的？能不能让我看看？"

牛顿找了半天手稿，没有找到，只得再算一次。三个月后，牛顿将新算好的稿子交给了哈雷。哈雷再一次为此感到震惊。不过，牛顿的手稿中并没有提出万有引力公式，甚至没有提到引力的普适性。

收到牛顿的手稿后，哈雷强烈建议牛顿将其理论出版成书。1684年，牛顿开始潜心写书，两年后完成鸿篇巨制《自然哲学之数学原理》。其间哈雷经常往返于伦敦与剑桥，支持牛顿创作，还担任校验的工作。1686年4月，哈雷向英国皇家学会打报告，申请出版。然而，此时皇家学会的经费十分紧张，尽管他们知道牛顿的手稿非常重要，但无力支付印刷费用。无奈之下，哈雷自费将《原理》出版，万有引力公式得以第一次公开发表。

《原理》发表后，胡克站出来说他才是万有引力的创始人[1]，牛顿剽窃了他的想法。牛顿听到后，讽刺胡克是一个糟糕的数学家，不会微积分就算了，连椭圆轨道都算不出来。此时哈雷出来打圆场，让牛顿在《原理》的序言中顺带提一下胡克即可。我们知道牛顿是不记仇的，因为他当时就报了。在第二版中，牛顿将书中凡是和胡克及其理论有关联的地方全部删除了，并告诉胡克："如果我看得远，那是因为我站在巨人肩膀上的缘故。"

这句看似谦逊的名言被后人无数次引用过，也非常符合中华传统文化中的温、良、恭、俭、让，但明显背离了故事逻辑。这

---

[1] 胡克曾写信给牛顿，提到了平方反比定律，可能也提到了引力适合万物的观点。

里的巨人包括哥白尼、开普勒、伽利略和笛卡尔等人，但肯定不包括胡克，很多学者认为牛顿的这一番话是在嘲笑胡克的身材矮小。胡克去世后，牛顿接任了皇家学会的会长，摧毁了所有胡克的画像，以至于后人根本不知道胡克长什么样，也不知道身材是否矮小。牛顿还打算焚毁胡克生前所有的手稿，幸好被阻止了。

晚年的牛顿一直被幻觉所折磨。由于终身未婚，他总认为很多人在背后嘲笑自己连女孩的手都没牵过，于是他捕风捉影地、毫无保留地进行攻击，莱布尼茨、胡克不过是其中之二。当时很多要好的朋友纷纷与之绝交，这无疑让那颗脆弱的小心灵雪上加霜。我想爱情与学术有很大差别，只要能耐够大，学术完全可以一个人搞定，但爱情的最低配置是起码有个对象，然而有哪个姑娘愿意和一个一言不合就冷嘲热讽的人谈恋爱呢？对于牛顿的成就，也许瞬间可以想到 100 个褒义词，然而对于他的古怪性格，总能让人在瞬间想到 101 个贬义词。是非成败都是过后的笑谈，我想牛顿的成就后人学不来，牛顿的个性后人也不能学。随着社会的发展，科技的进步越来越依靠团队协作，与人沟通显得越来越重要，老祖宗留给我们的谦虚品质总是有用的。

1705 年，牛顿被安妮女王册封为爵士，这是历史上第一个被册封的科学家。1727 年 3 月 31 日（格里历），那个最接近上帝的男人在睡梦中离世，女王为其举行国葬——也是历史第一次。

牛顿在建立万有引力公式时，巧妙地设立了一个常量——万有引力常数 G。如果不能测量 G 的值，那么万有引力之美也成了井中月、水中花。可以想象一下，G 非常小。稍微大一点，宇宙恐怕就粘在一起了——或者就没有存在过。如此微小，稍有不慎就会差之毫厘、谬以千里。牛顿活着的时侯，测量 G 值成了当时的热门课题之一。

亨利·卡文迪许（1731—1810）出身于英国的一个贵族家庭，从不为生计发愁，甚至连面包多少钱一块都不知道。他生性木讷，痴迷于科学实验。当时很多科学家用扭秤来测量 G 值，但均因扭转的角度太小而放弃。有一天，卡文迪许在街上闲逛，看见几个小孩用镜子反射阳光做游戏——手中的镜子轻轻一动，猫跟着反光镜反射的光斑跳动。原理很简单，角度放大而已。他突然想到一个绝妙的办法，完成了历史上著名的"扭秤实验"。

如图 1.35 所示，两个平衡小球分别被两个大质量球体吸引，会产生微小的角度转动，这一转动通过反射镜放大后，变得可以测量。再通过角度计算，便可得出 G 的数值。然而，G 值如此之小，稍微有点风吹草动都会对测量产生不可估量的影响。因此，卡文迪许将仪器放置在一个密封的房子里，用望远镜观看测量结果。

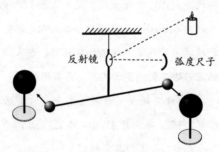

反射镜　　弧度尺子

图 1.35　卡文迪许的扭秤实验

经过一番艰苦的测量，卡文迪许得出 $G=6.754\times10^{-11}\mathrm{N\cdot m^2/kg^2}$。这个精确的数值在未来 89 年都没有被改写，与目前的公认值只差百分之一。这个数值到底有多大呢？我们可以打个比喻，假如将地球上所有的水看作数字 1，那么 G 值只相当于手中的一瓢水而已。

第
②
章

电磁学

2.1 从静电到电流

很久以前，电与磁是两个不相关的概念。对磁的研究主要来源于一种被称为"吸铁石"的东西，而对电的研究主要来源于生活中的静电现象。

古代中国人很早就注意到了电磁现象。西汉时期成书的《春秋纬·考异邮》中便有"玳瑁吸褣"的记载。东汉时期的王充（公元27—约公元97）在《论衡》中有"顿牟掇芥，磁石引针"一类的记载。玳瑁是一种像龟一样的爬行动物，这里指的是用玳瑁壳做的饰件；顿牟仅在《论衡》中出现过，意思与玳瑁或琥珀差不多；褣和芥指的都是干草一类的小屑末。西晋时期的张华（232—300）在其所著的《博物志》中写道"今人梳头、脱着衣时，有随梳、解结有光者，亦有咤声。"大意是梳头、脱衣服时，梳子和衣服上会发光，且有叱咤之声。

在西方，古希腊哲学家泰勒斯（约公元前624—公元前547）曾研究过磁和静电现象。据说有天他正在研究吸铁石，身上的丝绸衣服不小心碰到了琥珀，摩擦之后能吸起一些细小的物体。泰勒斯将这一现象记录了下来。

转眼两千年过去了。1601 年，英国女王伊丽莎白一世的医生吉尔伯特（1544—1603）重复泰勒斯的实验，试图寻找更多的可以摩擦起电的物体。最终，他将摩擦后能带电的物体称为"摩擦起电物体"，将摩擦后不能带电的物体称为"非摩擦起电物体"。吉尔伯特把自己的研究写入《论磁》中，还阐述了磁力可以远距离作用。此时的英语中还没有"电"的专有词汇，于是吉尔伯特根据希腊文中的"琥珀"一词创造了英文的"electric"（电）。

几十年后，德国马德堡市市长冯·格里克[1]（1602—1686）重复泰勒斯和吉尔伯特的实验，试图寻找更多的摩擦起电物体，却意外地发现了电的排斥现象：将带电物体接触金属，金属开始被吸引，过一会又相互排斥。实际上，这个有趣的现象可以分成两步去解释：首先带电物体将电传给金属，然后金属与带电物体带同样的电，从而产生排斥。格里克只注意到了电排斥，却忽略了"电传导"，即电可以从一个物体传到另一个物体上。

1720 年，英国人格雷（1666—1736）将带电的玻璃瓶用木塞封装，令人意外的是，木塞也能吸引物体，由此得出电可以传导的结论。关于电传导与电排斥，物理学中经常用一个有趣的实验描述：人手触摸带电的大球，头发就带有相同的电荷，从而相互排斥，看上去像"爆炸"一样（图2.1）。

---

① 格里克做过马德堡半球实验，证明了大气压的存在，并推翻了亚里士多德提出的"自然界厌恶真空"的假说。

图 2.1 头发爆炸

电能传多远呢？格雷做过很多实验。他用不同材料做的绳子系在空酒瓶子的木塞上，绳子的另一头接触摩擦起电的物体，观察木塞的带电情况。他发现绳子的传电能力取决于材质，有些材质几乎不传电，有些材质传电能力非常强——绳子沿着家里屋檐绕了一圈，木塞仍然能带电。格雷将这些材质分为"导体"和"绝缘体"，其中金属导电能力最强。在生活中，铜和铝常用作导线，导线外往往要裹上一层塑料，是因为塑料是绝缘体。随着科学的发展，还有另外一种物体在常温下的导电能力介于导体与绝缘体之间，因此被称为"半导体"，比如硅。半导体是 20 世纪最伟大的应用之一，也是今天科技的硬件基石。

说了这么多，电到底是什么呢？格雷认为电很可能是一种独立存在的物体或元素，所以称为"电素"[①]。这种物体可以传导，如水流动一般，因此也被称为"电流体"。

1733 年，法国科学家查尔斯·杜菲（1698—1739）重复了格雷的实验。他把导体绝缘起来，发现导体也可以摩擦起电。他认为物体摩擦都可以起电，也就不存在"摩擦起电物体"和"非摩擦起电物体"。吉尔伯特之所

[①] 素可以理解为元素。当时的人们认知尚浅，有火素、热素的说法，所以命名为电素不足为怪。

以认为导体摩擦不起电，可能是因为导体导电能力强，电很快就转移了。

杜菲发现两根用丝绸摩擦的玻璃棒会相互排斥，却和毛皮摩擦过的琥珀相互吸引。二者接触后，电就消失了——显然是电传导所致。因此，他把电流体分为"玻璃电"和"琥珀电"，同种电之间相互排斥，异种电之间相互吸引。

1743 年，热爱科学的美国政治家本杰明·富兰克林（1706—1790）第一次在费城看到来自欧洲的"电魔法"表演后，深深被这股魔力吸引。他做了很多实验，证实了杜菲的电流体分为两种的说法。这两种电流体会相互抵消，不如用"正电"和"负电"来命名更为直接。在富兰克林之前，人们认为摩擦起电是因为产生了某种电素。富兰克林通过大量实验证实摩擦只是表面的现象，起电的真正原因是摩擦使电流体从一个物体"流"到另一个物体上。他将电流体命名为"电荷"，荷者，负载也，电荷可以理解为负载电的小微粒。关于电荷，他用了一个非常形象的比喻：电荷似水，水流动起来叫水流，电荷流动起来就叫"电流"。既然是流动的，总和会不增不减，保持守恒，即"电荷守恒"。后来富兰克林从实验中证实了电荷守恒。

1745 年左右，荷兰莱顿大学的物理学教授马森布罗克（1692—1761）在做实验时，不小心把一个带电的钉子碰掉了，正好落到桌子下方的玻璃瓶里。他以为钉子上的电很快会跑光，所以徒手去拿，没想到被电了一下。他重复类似的实验，发现玻璃瓶可以将电存储起来。利用这个原理，马森布罗克制成了人类历史上第一个电容器——莱顿瓶。这个后来被称为"电容"的东西走进了实验室，从此实验中要用静电时，就不用和鲜豆浆一样现磨现做了。

摩擦起电后的物体可能会放电，产生火花，还有叱咤之声，与闪电类似。当时人们不了解闪电，认为闪电和雷是一起的。1750 年，富兰克林收到英国好友寄来的莱顿瓶，做了一个著名的"风筝实验"：风筝上安装一个尖尖的金属，通过导线连接莱顿瓶，在雷雨天，把风筝放上天。果然，风筝上的金属被闪电击中后，莱顿瓶中不断闪着火花——天上的电传至电容中。富兰克林对莱顿瓶仔细研究，确定天上的电和静电没有两样，因此有理由相信它们本质上是一样的。闪电是放电现象产生的静电，雷是放电时产生的声音，它们是不同的物理现象，所以当时的人说："富兰克林把上帝的雷和电分开了。"根据这一实验，富兰克林还发明了避雷针。需要特别注意的是，这个实验极其危险，当时德国一位科学家在做类似实验时，被电死了。此外，富兰克林的研究还为后人留下了一把钥匙。他把钢针放到莱顿瓶后，发现具有磁性，这说明钢针被磁化了，也就是说，电与磁是有联系的。正是这把小钥匙，开启了电磁学的大门——这是70年后的事了。

而眼前急需解决的是静电之间是怎样相互作用的。从表面上看，它和万有引力倒还有几分相似——可以远距离作用，这是否意味着磁力、静电力和万有引力一样呢？是否也具有如万有引力一般的公式呢？是否意味着牛顿的超距作用仍然有效呢？再往大处说，牛顿的力学体系是否还能继续支配整个宇宙呢？1785年，法国物理学家库仑（1736—1806）给出了答案。

库仑是法国军队里的一位工程师。当时的指南针由于摩擦力的缘故会出现不精确的情况，于是法国科学院出资悬赏改良。库仑发现用头发丝把磁针悬挂起来，会减小磁针与转盘的摩擦力，也就更加精确了。多次实验后，他计算出转动的角度和扭力成正比，即"弹性扭转定律"。有了弹性扭转定律，他做了一个同样著名的扭秤实验。

如图2.2所示，在真空玻璃罩内放置三个小球——两个带电小球和一个平衡小球。带电小球和平衡小球之间用一个悬丝吊起来。当悬丝转动后，通过测量角度，就可以计算出测电小球所受的静电力。送电小球可以改变其中一个带电小球的电荷量，从而推导出静电力的关系式。

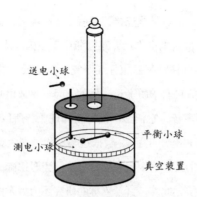

图 2.2　库仑的扭秤实验

那时还没有电荷计量仪器，库仑怎么知道带电小球的电荷量呢？试想一下：两个同种金属、同样大小的小球，一个带电，一个不带电，二者经过足够长的时间接触后，它们的带电量会怎样？毫无疑问，它们的带电量会平均分配（图 2.3）。库仑经过多次实验，证实了这点，所以上述实验要用到很多一模一样的小球，从而获得 1/2、1/4、1/8……的电荷量比值关系。

图 2.3　电荷均分

经过多次测量，库仑求得静电力与电荷量、带电小球之间距离的关系公式：

$$F = k\frac{Q_1 Q_2}{r^2}$$

一股熟悉的味道扑面而来。没错，正是平方反比，正是万有引力！当人们看到万有引力的"孪生兄弟"时，还有什么理由不相信它们是一个"爹妈"生的呢？然而，静电力的作用是否也是超距的呢？肯定是的，因为库仑已经将玻璃罩内抽成了真空 ①，也就没有了传递介质。自此，牛顿的超距理论更多了份不容置疑。

库仑定律将静电学划分为两个时代——定性时代和定量时代。因此，人们常常将符合平方反比的静电力称为"库仑力"，并以他的名字作为电荷的单位。由于库仑的巨大贡献，他的观点也显得举足轻重。在库仑看来，静电与磁之间仅仅有些相似，并没有什么联系。不过，他的想法最终会改变——这是 35 年后的事了。

而眼前还有件非常奇怪的事值得推敲。1780 年，意大利动物学家伽伐尼（1737—1798）在解剖青蛙时发现一个奇怪的现象：把已经杀死的青蛙放在台上，用刀叉碰青蛙腿，蛙腿就会剧烈地抽搐和痉挛，就像诈尸一般，同时还会产生电火花。18 世纪中叶，人们发现静电对人体会产生影响，由此兴起了医用电学。伽伐尼对医用电学很感兴趣，实验室中也有一个起电机，他想可能是青蛙受到了起电机的干扰，可是当他关掉起电机后，青蛙抽搐依然如故。当时正是下雨天，他又想可能是空气放电导致青蛙抽搐的。为了证明这一点，他将青蛙用铜钩钩住，挂到花园的铁栅栏上，果然青蛙抽搐得更加剧烈。奇怪的是，在晴朗的天气里青蛙偶尔也会"复活"，只是没有那么剧烈。青蛙身上的电到底是从哪来的呢？伽伐尼百思不得其解。

转眼 6 年过去了。一天，一艘英国轮船从南美洲带回来了欧洲人闻所未闻的电鳗鱼。这种鱼会放电，人被电到后的感觉和被莱顿瓶中的电电到差不多，后来有人用电鳗鱼成功地给莱顿瓶充了电，所以人们相信电鳗鱼是一种动物放电现象。消息传到了意大利，伽伐尼很激动。他认为除摩擦起电和闪电外，还有一种电叫"动物电"，存储在动物体内，与生死无

---

① 实际上，均匀的介质也可以得到库仑公式，所以很多物理书籍认为库仑抽成真空是多此一举。然而，库仑不仅要论证静电力的关系，还要论证超距作用，因此真空是必需的。

关。为了验证自己的想法，他做了多次实验，比如将刀叉换成石头、树脂、玻璃等，青蛙均一动也不动。他给出的解释是：金属具有很强的传导能力，能让体内的电荷流动，从而让青蛙抽搐起来；石头、树脂是绝缘体，电流不能在绝缘体上流动。如此说来，每个动物体都是一个莱顿瓶，里面装着动物电。

1791 年，意大利物理学家伏特（1745—1827）在报纸上看到了伽伐尼的文章。一开始，他也相信伽伐尼的动物电假说，并做了同样的实验：将两枚不同材质的硬币（铜币和银币）放入舌头上下，觉得有些麻麻涩涩的，很明显是电流所致，但当他把上下两枚硬币换成同一种金属时，奇怪的事情发生了，无论是铜币还是银币，舌头麻麻的感觉都比刚才小多了——电流小多了。既然金属都能导电，为什么电流的大小会不同呢？

伏特不断重复伽伐尼的实验，发现问题不在青蛙身上，而在手中的叉子上。同种金属，青蛙抽搐不明显，不同金属，抽搐则要剧烈得多。为了排除实验中"动物"的干扰，伏特用蘸了盐水的湿布取而代之，结果也得到了同样的电流。于是伏特得出结论：所谓的动物电不是来源于动物体，而是来源于手中的金属；电流的本质是不同金属接触产生的，与动物没有任何关系。所以，他强烈建议用"金属电"代替动物电。

伏特曾写信告诉伽伐尼自己的推断，但伽伐尼坚持认为动物电的存在，因为同种金属也会让青蛙产生抽搐。伏特也意识到这点，认为是金属纯度不够导致的。

此后的几年伏特做了无数次实验，得出一组后来称为"伏特序列"的金属表：铝、锌、锡……铁、铜、银、金……当不同金属在一起时，就会产生电流（图 2.4）；前面与后面的金属相隔越远时，电流会越大。他灵机一动：如果将两种不同的金属首尾串联，堆在一起，就能使用持续的电流了，因此称为"电堆"。这也是现在干电池最初的样子。

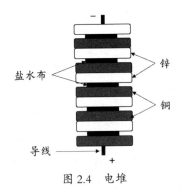

图 2.4　电堆

　　金属之间为什么会产生持续的电流呢？伏特没有答案，但他从现象总结出电流是怎样流动的。电流如水流，水会因为地势由高往低流，那么电流的流动肯定也是因为某种"势"。伏特将其命名为"电势"。电势与地势一样，有高有低，它们之间的差值称为"电势差"，也就是我们常说的"电压"。电压的单位就以伏特命名，简称伏（V）。我们日常生活用电的电压是 220V，一节干电池约为 1.5V。

　　1800 年，伏特将自己的结论发表，并把电堆命名为"伽伐尼电堆"。在那个年代，静电学虽然发展得轰轰烈烈，但人们对其前景并不看好，主要是因为静电的制作过程太麻烦，产生的电流也转瞬即逝，还没怎么开始，就快要结束了。伏特发明的电堆恰恰改变了这点，因此被誉为"史上最神奇的发明之一"。

2.2　电生磁

　　在人类的好奇心面前，该来的总会来，不管是等 25 年还是 70 年。

　　前文说过，在库仑看来，电与磁并无关联。库仑提出库仑定律后，他的断言似乎让人们更加坚信了这一论断。那时是哲学观点兴起的时代，很多哲学家认为各种自然现象之间是相互联系且可以相互转化的。丹麦人奥斯特（1777—1851）便是受这种哲学思想影响的科学家之一。

1820 年 4 月的某天，奥斯特如往常一样给学生们讲关于"电学、伽伐尼电流和磁学"的课程。当他把小磁针垂直靠近导线时，小磁针和往常一样没有偏转。他想了想说："让我们把小磁针平行放置看看有什么结果。"结果依然没有偏转，可是在关掉电源的一瞬间，小磁针发生了轻微的摆动，但很快又恢复到原来的样子。奥斯特异常兴奋，这或许正是他苦心寻找的电与磁联系的直接证据。由于当时周围有很多学生，小磁针的转动也有可能是空气流动导致的。为了排除空气等因素的干扰，在其后的 3 个多月里，奥斯特做了很多实验。

实验装置很简单，一个伽伐尼电堆连着一根粗导线，导线旁边放置一个可以旋转的小磁针。打开开关，总会有如下现象。

（1）当导线与磁针平行时，磁针发生偏转［图 2.5（a）］。

（2）当导线与磁针垂直时，磁针不发生偏转［图 2.5（b）］。

（3）当导线与磁针平行，电流相反时，磁针偏转方向相反［图 2.5（c）］。

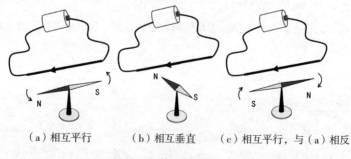

（a）相互平行　　　（b）相互垂直　　　（c）相互平行，与（a）相反

图 2.5　奥斯特实验

奥斯特将这类现象称为"电冲突"，电冲突大约相当于电与磁之间的

作用力与反作用力。为了说明电冲突，奥斯特又做了很多实验，得到如下几条结论。

（1）将木板、玻璃等放在导线与磁针之间，电冲突的强度会有所减弱，但不会被完全阻隔。

（2）当电流增大时，电冲突会更明显。

（3）小磁针与导线距离增大时，电冲突会减弱。

（4）当把磁针换成铜线等其他材料时，电冲突就没有了；也就是说，电冲突只对带磁的物体有效果，进一步证明了电与磁之间是相互作用的。

电冲突让磁铁会有一种"被冒犯"的感觉。说来说去，实验中的导线就相当于一个磁铁，而所谓的电冲突也就相当于两个磁铁之间的相互作用。没错！奥斯特直截了当地指出，当电流通过环形导线或螺旋线圈时，线圈确实就变成了一个磁铁——也有南北极。不过，奥斯特并没有给出南北极与线圈绕向之间的规则。

然而，奥斯特的电冲突似乎与牛顿力学不相符。在牛顿的力学体系中，无论是自然力还是万有引力，都可以视为作用在物体重心上，而且是一种"直线力"［图 2.6(a)］。但电冲突似乎是一种"旋转力"——绕着导线产生作用［图 2.6(b)］。

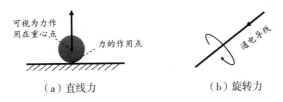

可视为力作用在重心点　力的作用点　通电导线

（a）直线力　　　　　　（b）旋转力

图 2.6　直线力与旋转力

这种旋转力和万有引力一样，都可以远距离作用。假设牛顿的超距作用理论是正确的，那么旋转力作用是否也是瞬间的呢？奥斯特也没有给出答案。统治宇宙的牛顿力学无疑受到了小小的冲击，不过这个冲击并不大，以至于很少有书籍记载。

奥斯特与安徒生

奥斯特是一名富有激情的老师，他的课很受学生们欢迎。说起丹麦，在中国人的印象里，最有名的历史人物可能非安徒生莫属了。安徒生和奥斯特生活在同一时代，而且是莫逆之交。在发现电流磁效应之后，奥斯特声名远播。1821 年，16 岁的安徒生慕名拜望这位热情洋溢的大师，那时奥斯特已经 44 岁了。此后安徒生经常到奥斯特家中做客，几乎每周都去拜访。害羞的安徒生还曾暗恋过奥斯特的第二个女儿。1829 年，安徒生考上哥本哈根大学，恰巧奥斯特是当时的主考。奥斯特也很喜欢文学，对安徒生赏识不已，两人经常进行诗文唱和。安徒生的童话之所以伟大，是因为他的童话不止于讲故事，更包含对社会、人性的思考。他的作品中多次出现以奥斯特为原型的人物，《两兄弟》讲的正是奥斯特兄弟的故事（小奥斯特是一位法学家）。奥斯特和安徒生的关系可见一斑，也足见奥斯特的人格魅力。

奥斯特的论文发表后不久，法国人安培（1775—1836）受到了极大的震撼，因为在此之前，他一直信奉库仑的学说——电不生磁，磁也不生电。安培敏锐地觉察到奥斯特的实验并未解开所有的谜题，而未知的旋转力或许正是解开磁现象的关键。为此，他做了一些新的实验。

如图 2.7 所示，两条导线平行放置，其中一条固定，另外一条悬挂起来，可以自由旋转。通过改变电流的大小和方向、线段的长度，测量导线位置变化，得出如下结果。

（1）电流方向一致时，导线相互排斥；电流方向相反时，导线相互吸引。

（2）单位长度导线间的作用力与导线距离的平方成反比，与电流的大小乘积成正比。

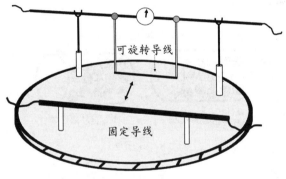

图 2.7　安培电流实验

似曾相识！又是平方反比，又是万有引力的"三胞胎"之一，所以请不必担心，我们仍然活在被牛顿力学所统治的宇宙中，而所谓的旋转力不过是磁力所产生的力矩[①] 罢了。

既然电产生的磁与磁铁无异，那么电和磁的本质是什么呢？安培认为磁现象的本质是电流。那时人类对微观世界有一定的认识，有很多学者

---

① 力矩知识见 6.4 节。

提出了原子和分子假说[①]。1821年,安培提出著名的"分子电流"假说。该假说认为组成物体的分子都有一个环形的电流,称为"元电流"。正常情况下,物体的元电流杂乱无章,产生的磁会相互抵消,在宏观上不显磁性[图2.8(a)]。当外面有强磁作用时,物体的分子电流的方向一致,磁的方向也一致,从宏观上看,物体被磁化了[图2.8(b)]。安培还尝试从万有引力和超距作用的角度解释元电流,但无果而终。其原因我想可能是安培无法得到孤孤单单的"元电流分子",再把它拿到实验室测试。从这个侧面可以看出,分子电流假说并不具有很强的说服力,还需要更多的实验证据。

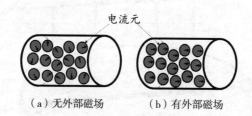

电流元

（a）无外部磁场　　　（b）有外部磁场

图2.8　分子电流

电学中的铁三角

初中物理中有一个我们非常熟悉的公式 $R=U/I$,其中 U 为电压,I 为电流,R 为电阻。它们的单位分别是伏特、安培、欧姆——以此纪念三位伟大的电学大师。在此,我们姑且称之为"铁三角"。

---

① 分子知识见6.1节。

伏特出身于意大利的一个贵族家庭，年轻时，他便开始与当时国际上知名的科学家通信。当他迫切告诉一些大师们他的想法时，有一位启蒙思想家是这样回答他的：多做实验，少提理论。这也印证了那个时代，科学研究越来越理性，不再像古希腊那样天马行空。实际上，伏特的实验对科学起了很重要的作用，除了前文说的电堆，还有改进的"起电盘"。起电盘可以获得很高的电压，因此广受实验室青睐。伏特因发明起电盘而名扬四海，被苏黎世物理学会纳为会员。此后伏特周游列国，结交各路社会名士，归来后一直担任帕维亚大学的教授。在此期间，他发明了伽伐尼电堆，被拿破仑授为伯爵。这位伯爵在发明了电池之后，就鲜有成就。学者们猜测这与他长期独立研究有关，另外一个原因是尽管他精通实验，但数学知识比较匮乏。

安培出身于法国的一个富有家庭，从小接受良好的教育。他才华出众，聪颖过人，十几岁便开始学习偏微分。安培青年时期，法国正经历着一场大革命风暴，他敬爱的父亲在这场风暴中因为政治原因被送上断头台，而且还被查抄了家产，从此家道中落。

安培有两段婚姻，第一任妻子过早离世。第二任妻子是当时巴黎有名的交际花，据说安培为举办婚礼花费了 7000 法郎 —— 在当时可谓巨额，但婚姻只持续了两年。尽管此时安培被聘为大学教授，但他总觉得人生就俩字 —— 失败。失败的情绪让安培一度尝试过自杀，结果还是失败了。不过，这次"失败"却是电动力学史上巨大的"成功"。

过了十几年，还处在人生低潮的安培在家中整理父亲的遗物时，看到一本 15 世纪的一位修道士写的《效法基督》，书中的金玉良言让安培醍醐灌顶，又重新振作起来了。

安培为电动力学作了很多贡献，比如提出安培定则（右手螺旋定则），即电流方向与磁的南北极符合一定的规则，这也是中学物理出题率最高的考点之一。对于线圈而言，四指沿着线圈导线进入的方向弯曲，大拇指指向 N 级 ［图 2.9（a）］；对于导线而言，大拇指指向与电流一致，环形磁的方向与四指弯曲的方向一致 ［图 2.9（b）］。

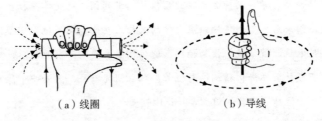

（a）线圈　　　　　　　　（b）导线

图 2.9　右手螺旋定则

为了简便，安培提出用正负号来表示电流方向。此外，他还研究了线圈中的磁，提出了"安培加成定律"等，这一系列眼花缭乱的成果将安培推到了"电力学之父"的宝座上，而麦克斯韦更是用"电力学中的牛顿"来赞美这位伟大的人物。

欧姆（1789—1854）出身于德国的一个普通家庭，他的父亲是一名锁匠，母亲是一名裁缝。他的父亲是一个很自律的人，尽管没有受过良好的教育，但他自学了高等数学、哲学等课程，并传授给了孩子们，后来欧姆的弟弟成为一名数学家，而欧姆成为一名出色的物理学家。

青少年时期的欧姆就对物理和实验很感兴趣。上大学后，欧姆喜欢上了跳舞、台球等运动。他的父亲知道后，非常生气，认为男孩子学这些乱七八糟的东西简直就是浪费生命，于是果断地将他送到瑞士学习物理。

奥斯特发现电流磁效应后，电磁学翻开了新的篇章，但是很多理论都处于萌芽时期。欧姆抓住了这个机会，经过多次实验发现了欧姆定律，时间是 1825 年。

欧姆定律的定义是，导体两端的电压与电流成正比，即 $R=U/I$。表面上看这个公式很简单，但当时还没有电阻的概念，电流也不是一个能直接测量的物理量。刚开始，欧姆借助了扭秤来测量电流产生的磁力，但并没有获得很好的实验结果，因为电堆产生的电压也不稳定。德国物理学家塞贝克（1770—1831）于几年前发明的新电池——热电偶，让欧姆的工作有了新进展。

两个不同的金属连在一起，当连接处的温度变化时，便会产生电压，这种电池被称为"热电偶"（图 2.10）。

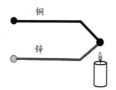

图 2.10　热电偶

欧姆的另一个困扰来自哲学家们。当时的德国流行着黑格尔的哲学，黑格尔认为大自然是井然有序的，人们只要根据基本要义就能推导出所有的定律，根本不需要做实验，像欧姆这样天天忙于实验简直就是对大自然的诋毁。好在欧洲其他国家的科学家们用一个个实验打败了黑格尔的哲学。1839 年，欧姆定律被法国和英国物理学家们独立验证，欧姆的工作也得到了认可。

又过了几年，德国物理学家基尔霍夫在欧姆定律的基础之上得出了"基尔霍夫电流定律"和"基尔霍夫电压定律"，即中学课本中常说的"串联电路电流处处相等，总电压等于各分电压之和；并联电路分路电压相等，总路电流等于分路电流之和（图 2.11）。"需要特别强调的是，电流表相当于短路，而电压表相当于断路。

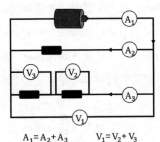

$$A_1=A_2+A_3 \qquad V_1=V_2+V_3$$

图 2.11　基尔霍夫定律

基尔霍夫一生的研究涉及电学、热力学、光学等领域，得出了很多定律，第 4 章会讲述基尔霍夫在光谱上的贡献。

2.3　磁生电

奥斯特发现电流磁效应（电生磁）后，人们很容易就会想到一个问题：磁能否生电？在这个问题上，安培无疑是最先接近答案的人。1821 年，安培设计了一个实验。

如图 2.12 所示，将一个线圈固定，当线圈有电流经过时，会产生磁。

线圈内部有一个吊起来的铜环，线圈外部有一个可以移动的磁铁，当磁铁靠近铜环时，铜环应该会转动，但事与愿违，铜环并没有因外部磁铁靠近而发生变化。

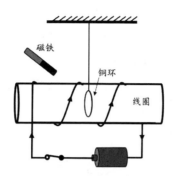

图 2.12 安培的铜环实验

实际上，安培设计这个实验并非为了寻找磁生电的证据，而是为了证明他所提出的分子电流假说。线圈的强磁影响铜分子的方向，当它们一致时，就具有磁性。对于实验结果，安培并没有深入思考，仅仅认为铜可能不会像铁那样容易被磁化。

过了一年，安培指导自己的助手重新做了上述实验。为了排除干扰，助手将磁铁换成了磁性很强的马蹄形磁体，如果不能转动，则说明安培一年前的推断是正确的。然而，这次他们又猜错了，铜环在磁铁靠近后发生了轻微改变，但晃动之后，很快恢复原样。这一次，他们依然站在分子电流假说之上，认为铜不会像铁那样容易永久磁化，只能短暂磁化。

站在今天的知识角度，这是磁生电的铁证，因此法国人往往为安培感到惋惜。但仔细思索一下，安培与这一重大发现失之交臂似乎是一种必然，因为安培的实验是为分子电流而设，正因为有这个先入为主的"偏见"，他的实验成了证明偏见的工具，从而对很多现象视而不见，或者无心相见。

如果说安培是物理学殿堂里的一位舞蹈大师，那么这位大师却在最后一个动作上闪了他那华丽的腰。

第二个与这一重大发现失之交臂的法国人是阿拉果（1786—1853）。1822年，阿拉果在世界各地测量地磁强度时发现小磁针的阻尼运动，于是他设计了一个实验，时间是1824年。如图2.13所示，在一个悬挂的小磁针下放置一个可以自由转动的铜盘。当铜盘转动时，小磁针也渐渐地跟着转动，但是略微有些滞后，就像用弹簧拉物体一样。很显然，铜盘在小磁针的磁场中转动后产生了电，电产生了磁，磁又带动了小磁针的转动。不过可惜，阿拉果并没有将其总结为磁生电。

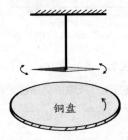

图 2.13　阿拉果的实验

与真理最为接近的是瑞士科学家科拉顿（1802—1893）。1825年，他设计了一个实验。如图2.14所示，左边是一个类似奥斯特实验的装置，右边有一个线圈，左右部分用导线连接。右边线圈的上方有一个磁铁，当磁铁放下时，如果线圈能产生电流，那么左边部分的小磁针就会转动。但是磁铁的磁性比较强，也有可能对小磁针产生影响。为了排除干扰，科拉顿将左右两个部分分别放置在两个房间里。当他放下右边的磁铁，跑到左边的房间时，发现小磁针并没有转动——实际上，小磁针发生了转动，只是在科拉顿回来之前，就已经回到原来的位置了。

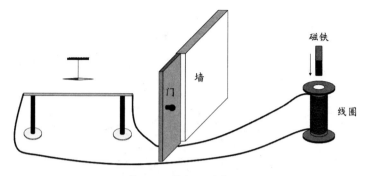

图 2.14 科拉顿的实验

在别人一次次拱手相让之后，英国人法拉第（1791—1867）最终笑纳了这份大礼。但是法拉第的发现之旅并不轻松。1825 年，法拉第第一次读到安培和安培助手的论文后，便强烈感觉到分子电流可能不正确，磁生电才是最好的解释。当他重复实验后，却一无所获，甚至连安培助手说的小小转动都没有发生。原来安培助手的论文是法语写的，翻译成英语时，将铜环译成了铜盘，铜盘不似铜环轻盈 [1]，自然很难转起来。后来法拉第设计了很多实验，但均以失败告终。

1831 年 8 月，法拉第设计了一个新的实验。在一个圆形铁环两边绕上了绝缘的线圈，一边接电源，另一边放置一个检测电流的小磁针（图 2.15）。很显然，两个线圈并不相通，右侧线圈没有电流。当开关合上或断开时，左侧线圈会通电，产生磁，磁经过铁环后，被右侧线圈所感应，产生电流，因此称为"感应电流"。感应电流的变化带着小磁针发生偏转，震荡后又回到原来的位置。

————————

① 铜盘转动惯量大。转动惯量见 6.4 节。

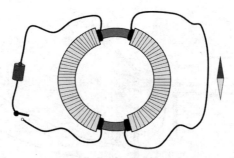

图 2.15 法拉第的实验

完美！法拉第用一个小小的实验证明了感应电流的存在。那么问题来了，电磁的这些现象是怎么产生的呢？法拉第通过大量实验将产生感应电流的情况划分为五类：变化的电流、变化的磁场、运动的恒定电流、运动的磁铁和在磁场中运动的导体。法拉第将这些现象正式命名为"电磁感应"。

根据法拉第的总结，电磁感应的关键在于变化。谈到变化，我们就会想到惯性，即物体运动本来不变，直到外力迫使它改变。为了解释这一现象，法拉第提出"电紧张态"，电紧张态大约与惯性类似。

如图 2.16 所示，线圈本来没有磁，当开关闭合时，电流发生变化，但是线圈具有某种"惯性"，总想保持原来的样子，就会产生与电流相反的感应电流。当线圈电流不再变化时，线圈达到新的平衡态，此时关掉电源，线圈产生感应电流，方向与电流方向相同。这就好比一人拉一辆车，车子原本静止，费了好大的力拉动后，想停下也是不容易的。在电紧张态的基础上，当时被沙皇俄国统治的爱沙尼亚人楞次（1804—1865）总结出"楞次定律"，该定律可以简单表述为"来拒去留"，即：当电流"来"时，线圈是抗拒的；当电流"去"时，线圈想挽留。

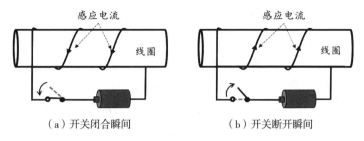

（a）开关闭合瞬间　　　　　　（b）开关断开瞬间

图 2.16　电紧张态

　　为了更好地解释电磁现象，法拉第又提出"磁力线"的概念。磁力线是受日常生活中的一个小现象启发得到的：将一些铁屑放到白纸板上，下面放一个磁铁，铁屑有规则地分布开来［图 2.17（a）］，法拉第将其等效为某种线［图 2.17（b）］。

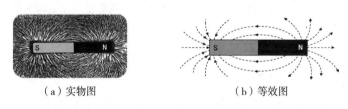

（a）实物图　　　　　　　　（b）等效图

图 2.17　磁力线

　　磁力线有方向和疏密，分别表示方向和强度大小，从而可以达到量化磁的目的。从定量角度来说，磁力线比电紧张态更直观、更优秀，所以法拉第申明应该放弃电紧张态这一假说。在磁力线的基础上，德国人韦伯（1804—1891）提出了"磁通量"[①]的概念。

　　又过了一年，法拉第通过实验证实了感应电流和导体的导电能力成正比。如果把"导电能力"表述为"电阻的倒数"，上句话就是我们再熟

------

　　① 通量的概念见 2.4 节。

悉不过的欧姆定律了，所以感应电流和伏特电堆里产生的电流具有同一种性质。既然电流相同，那么产生感应电流的电动势也是存在的，于是法拉第提出"感应电动势"的概念。二者的关系与电流和电动势的关系一样，感应电动势是因，感应电流是果。比如变化的磁场不一定产生感应电流——电流还需要闭合回路，但是一定会产生感应电动势。就像水从山上流下来，但是不管有没有水，山势都存在。

自提出磁力线的概念开始，经过 20 年的推敲，磁力线理论终成型。1852 年，法拉第发表题为《关于磁力的物理线》的论文。在论文中，法拉第类比了光与磁，认为既然有光线，就应该存在磁力线。后来法拉第还将磁力线推广成"力线"，即两个远距离物体之间的相互作用可以用力线表述，比如电力线。为了更清楚地表述电力线和磁力线，法拉第提出了新概念——场。磁周围有磁场、电周围有电场，我们仅以点电荷为例，阐述场的概念。

如图 2.18 所示，将一个带电量为 Q 的点电荷置于均匀介质的空间中，它周围有什么，我们并不知道。现在拿一个测电小球靠近该点电荷，测电小球会受到库仑力。假定测电小球是理想的，即测电小球半径足够小，对点电荷产生的影响可以忽略不计，那么测电小球所受的库仑力就形成了一个等势球面，场就用来描述这样的等势面。

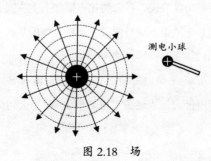

图 2.18 场

假设测电小球电量为 q，根据库仑定律，测电小球受到的库仑力为：

$$F = \frac{kQq}{r^2}$$

可以想象，有没有测电小球，点电荷所产生的电场都存在。因此，将上式两边同除以 q，可得：

$$E = \frac{F}{q} = \frac{kQ}{r^2}$$

这正是场强度的物理公式，称为"电场强度"或"场强"。

场正确吗？又意味着什么呢？当时的物理学家们已经证实光是一种波，而且测出了光的速度。既然光有速度，那么光线也有速度。电力线、磁力线与光线一致，也应该有速度。然而，电与磁有速度，就意味着支配宇宙的超距理论是错误的。究竟谁对谁错呢？我们 2.4 节分析。

道德楷模法拉第

法拉第出身于英国的一个贫困家庭，严格来说，他只有小学二年级的学历。为了减轻家庭负担，年仅 13 岁的法拉第辍学当报童。当时的报纸是租借阅读的，读完后还要还回去，法拉第成天就在租借人之间跑来跑去。报商的老板很赏识法拉第的工作态度，于是将他提携为学徒，并且不收学费。20 岁时，法拉第经常去听当时赫赫有名的大化学家戴维（1778—1829）的讲座，并将讲座的内容细心抄录，整理成笔记邮寄给戴维过目，得到了化学家的肯定。后来戴维在实验中发生意外，视力受损，便雇用勤勤恳恳的法拉第当助手。

当时的英国阶级分明、等级森严，即便在戴维身边，法拉第也时常被老师当成仆人。这种不公平的待遇让法拉第心灰意冷，曾想放弃科学研究，但最终对科学的热爱战胜了情绪上的波动。不到几年，他的成就便大大超越了戴维，我们仅列举几个非常重要的发明和发现。

1820 年，当法拉第得知奥斯特的电流磁效应后，法拉第想：电流可以让磁铁转动，那么将磁铁固定，导线也可以转动。于是他发明了世界上第一台"直流电动机"。如图 2.19 所示，当电源接通后，电源与水银、导线形成回路，产生电流。由于电磁作用，左边的磁铁会发生转动，右边的导线也会发生转动。电池的电能转换成动能，也就是电动机。现在的电动机依然采用电磁旋转原理，只是把磁铁换成电磁铁，简单导线换成复杂的线圈，直流电也换成交流电。

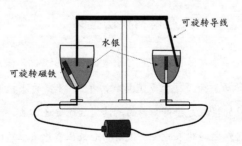

可旋转导线
水银
可旋转磁铁

图 2.19　直流电动机

1824 年，法拉第的工作得到了社会的认可，他因此成为大学教授，并成功当选为皇家学会院士。不过，社会性的歧视仍然存在，贵族们依然排斥这位出身贫寒的天才，其中就包括慧眼识珠的戴维。戴维一直对法拉第的成绩"羡慕嫉妒恨"，并在多个场合下打压且侮辱法拉第。然而，人之将死，其言也善，当记者问及弥留之际的戴维一生最满意的发现时，他不无骄傲地说："法拉第。"

1831 年后，法拉第凭着发现了电磁感应成为最耀眼的科学明星，但他并没有沉浸在光环里。那一年的圣诞节，在一个宴会上，法拉第展示了新发明的发电机。如图 2.20 所示，摇动手柄，铜盘转动，从铜盘边缘到铜盘圆心相当于一个导体，导体在磁场中运动便能产生感应电流，也就可以"发电"了。

图 2.20　发电机

如果这一伟大的发明出自贵族之手，肯定会得到"哇，好棒哦！"这样的赞美。不幸的是，贵族们对法拉第仍有敌意，当时就有一位贵族夫人讥笑道："这玩意能有什么用？"

"那么，夫人，"法拉第绅士地回答道："新生的婴儿又有什么用呢？"

新生儿，新生儿，新生的老虎不如猫。历史上有很多发明，在早期都曾饱受世人的冷嘲热讽，比如跑不过马匹的火车，但是发明永远都不曾停止。

从 1831 年到 1834 年，法拉第通过大量实验总结出"法拉第电解定律"。那时人类对微观粒子的认识尚处于猜测阶段，科学家们为原子是否存在纷纷站队，即便相信原子存在，也在原子是否可以再分的问题上产生分歧。法拉第对原子不可分产生怀疑，原因便是电解时产生带电的粒子，他将其命名为"离子"。

法拉第的一生是光辉的，从少年失学到自学成才，再到站在科学巅峰，一切都如奇迹一般。有传记作者认为，如果把法拉第的成就换算成金钱，他当时就值15万英镑，也有人曾说他的成就超过全球的股票价值。我不知道这句话的根据是什么，也不知道是哪年的股票，可能连法拉第也是听别人说才知道原来自己那么有钱。金钱最大的好处之一是能将一个人的成功量化给他人看，但成功不能和金钱画等号，否则会让人盲从于挣钱，而一味地想着挣钱，人和钱包就没有什么分别了。法拉第一生从未为金钱折服，尽管日子过得清苦，却始终甘之如饴、安之若素。有一年，新上任的首相大约觉得科学家们的工资实在太低了，打算给科学家们发点津贴。钱发下之后，首相大人要召见科学家代表，显摆一下自己是多么伟大、光荣、正确。德高望重的法拉第自然是不二之选，法拉第再三推脱不过，只能应允。不料新首相言辞傲慢，导致法拉第把钱给送了回去。工作人员几次三番地请求，法拉第还是不肯收下，直到首相公开道歉，法拉第才肯罢休。首相大人可能永远都不会明白：政治家常有，而法拉第只有一个。

对于名誉，法拉第亦是如此。有一年，他从报纸上得知自己将被册封爵位，他付之一笑，说这是没有的事。等维多利亚女王真的打算给他册封时，他拒绝了："我以生为平民为荣，并不想变成贵族。"后来皇家学会请他当会长，他也拒绝了。在法拉第看来，天要让其亡，必先让其疯狂，所以他选择独善其身。

此后他接连受到很多高官厚禄的诱惑，不干实事的名誉官爵都被他一一拒绝了。他对妻子这样说："我父亲是个铁匠的助手，兄弟是个手艺人，曾几何时，为了学会读书，我当了书店的学徒。我的名字叫迈克尔·法拉第，将来刻在我墓碑上的也唯有这一名字而已！"

翻开科学史，科学家们相互攻讦的现象屡见不鲜，最为著名的当数牛顿与莱布尼茨之间的纷争。如果将其视为道德的谷底，那么法拉第的一生则是最高点。科学上，法拉第功勋卓著；道德上，法拉第也是一盏明灯。此后的科学家们纷纷以法拉第为榜样，这可能也是法拉第之后科学家之间的论战仅限于科学的主要原因吧。

不过，金无足赤，人无完人。法拉第没有受过高等教育，因此数学并不是很优秀，导致很多理论无法用数学形式表述，好在麦克斯韦弥补了这点。

2.4　电磁波

麦克斯韦（1831—1879）生于苏格兰的爱丁堡，从小聪慧过人，16岁考上爱丁堡大学，主修物理和数学，19岁进入了著名的剑桥大学。在大学期间，他曾阅读过法拉第的许多著作，深深地为后者的物理思想所折服，尤其是力线理论。同时，麦克斯韦也看出力线概念的不足 —— 缺少精准的数学表述，所以麦克斯韦决心用数学方法将其准确地表达出来。

1856 年，麦克斯韦发表题为《论法拉第力线》的论文。在论文的开头，他简单回顾了电磁学的发展历程与现状，指出很多让人类困惑不已的地方，而解决困惑的办法就是"物理类比"。其实物理学一直在用类比法，比如将苍穹类比于锅盖、电流类比于水流，不过麦克斯韦的类比有更高一层的含义：两个类比的物理对象或定律都有数学形式上的相似之处。关于力线，麦克斯韦将其类比于流体中的流线。流体，顾名思义，就是能流动的物体，常见的如空气、水等。在麦克斯韦之前，力学的一个分支——流体力学已经完美建立了。麦克斯韦认为应该在流体力学的基础上建立力线的几何模型。

法拉第读了麦克斯韦的论文，非常欣赏，在写给后者的信中不吝赞美之辞。1860年，麦克斯韦拜访法拉第，两人一见如故，惺惺相惜。见到麦克斯韦，法拉第很惊讶，因为他完全没有想到论文的作者居然如此年轻。他笑着说："我不认为我的学说一定是真理，但你是真正理解它的人。"

麦克斯韦恭谦地说："还请先生斧正。"

法拉第沉吟数秒，说："你不应该只停留在数学上，而应该突破它。"

是的！应该突破，要不然就和复读机没什么分别了。两年后的1862年，麦克斯韦发表论文《论物理的力线》，提出"分子涡旋"和"位移电流"这两个非常重要的假说。

分子涡旋尝试从力学角度解释磁的产生，其中涉及以太。这个假说非常复杂，受到了很多人的质疑，后来被麦克斯韦自己否定了。他认为不应该从力学角度去解释更复杂的电磁现象，而应该从宏观角度去分析问题。也就是说，人们不必为电磁的产生找到能够想象的图像，而应该用数学方法去分析电与磁所带来的物理效果。

什么是位移电流？电流可以产生磁，但是变化的磁不一定能产生电流，因为产生电流的条件还要满足闭合回路。不满足闭合回路，难道就不产生任何电效应吗？答案是否定的，比如将一段导线置于变化的磁中，导线会产生感应电动势。那么，怎样描述所产生的电效应呢？麦克斯韦发展了场的概念，提出"感应电场"（图 2.21）。为了衡量感应电场中的电感应强度变化，麦克斯韦又提出位移电流。位移电流是一种假想的等效电流，与真正的电流有本质区别。

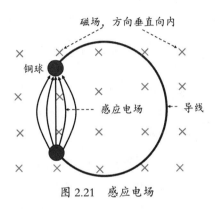

图 2.21　感应电场

根据麦克斯韦的思想，我们将电与磁的关系简化一下：变化的电场会产生磁场，变化的磁场会产生电场。如此反复，过去的电场从哪里开始，未来的磁场又在哪里消失呢？麦克斯韦类比光和热的传递方式，认为电磁场之间相互转换时（图 2.22），会激发一种波，用来传递场的相互作用，这种波叫作"电磁波"。

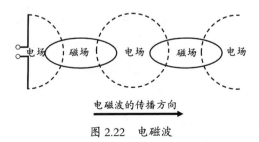

图 2.22　电磁波

其后麦克斯韦再次发挥数学的特长，确立了电磁场方程，后人称为"麦克斯韦方程组"。麦克斯韦方程组是电磁学的基石，也是物理学最美的一组方程，令无数科学家为之折服，其中包括伟大的爱因斯坦。实际上，物理学之美无处不在，平方反比定律便是其中一例。

什么是物理？

1871 年，麦克斯韦受邀回到剑桥大学，准备筹建新的物理实验室。实验室由当时的校长威廉·卡文迪许私人募捐出资，并以家族中最有名望的科学家亨利·卡文迪许命名，因此叫作"卡文迪许"实验室。在筹建过程中，麦克斯韦找到了许多亨利·卡文迪许没有发表的实验手稿。他惊讶地发现，在库仑发表库仑公式的前两年，卡文迪许也做过一个类似于求万有引力常数值的扭秤实验，得出了正确的静电力公式，而且实验数据更加精确，只是没有发表。

这里有一个问题，卡文迪许的数据更加精确，说明库仑得到的数据并非严格意义上的平方反比，那么么能说是平方反比呢？

首先，我们探讨一个问题，物理的公式从何而来？测量，也唯有测量，因为实践是检验真理的唯一标准，只有测量了，才能知道公式是否正确。这里的测量并非完全来自实验，也包括对自然现象的观察。开普勒的椭圆定律来自测量，伽利略的加速度来自测量，牛顿在创建万有引力公式时，第一个有用的数据正是来自对月球的测量。试想一下，如果月亮到地球的距离不是地球半径的 60 倍，万有引力公式还能成立吗？因此，我们得出一个结论：物理学是一门建立在测量之上的学科，或者说物理学是一门理论符合测量的学科，再换句话说，无法测量，物理学的一切就都是虚妄的。

测量总会有误差，怎样才能获得真实值呢？最简单的方法是多次测量，取平均值，但"多次"到底是多少次呢？不可能是无穷的——这是数学上的"把戏"，因此平均之后还要分析。

假设图 2.23 便是库仑实验时的测量值。可以看出，取平方反比是可以的，但取 1.99 次方也不能说错。为什么非得选平方呢？因为在被选择的数字中，整数是最完美的。既然都合适，为什么要舍美玉而求顽石呢？因此，我们得出另外一个结论：物理学理论不仅要符合测量，还要追求数学上的完美。

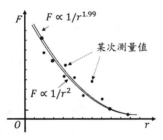

图 2.23　模拟库仑实验测量值

也许你会觉得这是强词夺理，因为整数完美只是人类的想象，大自然中有很多非整数的完美数，比如圆周率 π 和自然常数 e。它们不仅不是整数，还是永远算不尽的无理数。这又该如何解释呢？我们来做一个思维实验。

麦克斯韦说学物理应该多类比，现在我们将不可见的电荷类比成比较形象的鸡腿。一只煮熟的鸡腿时刻向外散发着香味，这是由于带香味的分子挥发到空气中，被人吸入鼻孔导致的。这不是一只普通的鸡腿，而是被物理学处理过的鸡腿——假设它可以看成一个球（质点），每个香味分子匀速地、单向地沿着半径往外扩散，就像把石头扔到水里，水波一层一层地扩散一样 [图 2.24（a）]。

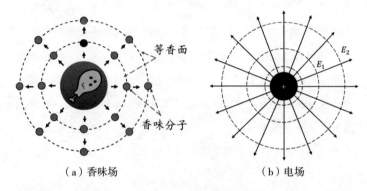

（a）香味场　　　　　　　　（b）电场

图 2.24　场与通量

香味分子越扩散，分子之间的间距就越大，香味就越淡。现在我们将香味定义成不同的等级，叫作"香味浓度"。再将浓度相同的地方全部圈出来，就会得到一个"等香面"。对于某个等香面来说，通过的分子数目可以定义为"香味通量"。不过，"数目"只适合离散的量，对于连续变化的量，一般用浓度乘面积表示：香味通量＝香味浓度×等香面面积。

对于任何一个等香面而言，通过的分子数是相等的。

回到电荷上，香味浓度相当于电场强度，等香面相当于电场强度相同的"等势面"，香味通量相当于电场通量，用 Φ 表示。对于点电荷而言，可得：

$$\Phi = E \cdot 4\pi r^2$$

设有两个等势面，它们的半径分别为 r_1 和 r_2，电场强度分别为 E_1 和 E_2［图 2.24（b）］。由于二者通量相等，可得：

$$\Phi_1 = \Phi_2 = E_1 \cdot 4\pi r_1^2 = E_2 \cdot 4\pi r_2^2$$

可得：

$$E_1 / E_2 = r_2^2 / r_1^2$$

又因同一点电荷，场强与库仑力成正比，可得：

$$F_1 / F_2 = r_2^2 / r_1^2$$

从上面的公式可以看出，库仑力必须符合平方反比定律——万有引力也是如此。尽管库仑力来源于实验，但平方反比定律是由球面积公式决定的，而球面积公式来自数学推导，是自然规律。由此我们再得出一个结论：物理学是反映自然规律的一门学科，这个规律体现在测量上，也体现在数学上。[1]

牛顿和库仑在建立平方反比公式时，巧妙地将复杂的常量（如 π）统统归结到了一起，用系数 G 和 k 表示。根据演算，得出库仑力与球面积有一定的关系，因此将 k 拆成与表面积有关的形式。令 $k = 1/4\pi\varepsilon$，

---

[1] 磁与电不一样，电可以以正、负电荷形式存在，磁一出现就有南北极，没有单级磁。1928 年，狄拉克从数学中得出存在单磁极。20 世纪 90 年代，有学者宣称在实验中找到了单磁极，但他人重复实验，却没有找到，所以单磁极是否存在依然是一个谜。如果找到了，物理学的很多定律将被重新改写。

可得：

$$F = \frac{kQ_1Q_2}{r^2} = \frac{1}{4\pi\varepsilon} \cdot \frac{Q_1Q_2}{r^2} = \frac{1}{\varepsilon} \cdot \frac{Q_1Q_2}{4\pi r^2}$$

其中，ε 表示电容率，与电容率对应的是磁导率 μ，在稳定的介质中，它们都是常数。

在确立方程组之后，麦克斯韦经过推导，得出电磁波的速度为：

$$v = 1/\sqrt{\varepsilon\mu}$$

真空中的电容率和磁导率是两个常数，且可以通过实验测得数值。代入上述公式之后发现，电磁波的速度约为 $3 \times 10^8\,\mathrm{m/s}$。这是一个很熟悉的数字，没错！正是光速，所以麦克斯韦大胆预言光也是电磁波。电磁波有速度，所以场也有速度，超距理论的统治地位开始动摇！

1871 年，麦克斯韦所著的《电磁学通论》出版，后人评价，该书完全可以媲美牛顿的《原理》。可惜的是，在麦克斯韦生前，他的电磁理论并没有被接受，究其原因，可能是麦克斯韦的假说太多，从而导致他的理论不容易被理解。当时很多国家的科学家 —— 尤其是德国的 —— 纷纷站出来反对麦克斯韦的学说。德国物理学家赫尔姆霍兹（1821—1894）更是称麦克斯韦将电磁学带入了"无路的荒漠"[1]，他坚信的仍然是牛顿的超距理论。尽管赫尔姆霍兹不愿意研究麦克斯韦的理论，但是他在柏林科学院成立了一个奖项，用于奖励那些用实验驳斥麦克斯韦理论的人。在赫尔姆霍兹的建议下，他的学生赫兹（1857—1894）开始了驳斥电磁波之旅。有趣的是，赫兹最终找到了电磁波，见证了麦克斯韦的伟大。为了理解赫兹的实验，我们先了解一下波的概念。

---

[1] 当时科学界为光和热现象头疼不已、争论不休，麦克斯韦又将光纳入电磁波的范畴，让物理学的窘境雪上加霜。

什么是波？

王安石在编纂《字说》时说："波者，水之皮也"。苏东坡听闻后，反问道："滑者，水之骨？"这个故事经常出现在明清人编写的稗官野史中，借"滑"字来嘲讽王安石的变法。

水虽无骨，但却有"皮"。波的基本字意就是水面的起伏运动，如波涛、波浪，指的就是"水之皮"的那点事。除了水波，生活中还有很多波。比如手拿绳子一端，不停地上下抖动，绳子就跟水波一样，向前移动。假设在绳子上画个黑点，黑点只会上下运动，并没有向前移动。这说明绳子向前移动只是人的感觉，绳子上的每个质点都在做上下运动（图2.25）。这种质点的运动方向与波的传播方向垂直的波称为"横波"。

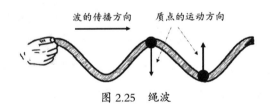

图 2.25　绳波

与横波对应的是"纵波"。以一个运动的弹簧为例［图2.26(a)］，弹簧来回振动，带动着物体A一起运动。当弹簧不能再压缩时，A的速率为0；当弹簧处于没有拉伸或压缩状态时，A的速率最大，由于惯性，A要继续运动，会拉伸弹簧，直至不能再拉伸为止，此时A的速率为0，然后往相反方向运动。如此来来回回，A的速度就像一个正弦波［图2.26（b）］。因此，弹簧的运动也是一个波，每个质点的运动方向与波的传播方向是一致的，所以叫作纵波。假设一切都是理想状态，那么称图2.26(a)

所示的模型为"简谐振动"，称 A 为"谐振子"。简谐振动是最简单的机械振动模型。

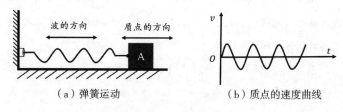

（a）弹簧运动　　　　（b）质点的速度曲线

图 2.26　简谐振动

　　说了这么多，我们只看到了水、绳子、弹簧，波在哪呢？其实波不是实物，而是一种运动方式。物体运动就有能量，所以波也是一种传输能量的方式。反过来，波不能独立于载体而存在。

　　波是怎样传递能量的呢？我们以声波为例，声源振动产生声波，声波带动空气振动，传到耳朵后，耳膜就会随之振动，再通过神经系统传到大脑，大脑就能听到声音了。假设有人在说悄悄话，别人是很难听到的，因为声音太小，也就是能量太小。

　　然而，即使能量足够大，人耳也未必全能听到，因为还有频率限制。频者，重复也；率者，次数也；频率者，重复之次数也。假设一人一天吃三顿饭，频率可以计算为 3 顿 / 天，再换算到秒为 1/28800 顿 / 秒，采用国际单位即为 1/28800Hz（Hz 是频率的单位，1 秒 1 次即为 1Hz）。

　　人耳能接受的声波频率为 20~20000Hz，低于 20Hz 的叫作"低声波"，超过 20000Hz 的叫作"超声波"。为什么人耳听不见低声波和超声波呢？因为这些频率的声波无法与人耳产生"共振"。每个物体都有固有频率，当外力的振动频率与固有频率一致时，就会产生共振。共振时，物体的振动幅度最大。在声波中，共振又叫作"共鸣"。当声音进入耳朵时，鼓膜随之振动（不一定是共振），然后鼓膜带着三块听小骨振动，听小骨又带着耳蜗振动。耳蜗就像一只蜗牛——不然就不叫耳蜗了，每一小段都对应不同的共振频率，所以能感知某个频率范围内的声波。

关于共振，有个非常经典的故事。19世纪初，拿破仑的队伍进入昂热市。为了展现部队的英姿，军官命令士兵们走正步。其间路过一座大桥，没想到队伍走到桥中间时，桥梁发生了强烈的颤动，并最终断裂坍塌。一开始，人们以为桥梁是豆腐渣工程，后经过调查发现原因出在共振上。当士兵们齐步走时，产生的频率与桥梁的固有频率一致，桥梁振幅达到最大，因此断裂，后来很多国家规定部队过桥改为便步。

除了共振，波还具有哪些特性呢？

（1）衍射。假设有人躲在一个大石头后面，但是他依然能听到石头前面传来的声音，这是因为声波能绕过障碍物，继续传播。

（2）干涉。当两列波相遇时，会发生"你影响我，我也影响你"的干涉现象。干涉的结果会随波的相遇点、振幅、频率、波速等因素的不同而变化。

衍射和干涉是检验某个物体是否具有波动性的两个最好的标准，物理学中最常见的干涉实验是"双缝干涉实验"，本书也会多次提到。

当两列频率、振幅、波速一致但波方向相反的波相遇时，可能会产生"驻波"。以横波为例，当驻波产生时，波只做上下运动，感觉上像驻足停留了一样，故而称为驻波。理想化驻波的能量不损失，只在波的内部以两种或两种以上的能之间相互转化。

现实生活中的波比较复杂，一般由多种波叠加而成。叠加的波往往振幅有高有低，形成包络，称为"波包"。

　　对于一列波而言——无论是简单的还是复杂的，都是一种运动形式。既然运动，就有速度。通常情况下，我们把波上任意一点的速度沿着波传播方向上的速度称为"相速度"。在图 2.27 中，A 点处在波峰，经过一个周期（T）后，会到达下一个波峰——相邻波峰的距离是一个波长（λ）。因此，它沿着波传播方向上的速度就等于波长除以周期，即 $v = \lambda / T$，得到的速度就是这列波的相速度。除相速度外，对于一些复杂的波而言还有"群速度"，群速度表达的是包络沿波传播方向上的速度，即图 2.27 中 B 点的传播速度。

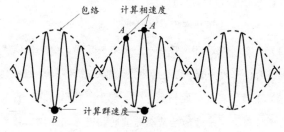

图 2.27　波包

　　以上对波的解释只适合机械波，并不完全符合电磁波。电磁波也是波，具有波的基本性质，也是能量的传递方式。在麦克斯韦时代，人们对波的认识还停留在机械波阶段，自然会认为波传输必须要有介质，所以人们又搬出了以太。以太弥漫在太空中，光作为一种电磁波，就是靠以太传输的。不过，以太最终还是被相对论赶出了物理学，因此光（电磁波）传输是不需要任何介质的。

　　此外，电磁波的产生方式也与机械波不同。我们可以轻松地

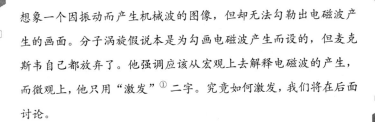

想象一个因振动而产生机械波的图像，但却无法勾勒出电磁波产生的画面。分子涡旋假说本是为勾画电磁波产生而设的，但麦克斯韦自己都放弃了。他强调应该从宏观上去解释电磁波的产生，而微观上，他只用"激发"[①]二字。究竟如何激发，我们将在后面讨论。

　　到底是场正确还是超距正确呢？关键在于找到电磁波，而找到电磁波的关键在于产生电磁波并且检测到它。怎么样产生电磁波呢？麦克斯韦发现闪电会让手中的小磁针紊乱，而闪电是一种自然放电现象，因此麦克斯韦断定，其他放电现象也会产生电磁波。放电现象种类有很多，比如火花放电：在极板间加上高压，强电场会击穿极板间的空气，产生电火花。那么，怎样产生高压电呢？在赫兹的年代，德国有一位叫鲁姆科夫（1803—1877）的高级技工，他发明了一种感应线圈，能产生极高的电压，当时很多工程中都需要用到高压电，因此"鲁姆科夫线圈"一时间奇货可居。

　　赫兹将鲁姆科夫线圈与两个距离非常近的铜球相连，当电压足够高时，铜球之间的空气会被击穿，电流会来回振荡，产生电火花。赫兹将这个装置称为"振荡偶极子"［图 2.28（a）］。赫兹利用共振的原理制作了检波器：将一根导线弯成圆形，两头接上两个距离非常近的小铜球。电磁波在空间中传播，会在铜环上产生感应电动势，如果电动势非常高，也会击穿小铜球之间的空气，产生火花。赫兹将这个装置称为"共振偶极子"［图 2.28（b）］。

---

① 见 6.11 节。

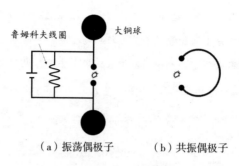

（a）振荡偶极子　　　（b）共振偶极子

图 2.28　寻找电磁波

　　一切准备就绪，赫兹按下开关，振荡偶极子上的电火花噼里啪啦地闪个不停，共振偶极子却一点反应都没有。因为这一切都是理论可行，现实要经过无数次调节。为了这个实验，赫兹废寝忘食，甚至达到了走火入魔的地步。某天，赫兹依然和往常一样不断测试，当他对振荡偶极子输入一个更高压的电流时，暗室中的共振偶极子突然产生了微弱的火花。赫兹调节共振偶极子的位置，发现小金属球之间的火花会更加明显。

　　完美！赫兹找到了电磁波，场理论终于在哲学家的口诛笔伐中胜出。场理论的胜出意味着超距理论是错误的，也就把牛顿拉下了神坛，尽管他确实如神一般地存在过。1887 年，赫兹撰写论文，写完后邮寄给老师赫尔姆霍兹，不知道赫尔姆霍兹有何感想。

　　电磁波是找到了，但麦克斯韦预言光就是电磁波是否正确呢？这个问题的关键在于电磁波的波速是否等于光速。电磁波是不可见的，该怎么测量不可见物体的速度呢？实际上，振荡偶极子所产生的电磁波频率可以通过线圈的特性推导出来，再根据波速公式，只需要测量波长就可以了。

　　这一次，赫兹采用了驻波原理。在实验室的墙面上覆盖了一层锌板，电磁波到达锌板时会产生反射，调节好锌板位置，便可产生驻波 [图 2.29（a）]。滑动检波器，有些位置不会产生火花，有些位置的电火

花较为明亮 ［图 2.29（b）］，火花最明亮的地方就是波峰或波谷。测量相邻点的距离，便可推算出波长。

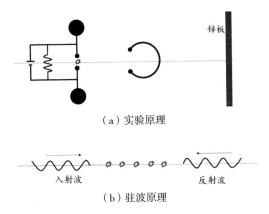

（a）实验原理

入射波　　　　　　　　　反射波

（b）驻波原理

图 2.29　测量电磁波的速度

这个方法可以测量电磁波的波长，却不能用来测量可见光，因为实验中电磁波的频率比可见光的频率低很多，所以检波器的移动距离可以以"米"计算。倘若换成可见光，检波器的移动距离只有几微米 —— 显然无法测量。测量得出电磁波的速度正是光速，再次与麦克斯韦的推算一致。1888 年，赫兹将这些成果总结在《论电动效应的传播速度》一文中，成为物理学史上的一座里程碑。

电磁学的大厦

　　1931 年，爱因斯坦在纪念麦克斯韦诞辰 100 周年的文集中写道："自从牛顿奠定理论物理学的基础以来，物理学的公理基础的最伟大的变革，是由法拉第和麦克斯韦在电磁现象方面的工作所引起的……这样一次伟大的变革是同法拉第、麦克斯韦和赫兹的名字永远联系在一起的。这次革命的最伟大部分出自麦克斯韦。"不仅如此,爱因斯坦在很多场合下对麦克斯韦都赞不绝口,据说爱因斯坦的卧室里挂了三位科学家的画像,分别是牛顿、法拉第和麦克斯韦。

麦克斯韦有什么贡献让20世纪最伟大的物理学家如此推崇备至呢?我想应该是麦克斯韦为电磁学建立了完美的方程组。在麦克斯韦时代,数学家人才辈出。麦克斯韦的数学功底也许不是最好的,但他是将物理与数学结合得最好的人。如果说经典力学统一于牛顿,那么经典电磁学则统一于麦克斯韦方程组,所以后人常常将麦克斯韦与牛顿比肩。可惜天不假年,麦克斯韦因胃癌去世,年仅48岁。

赫兹是一位如法拉第一样的实验学家,整个19世纪最懂电磁波实验的就两个人,一个是法拉第,另一个就是赫兹。令人惋惜的是,赫兹也英年早逝。1894年,赫兹因败血症去世,年仅36岁。

正如爱因斯坦所言,法拉第、麦克斯韦和赫兹共同缔造了电磁学的大厦。后人时常将法拉第的贡献形容成大厦的基石,将麦克斯韦方程组形容成大厦的顶梁柱,而赫兹则是将大厦推广到千家万户的人。

总感觉赫兹和爱因斯坦是两个世纪的人物,但实际上赫兹仅比爱因斯坦大二十二岁。赫兹死后的第3年,电磁波开始用于通信,距离为2km;他死后的第7年,第一份无线电报穿越大西洋到达美国;他死后的第79年,第一个无线电话(手机)诞生;他死后的第102年,Wi-Fi技术开始申请专利。如今,我们进入这座"拎包即住"的大厦里,就再也出不来了。

第3章

热力学与统计力学

3.1 从火说起

人类的祖先从树上下来，学会了直立行走，过着茹毛饮血的生活。突然一道闪电击中了枯死的树木，树木熊熊燃烧起来。直立人对火感到既害怕又好奇，但是他们能感觉到火带来的温暖。终于，有勇士迈出了第一步，他逐渐地靠近火，把刚打回来的猎物放在火上烤了烤，尝了尝，对大家说："嗯，味道好极了！"于是人类便不再惧怕火，还把它引到山洞里，学会了照明和驱逐寒冷。他们不知道火改变了食物中蛋白质分子的结构，使食物更容易被人体吸收。正是吸收了大量的营养物质，人类的大脑才在进化中变得越来越发达。发达的大脑让人类渐渐地学会了使用工具、创立语言、建立社会制度、建立物理学……

火是世界上每种文化中都必出现的要素，因此被列在"普世文化通则"[①]之内。但是面对如此神秘的物理现象，古代人的思考是有限的。在

[①] 普世文化的含义是世界上所有的文化中都会出现的元素，如语言、社会制度、信仰等。

多个文化体系中，火都被视为一种元素，中国的五行说中便有火元素。近代科学史上，对火的认识，科学家们走了不少弯路。我们仅从两个方面讲述 —— 燃烧与发热。

提到燃烧，就会想到化学；想到化学，就不得不提将化学确立为一门科学的化学家 —— 波义耳（1627—1691）。波义耳出生于爱尔兰，比牛顿大十几岁。他出身于贵族家庭，从小体弱多病，经常吃药。有一次，医生给他开错了药，导致他差一点中毒死亡，幸好及时吐了出来。一朝被蛇咬，十年怕井绳，波义耳从此不再相信医生，也不敢吃他们开的药，于是自学医学，学着给自己开药方。长大后，波义耳迷上了化学。

在波义耳时代，物理学经过几代人的发展，逐渐成熟。这一切都建立在实验基础之上，所以波义耳在他所著的《怀疑派化学家》中反复强调：化学应该抛弃古代传统[①]思维，应该立足于严密的实验之上。如果说伽利略的《关于两门新科学的对话》是近代物理学的开端，那么波义耳的《怀疑派化学家》便是近代化学的始祖。

1654 年，波义耳来到牛津大学，建立了自己的实验室，还聘请了胡克作为助手。同一年，德国马德堡市市长格里克做了历史上著名的"马德堡半球实验"：用自制的空气泵将两个拼接在一起的大铜半球抽成真空，半球两边用相同数量的马匹去拉，直到用了 16 匹马才成功将它们拉开。马德堡半球实验证明了大气压和真空的存在。1657 年，波义耳带着胡克使用格里克的空气泵做实验，发现物质在真空中无法燃烧，因此波义耳认为空气是燃烧的必要条件。后来波义耳还做了金属煅烧的实验，发现金属煅烧后质量增加，所以他猜测空气中有一种叫作"燃素"的物质存在。燃素在燃烧后，进入了灰烬，所以他得出公式：金属 + 燃素 = 灰烬。不得不说，这

---

① 传统的化学大部分和炼金术相关。

是一个非常粗糙的公式，没有量化的数字，且不能完全概括燃烧现象，因为如果把金属换成木头，灰烬的质量会减少，公式也就不成立了。

1669 年，德国化学家贝歇尔（1635—1682）类比火素，重提燃素说。他将燃素和土、气等元素归为一类，燃素与其他物质混合，存在于物质的内部。当物质燃烧时，燃素会溢出，留下了灰烬。比如木头燃烧后，燃素溢出，质量减少。但如何解释金属燃烧后质量增加呢？贝歇尔的学生施塔尔（1660—1734）想出一个好办法，他认为燃素不是在物质内部，而是物质本身所具有的特性。能燃烧的物质是因为具有燃素，不能燃烧的便不具有燃素。燃素由无数个小小的微粒组成，当物质燃烧时，它会从物质内溢出，形成火焰。施塔尔的燃素说不仅能解释燃烧现象，还能解释像腐蚀、闪电等一直让人头疼的现象。他认为闪电是因为空气中含有燃素，那一道道火光正是空气中的燃素在燃烧；金属失去光泽是因为腐蚀剥夺了金属中的燃素。不过，施塔尔终究没能解释金属燃烧后质量增加、木头燃烧后质量减少这一悖论。后来者在施塔尔的基础上提出燃素有正有负的假说，就像正负电荷一样。金属中的燃素是负数，燃烧时空气中的燃素会进来，所以质量增加；而木头中的燃素是正数，燃烧时燃素会溢出到空气中，所以质量减少。再后来燃素说披上了玄幻的外衣，与灵魂一样，每个物质都具有燃素，只是有多有少。

1755 年，英国化学家布拉克（1728—1799）在煅烧石灰石后，得到了一种"新空气"[1]。这种新空气不助燃，而且很容易和碱性的物质结合而固定起来，故而称之为"固定气体"。布拉克似乎找出了不含燃素的物体。

1774 年，英国化学家普里斯特利（1733—1804）在实验中获得了另外一种"新空气"。他发现蜡烛等物体可以在新空气中燃烧，而且比在空

---

[1] 当时科学家们对空气认识不足，以为空气是由单一元素组成的，所以他们认为自己获得了新空气。他们所谓的新空气指的是二氧化碳和氧气。

气中更加剧烈。他通过实验发现每种气体的助燃性不一样，有的强有的弱，有的甚至不能助燃。为什么会不一样呢？普里斯特利认为燃烧是两种燃素的化合作用，物质所具有的燃素大于气体中的燃素才能燃烧。布拉克发现的新空气（CO_2）含燃素非常多，所以物质无法在其中燃烧；而他自己发现的新空气（O_2）不具有燃素，助燃性最强，因此普里斯特利将他发现的气体命名为"去燃素气体"。普里斯特利一生发现了很多气体，被后人誉为"气体化学之父"。

1774年，被后世誉为"近代化学之父"的法国化学家拉瓦锡（1743—1794）做了一个实验：将铁放在一个封闭的容器中燃烧，容器内的总质量并无改变；而当容器打开时，能听见空气进入容器的声音——就像打开一瓶摇晃过的可乐罐一样。因此，他断定金属的燃烧与燃素无关，但一时间找不到更合理的解释。

正好"气体化学之父"到法国访问，化学界的两位"父亲"畅聊了很久。拉瓦锡告诉普里斯特利自己的困惑，普里斯特利则告诉拉瓦锡自己的新发现。当拉瓦锡得知去燃素气体时，他敏锐地感觉到答案就在其中。此后拉瓦锡做了很多实验，最后得出结论：不管金属还是木头，燃烧前后的总质量不变。

很显然，燃素说站不住脚了。既然站不住脚，抛弃它也许会柳暗花明。1778年，拉瓦锡将去燃素气体命名为氧气[1]，并认为燃烧的本质是物质与氧气的化合作用，因此称为"氧化"。在氧化过程中，拉瓦锡发现元素不生不灭、总质量不增不减，这就是物理学上常说的"质量守恒"。

利用氧化和质量守恒原理，我们可以解释一切燃烧现象。金属燃烧后质量增加，是因为金属元素与氧气化合后形成固体；木头燃烧后质量

---

[1] 氧在古希腊语中是"形成酸"的意思，很多物质燃烧后，再溶入水，呈酸性。

减少，是因为木头中的一些物质氧化后成了气体，消散在空气中。金属生锈是因为表面氧化后生成新的物质，而新物质没有光泽。

至此，统治物理化学两界近百年的燃素说被拉瓦锡一脚踢出了门外。

化学家拉瓦锡

拉瓦锡出身于法国的一个贵族律师家庭，家人想要他继承祖业，但他对自然科学更感兴趣。大学毕业后，拉瓦锡从事矿产勘查工作，并获得了法兰西科学院院士的头衔。

很多科学家在波义耳的影响下，纷纷怀疑古希腊的四种元素说。1783 年，亨利·卡文迪许发现了一种"可燃气体"[1]，燃烧后会变成水。但卡文迪许还不了解拉瓦锡的工作，仍从燃素的角度去解释。不久，卡文迪许的助手访问法国，结识了拉瓦锡。拉瓦锡意识到卡文迪许的发现为自己的氧化说提供了有力的证据，既然氢气燃烧能产生水，那么水就不是一种元素。不久，拉瓦锡成功地将水分解，自此朴素的元素说成为历史。

拉瓦锡一生做了很多实验，总结了很多零散的化学知识，形成了新的化学体系。1789 年，拉瓦锡发表《化学基础论》。在这部划时代的著作中，拉瓦锡重新定义了元素——不可再分的物质，并总结出了 33 种元素，其中包括氢、氧、氮[2]等已发现的元

---

[1] 氢气。卡文迪许将其命名为"可燃气体"，拉瓦锡根据古希腊语中的"水"和"产生"组成了新的名词，它的中文名是"轻气"的谐音。

[2] 拉瓦锡发现人在氮气中无法呼吸，因此用古希腊语中的"没有生命"来给这种气体命名。

素，还包括尚待解密的元素，比如光和热。这是人类历史上第一个元素表。

除科学院院士的身份外，拉瓦锡还担任法国的税务官——花了50万法郎买来的。不久之后，拉瓦锡娶了同事年仅14岁的女儿为妻，婚后两人感情甚笃。拉瓦锡夫人对丈夫的事业不遗余力地支持，经常将他国的文字翻译成法语，还完全保留了拉瓦锡的实验手稿和记录，同时为其配上了精美的插图。在爱人的帮助下，拉瓦锡取得了巨大的成功，在化学中的地位堪比物理学中的牛顿。面对成功，拉瓦锡曾豪言："我的理论已经像革命风暴一样，扫向世界的知识阶层。"

确实，拉瓦锡引领着一场轰轰烈烈的知识革命，正如当时法国的社会革命一样。在社会革命中，几股势力你方唱罢我登场，拉瓦锡也在权力更迭中被送上断头台。人们如憎恨死神一般地憎恨税务官，以至于当有人为这位天才求情时，法官大人说："共和国不需要天才！"当时法国著名的数学家拉格朗日（1736—1813）听闻此事后，痛心不已地说："他们可以一眨眼工夫把拉瓦锡的头砍下来，但他那样的头脑一百年也再长不出一个来。"

燃烧不仅能产生火，还能产生热。热是什么？拉瓦锡时代，人们一直认为它也是一种元素，所以才被列在拉瓦锡的元素表里。

最早提出"热素"的应该是布拉克。他做过一个实验：两杯同量的水，一杯0℃，另一杯60℃，混合后水温正好是30℃ ［图3.1（a）］，于是他类比于燃素提出了热素。布拉克认为热素是一种没有重量的、可以流动的物体，存在于物体内部。两杯水混合后，热素均分，所以温度取平均值。然而，他的另外一个实验又对热素说提出了挑战。将两杯同量的水，一杯结成0℃的冰水混合物，另一杯加热至60℃，混合后的温度却小于30℃［图3.1(b)］。这是怎么回事呢？布拉克认为有些物体含有隐藏的热素，故而称为"潜热"。需要特别注意的是，现代物理学也有潜热概念，指的是物质温度上升与热的潜在关系，与布拉克所定义的潜热不是一回事。

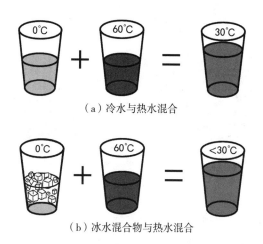

（a）冷水与热水混合

（b）冰水混合物与热水混合

图 3.1　冷热水混合实验

布拉克的实验证实了热与温度不是一回事，比如0℃的冰转化为0℃的水，需要吸收热量，但是温度却没有变化。温度又是什么呢？很久以前，人们就注意到了物体的冷热程度，但并没有量化测量，第一个量化温度的是医生伽利略。伽利略发现病人发烧后，体温和正常人有差别，但是随便徒手一摸似乎太潦草，应该有一个测量温度的仪器，为此伽利略又陷入苦思冥想之中。某天，伽利略看到孩子们的一个玩具［图3.2(a)］：一个中间有水的U形槽，其中一端用铅球密封。当给铅球加热时，对面的水

位升高 —— 这是根据热胀冷缩的原理制成的，据说来自古希腊时代。伽利略灵机一动，制成了人类历史上的第一个温度计。

如图 3.2（b）所示，一个带玻璃球的玻璃管，上面含有空气，玻璃口插入器皿中，器皿含有带颜色的液体，当玻璃球的温度升高，颜色水柱会下降。在玻璃管上标相等的刻度，便可测量温度了。伽利略的温度计有着划时代的意义，但他没有继续潜心研究，因为不久后，他将收到来自德国开普勒寄过来的《神秘的宇宙》，一心研究天体去了。

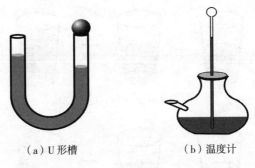

（a）U 形槽　　　　　　　　（b）温度计

图 3.2　伽利略温度计

伽利略温度计的缺陷非常多，首先液体会挥发，时间一长，测量就不准确了。1632 年，法国化学家让·雷伊对伽利略温度计进行了改良：将器皿密封并倒置过来，从而解决了液体挥发的问题。此外，水很容易结冰，也就无法测量了。1657 年，伽利略的学生斐迪南用酒精代替了水。酒精的凝固点比水低很多，即使在寒冬腊月也不会结成冰，但它的沸点也比水的低，测量开水的温度又成了新问题。不久，法国人布里奥找到了新材料 —— 水银，算是圆满解决了以上问题。如今，水银温度计是生活中最常用的一种温度计。

至此，温度计还面临着一个致命的问题。如果尺子没有统一的标准刻度，就无法衡量长短，所以温度计也需要一个标准的刻度，简称"温标"。当时很多人都在制作新的温度计，每个温度计都有不同的标准。丹麦天文学家罗默（1644—1710）就曾将酒精的沸点定义为 60 度。与罗默同时代的胡克和牛顿对热和温度也有一定的研究，他们都意识到制定标准温标的必要性，但是都没有付诸行动。

1714 年，荷兰物理学家华伦海特（1686—1736）制作了很多同样刻度的温度计。他认为罗默等人的温标有个明显的缺陷 —— 容易导致负数，即零下多少度。他把水银温度计放到冰雪和盐的混合物中，画条线作为 0 度，然后又把温度计含到嘴巴里，画个刻度。在两个刻度之间画了 24 个格子，每格作为 1 度。后来他觉得格子的距离太大，不够精确，又将每个格子等分成 4 小格，也就是说，正常人的体温是 96 度。这就是"华氏温标"的由来，与今天的华氏温标有些出入。华氏温标记为 ℉，是西方国家常用的温标。

在数字中，人类喜欢 10、100 这样的整数。1742 年，瑞典人摄尔修斯（1701—1744）引入了百分刻度法，将一个大气压下水的冰点作为 0 度，将水的沸点作为 100 度，建立了"摄氏温标"，记为 ℃。摄氏温标是我国常用的温标。

综上所述，我们可以粗略地认为温度是衡量物体冷热的物理量，但需要说明的是，这里的"热"仅仅是感官上的热，与冷对应，与 3.2 节讨论的"热"不是一回事。

3.2　热的本质

燃素唱罢，热素[1] 登场，一场持续了半个世纪的争论开始了。

---

[1] 热素也叫作热质，下文中二者通用。

第一个对热素说产生有理有据质疑的科学家是汤姆孙（1753—1814）。汤姆孙是一名爱好科学的士兵，曾作为英国的间谍参加过美国的独立战争，后来成为德国的官员。某天，在视察兵工厂时，他发现士兵们给炮弹筒打孔后，弹筒热，钻头也热。摩擦生热与摩擦起电不同，摩擦起电后两个物体都带电，但把它们放在一起，电就会中和，所以才有正负电荷。而摩擦生热后并不能中和，因此不存在正负热素的说法。如果热素是一种存在的实体，怎么摩擦后两个物体都会增加呢？就像一桌麻将，怎么会所有人都赢钱呢？汤姆孙认为既然摩擦是一种运动，那么热可能也是一种运动形式。

与汤姆孙同时对热素说质疑的还有英国化学家戴维。他摩擦两块冰，最后都变成了水，这说明摩擦可以给两块冰加热，使其融化，中间不存在热素的流动。因此，戴维认为热不可能是物质，而是由物体内部的微粒运动或振动产生的，运动或振动越剧烈，热就越大，反之则越小。

热到底是什么呢？其实汤姆孙和戴维二人话里话外都透露了两个字：能量。当时没有能量的概念，第一个提出能量的人是托马斯·杨（1773—1829）。1800 年左右，英国物理学家托马斯·杨用"双缝干涉实验"证明了光是一种波。为了解释波，他引入了能量，认为光是一种能量。晒太阳时，人的身体会发热是因为阳光的能量传到身上，所以热也是一种能量。

能量作为一个物理量，其实早就有了。莱布尼茨为了定义力，提出了活力[①]，与活力对应的是笛卡尔的死力。后来牛顿修正了死力，提出了运动的量。牛顿死后，英国人和德国人为活力与死力的正确性争论了很久，直到法国人达朗贝尔（1717—1783）为这场争论画上了圆满的句号，时间是 1743 年。达朗贝尔是一名出色的数学家，为牛顿力学给予了很多数学的证明，如力分解的平行四边形法则等。在研究力时，达朗贝尔仔细比较

①见 1.4 节。

了活力与死力的差别，认为死力考虑的是力作用的时间性，而活力考虑的是力作用的距离性。时间与距离没有可比性，那么死力和活力也就没有可比性，这是两个不同的物理量。达朗贝尔给了活力一个名分，从此活力也进入了物理学。

活力描述的是怎样的物理量呢？1831 年，法国物理学家科里奥利（1792—1843）引入了一个新物理量——功。他将功定义为作用力与距离的乘积，即 $W = F \cdot S$。功表示的是力拉一个物体走了一段距离后所消耗的能量。理想情况下，这部分能量会转换为物体的动能。他通过微积分计算得出功等于活力的一半，那么 1/2 活力代表的就是物体的动能（图 3.3）。

$$E_{动} = \frac{1}{2}mv^2$$

图 3.3 动能

不过，在很长一段时间内，能量并没有得到认可，所以当时很多科学家提出"关于某某力的研究"，指的正是能量。

真正将热素说推翻的是英国物理学家焦耳（1818—1889）。焦耳出身于一个富有的酿酒师家庭，自幼继承家业，没有受过良好的教育，在遇到人生的伯乐道尔顿之前，几乎没有从事过科学研究。道尔顿是一名化学家，提出过原子论。在道尔顿的指引下，焦耳开始在家里做实验，成了一名"二手"的科学家。

1840 年左右，电动力学发展非常迅猛，很多科学家都建立了自己的电学实验室，焦耳便是其中之一。焦耳对电流通过导线产生热非常疑惑，如果电流是电荷的移动，怎么会转化成了热素呢？这是两种物质啊！他对热素说产生了质疑。1841 年，焦耳做了一个更加直接的实验。如图 3.4 所示，在水槽内安置一个搅拌器，水槽两边各放置一个定滑轮，用来起降重物。摇动手柄，左右两侧重物可以来回升降，带动搅拌器。搅拌器与水摩擦，水温上升。在整个实验系统中，没有任何热素的流动，只有功转化成热。因此，焦耳相信，热是一种能量存在的形式。他通过多次实验证实了重物做的功与产生的热量成正比，于是提出"热功当量"的概念，即多少功可以产生多少热。

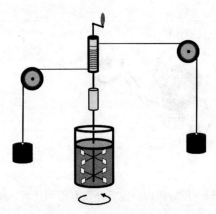

图 3.4　焦耳的搅拌实验

热和功不是一码事，摩擦（机械做功）可以使水温度升高，火烧也可以使水加热，这是两个过程，所以叫作"热功当量"，而不是"热功同量"。热和功相互转化又隐含着什么呢？焦耳认为，探索"能量守恒"的时机已经成熟了。

从永动机到能量守恒

能量守恒的概念起源比较早，可能源于对永动机的思考。据说永动机是印度人发明的，后来传到欧洲，13 世纪的某年，一个叫亨利的人对其进行了改良。

如图 3.5 所示，一个圆盘上面挂着 12 个小球，转动圆盘（假设顺时针），右边的小球比左边力矩大，部分带动着整体，继续转动。从表面上看，圆盘会永久转动下去，成为永动机，但是实际上，圆盘过一会就停止了。这是为什么呢？如果我们将圆盘看成一个孤立的系统，在不受任何外力的作用下，它会永远转动，但这只是理想状态，因为外力无处不在，装置摩擦力、空气阻力都会对系统产生影响。用能量来解释，势能与动能之间相互转换，肯定会因其他消耗使转换效率不是 100%。

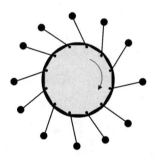

图 3.5　永动机

永动机让人类心向往之，一直以来都是科学界热议的话题之一。画家达·芬奇曾设计过很多的永动机，结果都以失败而告终，最终他得出结论：永动机根本不存在。1775 年，法国皇家科学院更是明文规定不再接受任何关于永动机的论文，因为当时此类论文堆积如山，但都禁不起推敲。尽管如此，直到 19 世纪末，还有很多人尝试制作永动机。

对多种形式的能量守恒的探索还要追溯于对人体的研究。德国医生迈尔（1814—1878，不少书籍翻译成梅耶）是一位喜欢旅行的赤脚医生，1840 年的某天，他随欧洲船队来到了印度尼西亚。印度尼西亚地处热带，欧洲人水土不服，很多水手都生病了，按照医学惯例，迈尔要对病人进行放血治疗。这种奇怪的疗法大约起源于古罗马时代，古罗马人认为生病是因为血液过多导致的，要放掉一些才能保持健康。与今天的静脉抽血一样，医生放的是静脉血，这种血呈暗红色。当看到水手们的血液时，迈尔大吃一惊，因为流出来的血是鲜红色的。一开始，迈尔还以为自己扎到了病人的动脉，但动脉血是喷涌而出的，所以自己并没有扎错。凡事都好个琢磨，最终迈尔将人体的血液与太阳琢磨到了一起。

动脉血之所以比静脉血红，是因为含有大量的氧，氧在体内的化学作用是为人体提供热量与能量。印尼的天气比欧洲热，所以人体不需要消耗那么多的氧来提供热量，多余的氧就流到了静脉血中。

静脉血与动脉血是循环的，那么循环的能量从哪来呢？很显然是通过心脏跳动。但是小小的心脏做的机械功对于庞大的身躯来说根本就是杯水车薪，人体更多的能量应该来源于食物在体内的化学作用。食物无论荤素，归根到底都是植物，植物成长离不开光合作用，光合作用离不开太阳，因此人体的能量最终都来自太阳。这是能量间的转化，在整个过程中，能量保持守恒。

这趟旅行结束后，迈尔发表了题为《论无机界的力》[1]的论

---

[1] 此处的力指的是能量。

文，正式提出能量转换与守恒的观点。很显然，迈尔的观点与当时盛行的热素说格格不入。历史上有很多人做着千夫所指的事，到最后不是成为"神"就是成为"神经病"。不幸的是，迈尔成了后者。他的理论没有得到社会的认可，反而招来无端的指责，外界甚至迈尔的家人都怀疑迈尔是不是"疯了"，外加幼子夭折，事业和生活的双重不幸终于击垮了迈尔。迈尔尝试自杀，结果摔断了腿，于是被送进精神病院，遭受了八年的非人折磨。好在苦尽甘来，他的理论终于被社会承认，也获得了本该属于自己的一切——除了那八年美好的光阴。

焦耳的能量守恒理论也差点夭折。在 1845 年的一次报告会上，焦耳提出热的能量说，底下听众把头直摇，其中就包括赫赫有名的法拉第。法拉第直接承认他被焦耳的观点震惊了，另外一位赫赫有名的科学家——威廉·汤姆孙更是气愤到直接扬长而去。1847 年，焦耳参加英国科学协会的会议，有了前车之鉴，这次会议的主席不打算让焦耳发言，害怕又闹出什么事端。在焦耳的不断恳求下，主席最终同意他上台发言，但只能说一点关于实验的事。走上台的焦耳小心翼翼地边讲述实验过程边解释热与能量的关系，坐在底下的汤姆孙终于忍不住了，他站起来叫道："瞎说！热是一种元素，是一种物质，名字叫作热质，与功毫无关系。"

焦耳冷冷地问："如果热不能做功，那蒸汽机是怎么工作的？能量要是不守恒，为什么到现在还造不出永动机？"

整个会场鸦雀无声，听众们终于意识到有必要审视这个荒诞的想法了。汤姆孙也放下成见，开始重新思考，重新做实验，重新找资料。当他读到迈尔的论文时，才觉得当时是多么的草率和无礼，于是登门道歉。汤姆孙在酿酒厂找到了焦耳，在谈话中，汤姆孙提到了迈尔，焦耳遗憾地说："你说的是那位自杀未遂的医生吧？他现在被关进了精神病院……"或许当时焦耳的后脊背也冒着冷汗！

至此，热是一种能量被广泛接受。几乎与焦耳同时，赫尔姆霍兹总结了迈尔、焦耳的工作，严谨地论证了力学、热学、电学、声学等各种运动中的能量守恒。在众多科学家的努力下，热力学第一定律终于建立起来了。热力学第一定律可表述为：不同形式的能量之间可以相互转换，在转换过程中保持能量守恒。

热力学第一定律宣告了永动机是不可能实现的，因为人类建立不了一种理想的环境，让两种能量相互转换而不受影响。就像两杯水，倒过来倒过去，总有一些消失在空气中和杯壁上，再也回不来。

3.3 热力学

严格地说，科技是两个名词，是科学和技术的统称。科学和技术之间有很大的差别，科学侧重于"是什么"，而技术侧重于"怎么做"。不一定要先知道"是什么"，才能知道"怎么做"，第一次工业革命时，人们还没有搞清楚热是什么，但并不妨碍利用蒸汽机挣大钱。

在蒸汽作为动力之前，人类的主要动力来源于自然之力，其中畜力最为普遍，比如拉车的马匹。马车不仅慢，而且养马也是精细活，只能说性价比仅比抬轿子高一点。马车分马与车两个部分，马是动力，如果动力与车合为一体，则必须改变车的结构，于是人们发明了车轴［图 3.6（a）］，一根操作杆连接到车轮的车轴上，操作杆来回运动，就可以带着车轮转动。用什么动力来推动操作杆呢？人们发明了活塞及推动活塞的蒸汽机

［图 3.6（b）］。将车轴的操作杆连接活塞，当 A 气缸的温度高时，活塞向 B 气缸运动；相反，当 B 气缸的温度高时，活塞向 A 气缸运动。滑动阀门也可以来回运动，其运动方向与活塞保持一致。

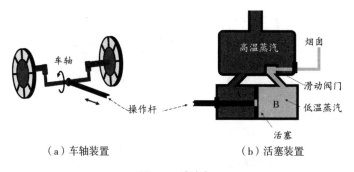

（a）车轴装置　　　　　　　（b）活塞装置

图 3.6　蒸汽机

最原始的蒸汽机的滑动阀门只能开和关，不能移动。如果要活塞向 A 移动，则必须对 A 气缸的气体进行降温。降温最快的办法就是直接浇水，但这是一个非常浪费且笨拙的办法，因为气缸中的蒸汽是好不容易加热得到的，现在浇水降温，下次还得重新加热。

瓦特（1736—1819）率先改良了蒸汽机，他将冷凝装置与气缸分离，采用外部水循环，重复利用。又过了几年，瓦特再次改良蒸汽机，将滑动阀门设置成来回运动，使得 A、B 气缸的温度循环交替。即便如此，蒸汽机的工作效率仍然低下。当时的人们不了解热的原理，认为蒸汽机的效率可能与蒸汽物质有关，于是有人曾尝试用二氧化碳和酒精代替水蒸气，结果都因盲目实验而无功而返。

恩格斯曾说："社会一旦有技术上的需要，则这种需要就会比十所大学更能把科学推向前进。"工程师卡诺（1796—1832）便在这种社会需求下脱颖而出，他不从机械运动的原理出发，转而研究热的本质。

如图 3.7 所示，卡诺将活塞的来回运动分解成四个步骤，每个步骤都处在"热平衡状态"。我们用 T_1 表示高温蒸汽，用 T_2 表示低温蒸汽，两种蒸汽分别位于两个气缸内。为了简便，图 3.7 将气缸另外一部分的状态用三角重物的势能表示。

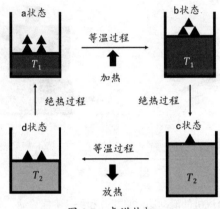

图 3.7　卡诺热机

　　假设一切都是理想状态，即活塞与气缸没有摩擦、气缸可以完全绝热、气缸内的气体由独立的分子组成，不会随压强和温度的变化而变成液体或固体，也不会发生化学反应，气缸状态变化如下。

　　（1）等温吸热（a→b）。活塞向上运动，气缸体积增大，向外界吸热（ Q_1 ），以保持温度 T_1 不变。

　　（2）绝热过程（b→c）。在绝热状态下，虽然不加热，但是由于惯性，活塞继续升高，仍然要对外做功，气缸内气温降低，气缸体积增大，气温降低到 T_2 。

　　（3）等温放热（c→d）。活塞反向下降，气缸体积减小，向外界放热（ Q_2 ），以保持温度 T_2 不变。

　　（4）绝热过程（d→a）。活塞由于惯性继续下降，气缸体积减小，气温升高到 T_1 。

四个状态的循环称为"卡诺循环"。在一个卡诺循环中，系统对外做的功就是吸热减去放热，其效率为：

$$\eta = \frac{Q_1 - Q_2}{Q_1} = 1 - \frac{Q_2}{Q_1}$$

在理想气体下，效率可用温度表达：

$$\eta = 1 - \frac{T_2}{T_1}$$

卡诺用数学公式告诉当时的工程师们，要提高效率，最好的办法是让两个气缸中的温差增大，与蒸汽本身没有关系。

1824 年，卡诺发表论文——《关于火的动力》，提出了"卡诺热机"和"卡诺循环"的概念。起先，卡诺支持热质说，曾把热质类比于水。水总是从高处往低处流，在流动的过程中对外做功；如果外界不对水做功，那么水无法从低处主动流向高处，于是卡诺得出结论：高温物体会主动向低温物体传递热质，或者说热质会从高温物体主动流向低温物体，反过来则不行。但是在卡诺循环中，热机的效率总小于 100％，丢失的热质去哪了呢？实际上，丢失的热转化成了有用功——这与焦耳提出的热功当量是一致的。热作为一种物质，让卡诺总感觉哪不对，所以他放弃了热质说，转而将热看成能量。只可惜那是他的"晚年"新认识，尽管当时他才 30 岁出头。

卡诺的一生十分不幸，他的父亲是拿破仑政府的要员，也是一名出色的科学家，家底非常雄厚。在大学里，卡诺受过安培、阿拉果等人的教导，人脉非常广。滑铁卢之役后，卡诺的父亲被流放，几年后客死他乡。家庭的巨变对卡诺产生了很大的影响，他开始变得孤僻，不与人打交道，最终人脉尽失，也脱离了科学研究的圈子，从而导致《关于火的动力》发表后，几乎没有人阅读。两年后，卡诺清楚地认识到热是一种能量，于是重写了《关于火的动力》，但没有及时发表。如果及时发表，现在能量和功的单位可能就不是"焦耳",而是"卡诺"了。尽管卡诺的贡献不为世人所知,但《关于火的动力》(第一版)依然引领着热力学的新革命。

《关于火的动力》的第一位读者是法国物理学家克拉珀龙(1799—1864),他对卡诺循环有着深刻的理解,并建立了直观几何坐标图(图3.8),图中的 a、b、c、d 对应卡诺循环的四个热平衡状态。

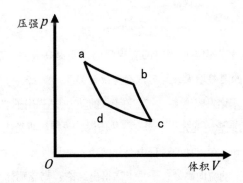

图 3.8 卡诺循环之 p–V 图

当时的克拉珀龙还是一名比卡诺低两届的学生,人微言轻,他也没能将卡诺的理论推向世界。

若干年后,前文提到的和焦耳辩论的英国人汤姆孙到法国访问,意外间读到了克拉珀龙的论文,才知道世上还有卡诺热机,只是他找遍了所有的书店,也没有找到卡诺的原著。无奈之下,汤姆孙只得根据克拉珀龙的论文来猜测卡诺的思想。

威廉·汤姆孙(1824—1907)出生于北爱尔兰,从小接受良好的教育,在很多领域都有创造性的成果,包括在英吉利海峡铺设海底电缆。被维多利亚女王授爵后,威廉·汤姆孙改名为开尔文——以流经苏格兰大学的一条河流命名。后人曾评价说:"上帝要给人类科学,于是派来了牛顿;上帝要给人类工程,于是派来了开尔文。"

当开尔文读到克拉珀龙的文章时，考虑了以下两个问题。

第一个问题：卡诺热机效率能否等于 100%？在这种情况下，必须令 $T_1 \to \infty$ 或 $T_2 = 0$。温度无穷大是找不到的，但温度等于 0 也找不到。实际上，这里的温度不是华氏温标也不是摄氏温标，而是"绝对温标"，是一种不依赖于任何物理特性的温标 —— 这正是华氏温标和摄氏温标做不到的。举个例子，摄氏温标依赖于水的冰点和沸点，但在不同的大气压下，冰点和沸点是不同的。这就好比长度的度量单位米，它只能建立在某种约定俗成的、绝对的基础之上，而不能建立在某个皇帝的一个跨步上。于是开尔文创立了绝对温标，但绝对温标非他一人之功，大部分功劳要归于研究气体的科学家。

波义耳曾研究过气体，发现同温下，理想气体的体积与压强成反比，称为"波义耳定律"。1802 年，法国科学家盖 - 吕萨克（1778—1850）在波义耳和大量实验的基础之上得出一个定律：1 体积的任何气体，每当温度升高或降低 1℃，其压强增大或减小的值是恒定的，约等于 1/273。因此，如果我们将一个 0℃ 的理想气体降温，降到零下 273℃ 时，气压将会为 0，体积也会为 0。换句话说，温度不能再往下降了，再降体积就成负数了 —— 这显然是不可能的。实际上，早在两年前，法国物理学家查理（1746—1823）就已经发表了和盖 - 吕萨克同样的定律，只是没得到人们的关注。直到盖 - 吕萨克发表该定律时，人们才注意到查理的贡献，故而该定律称为"查理定律"。

1848 年，开尔文在查理定律的基础之上，建立了绝对温标，它是以零下 273℃（标准值为 273.15℃）为起点、以 1℃ 为单位建立的，单位记为 K。0K 称为"绝对零度"，绝对零度是不存在的，所以卡诺热机的效率永远小于 100%，也就是说，能量在转换时，总有一部分损耗 —— 与热力学第一定律完全相符。

第二个问题：卡诺热机效率等于 0 会怎样？效率等于 0 肯定存在，只要 $T_1 = T_2$ 就可以轻松实现。可是 $T_1 = T_2$ 意味着什么呢？意味着卡诺热机空转白忙活，也就是说，在同一热源下，卡诺热机是无法正常工作的。于是开尔文得出新的定律：不可能从单一热源吸热使之完全变为有用功而不产生其他影响。简单点说，在单一热源下，系统做不了有用功，该定律称为"热力学第二定律"。

在热力学第一定律建立时，人类终于相信永动机是不可能的，于是有人开始构思"第二类永动机"：从外界不断地吸收热，进而循环做功。1881 年，一位美国人为美国海军设计了一种发动机，它利用液体氨从海水中吸取能量，汽化成氨气，从而放出能量，对外做功。这种发动机没有成功也不会成功，因为汽化后的氨必然要冷凝成液体才能重复使用，如果不打算重复使用，那么就需要和海水等比例的液氨——这显然是不可能做到的。即便能做到，海水也不是无穷无尽的，依然不可能"永动"。热力学第二定律告诉人们第二类永动机是不存在的。

另外一位从克拉珀龙的论文中得知卡诺热机且作出卓越贡献的是德国物理学家克劳修斯（1822—1888）。他的出发点是卡诺提出的热质流向问题，但 1850 年之后不能再提热质了，所以卡诺的意思可以理解为热会从高温转向低温。如果没有外界做功，绝对不会从低温转向高温，比如将一个容器用隔板隔开，两边分别放入热水和冷水，再抽掉隔板，水温只会冷热平均，而不会热的更热、冷的更冷。这是怎么回事呢？克劳修斯认为，物理上的各种变化有两个方向，一个是自然方向，另一个是非自然方向。自然方向是自发而独立进行的，非自然方向则必须受到外界影响（做功）才能发生。

自然方向和非自然方向对人类有什么启示呢？我们以一个由理想气体组成的孤立系统为例。如图 3.9 所示，设系统从 a 状态出发，经过一系列的自然变化后到达 b 状态，再经过一系列非自然变化后重新回到 a 状态，

整个过程中温度 T 保持不变。

（1）a→b 过程。由于系统孤立，气体体积会自然增大，为了保持恒温 T，则必须吸收外界热量。

（2）b→a 过程。如果系统想要回到 a 状态，体积减小，外界必须做功，为了保持恒温 T，则必定会对外释放热量，即吸收负热量。

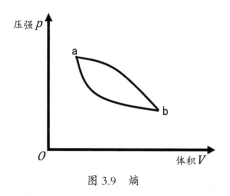

图 3.9 熵

在整个过程中，系统状态不断改变。根据微分的思想，可以将系统的状态改变看成由无数个变化状态组成，每次状态改变所吸收的热量为 ΔQ。克劳修斯经过推导，得出在整个过程中，系统所吸收的热量 ΔQ 与 T 比值的总和为 0。设有状态函数 S，则每次状态的改变为 $\Delta S = \Delta Q / T$。根据积分的思想，所有 ΔS 之和为 0，也就是说，在 a→b、b→a 的循环中，a 点的状态函数没有变化，记为 S_a。由于 b→a 是放热过程，ΔQ 为负值，所以 $S_b > S_a$。换句话说，在 a→b 的单程中，状态函数 S 不断增加。

克劳修斯一生给很多变量命名，这次他在希腊文"交换"的基础上，加了个前缀"en"，将状态函数 S 命名为"entropy"。1923 年，物理学家普朗克[1] 来中国东南大学讲座，中国物理学家胡刚复（1892—1966）为其

————————

① 普朗克是量子力学的关键人物。

做翻译。在讲座中，普朗克用到了克劳修斯所创造的新词 entropy。胡先生不知道如何用汉语表达这一复杂的概念，最后他从状态函数是热量除以温度的"商"出发，又因热力学与"火"有关，创造了一个新字——熵，读作"商"。

可以看出，由 a → b 是一个自发过程，所谓自发过程就是自然而然进行的，不需要人为干预，即自然方向。在自然方向上，熵变化只能增加，不会减小，也就是我们熟悉的"熵增原理"。克劳修斯将热力学第二定律表述为：自然界中的一切自发过程，总是沿着熵不减小的方向进行。

3.4 统计力学

1827 年，英国植物学家布朗（1773—1858）将花粉微粒悬浮于水中，用显微镜观察花粉的运动状态，结果发现每个花粉颗粒都在做无规则的随机运动，这种运动叫作"布朗运动"。后来布朗发现，悬浮在气体中的小颗粒也有同样的运动。在布朗运动中，颗粒越小，运动越剧烈；气温或水温越高，小颗粒运动也越剧烈。很显然，布朗运动是由于小颗粒受到了某种无规则运动的微粒撞击而导致的。1860 年左右，科学界基本确立了物体由分子或原子组成，而布朗运动的微粒就是分子。

物质由大量的运动着的分子组成，每个分子都具有一定的动能，对外表现便是热。倘若两个物体摩擦时，它们表面的分子相互接触，在不断的摩擦中，分子间碰撞得更加激烈，动能增加，物体表面温度升高，热能增加。

如何研究分子的运动呢？如果把每个分子看成一个质点，用牛顿力学来描述从理论上说是没有问题的，但仅仅是理论上可行。单个分子行踪诡异、飘忽不定，而且分子数量庞大，人们不可能挨个分析每个分子的运动。好比厨师炒一盘豆子，不可能挨个去尝每颗豆子的咸淡，要是那样的话，菜没了，锅空了，厨师也胖了。正确的做法是，每颗豆子的味道都差不多，厨师尝一颗即可。同样的道理，研究分子的运动应该先研究单个分子的运动，再以此类推，得到分子运动的宏观表现。

在物体的固、液、气三态中，研究气体受到的束缚最少，也更为轻松。1854 年，克劳修斯将压强解释为分子运动，他认为气体分子撞击容器会对容器产生力的作用，宏观表现就是压强。虽然每个分子撞击力微乎其微，但一个不多、十个不少，何况是不计其数的呢。当气温升高，分子运动加剧，单位时间内撞击单位面积的力会更大，宏观上表现为压强增大。在推导分子压强公式时，克劳修斯遇到了困难，原因正是他无法用牛顿力学来描述大量的分子运动，于是他提出了"统计平均值"的概念，用统计法取代单个对象。

克劳修斯从查理定律出发推算出常见气体分子的平均速度，比如氢气分子的平均速度是 1844m/s、氧气分子的平均速度是 461m/s……这些气体分子的速度相当大，要知道音速也不过是 340m/s，克劳修斯的理论遭到了很多科学家的反对。反对是有理由的，我们来做一个思维实验，假设屁由单一分子组成，有个学生在教室里放了个响屁，根据克劳修斯的算法，即便屁分子的平均速度比氧气慢，但也不会慢到哪去，为什么所有人都听见了声音，却过了好久才闻到臭味呢？所以，克劳修斯推算的气体分子的平均速度是有问题的。克劳修斯也意识到了这点，于是又提出"平均自由程"的概念，借以束缚分子的运动。

考虑一个由理想气体组成的平衡系统，所有的气体分子都是漫无目的地运动的，它们之间会不断碰撞。但碰撞的概率是不同的，距离近的碰撞概率就大，而距离远的很有可能这辈子都撞不上（图 3.10）。平均自由程简单点说就是某个气体分子相互碰撞后所走的平均路程。

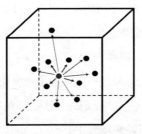

图 3.10　平均自由程

在计算平均自由程时，必须考虑分子碰撞的概率。什么是概率？概率描述的是单个事件发生的可能性。比如妈妈生宝宝，在宝宝出生之前，我们并不知道宝宝的性别，但是通过大量可观察的历史事件，可以得出宝宝是女孩或男孩的概率为1/2。很久以前，人们就认识到了概率的存在。第一部关于概率的著作是《论赌博游戏》，其作者是文艺复兴时期的数学家卡尔达诺（1501—1576）。在其后的几百年里，概率的发展与赌博密不可分，一直是数学家们的"把戏"，人们并未将概率与物理理论联系起来。在人们的潜意识里，一切物理理论都应该建立在"满足已知条件"的基础上，比如惯性定律要求"不受任何外力"，气体定律研究的是"理想气体"。条件决定了理论，没有条件，理论也就不存在了。

青少年时期的麦克斯韦具有敏锐的洞察力。早在1850年，年仅19岁的麦克斯韦一眼就看出用牛顿力学研究分子运动所遇到的困难，所以他说："这个世界的真正逻辑是对概率的计算，因为概率分布是客观存在的，物理学的任务便是要找到客观存在的规律性。"打个比方，掷骰子时，每个数字都有可能出现，且概率是1/6，谁能忽略这个数字的物理性质呢？

概率进入了物理学！

在平均自由程的基础上，麦克斯韦将每个分子当成一个质点，把每个质点的运动划分为三个垂直的方向，建立其运动的三维坐标，然后讨论理想气体的分子速度，最后从分子的宏观性考虑，得出速率分布曲线（图 3.11）。

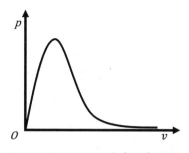

图 3.11　气体分子的速率分布曲线

　　从曲线图可以看出，气体分子的速率有可能为 0，也可能为无穷大，尽管这两个概率小得可怜，但还是有发生的可能。很显然，麦克斯韦的理论与现实产生了矛盾。我们仍以分娩为例，妈妈生下男孩和女孩的概率都是 1/2，那么会不会在某年内，所有妈妈生下来的都是女孩或都是男孩？这种说法看上去很荒谬，但这是不可否认的客观事实，尽管概率也小得可怜。假设人类社会可以延续 100 亿年，那么这个小概率值就要乘 100 亿，成了一个非常大的数值。也许你会觉得 100 亿年内只有某一年出生的孩子全男或全女是无所谓的，但是放在物理学里，就会出现很多诡异的现象：装了气体的瓶子自己会走、千万个石头自动变成了城堡、钢铁自动变成汽车、不小心洒到作业本上的墨汁会自动把作业写完等，因为物质是由分子组成的，每个分子运动都是概率性的，我们不能排除每一种概率的存在。

　　熵增原理告诉我们这是不可能的，因为在一个孤立的系统里，系统无法做到向非自然方向的转化。克劳修斯的熵本用于解决热力学的问题，但奥地利物理学家玻耳兹曼（1844—1906）认为熵的本质是对系统概率性的测量。简单点说，一个有序系统的熵比一个无序系统的要小，在没有任何干扰的情况下，有序系统会演变成无序系统。例如，一个容器中间有个挡板，两侧分别有不同颜色的气体，这是一个有序系统。抽掉挡板后，两种颜色会混在一起，渐渐地变成无序系统。有序到无序是一个基本的自然转化方向，系统的熵必定会增加。熵增原理告诉我们，有作业就得安心去完成，千万不能寄希望于"墨汁分子"发生奇迹。

根据熵增原理，气体分子的速率不会为 0 或无穷大，因为在一个独立的系统里，没有哪一个分子会被其他分子撞击而永远处于平衡状态，也不会总被其他分子朝一个方向撞击而速率变成无穷大。麦克斯韦提供的是一套计算分子速率的数学方法，历史上麦克斯韦速率分布遭受了很大的质疑，其中就包括克劳修斯，质疑的原因在于分子速率无法测量——测量是理论的前提。1920 年左右，随着量子力学的兴起，德国科学家施特恩为了研究原子的特性，使用了原子束 [1]。其他物理学家们纷纷效仿，建立了分子束实验，从而论证了麦克斯韦速率分布的正确性。

在热力学第二定律建立后，开尔文就提出了一个叫"热寂"的假说：如果把整个宇宙看成一个孤立的系统，把宇宙内部能量的转化看成卡诺循环——不断地从系统高温热源吸取能量，释放出低温能量，那么总有一天高温和低温相等，宇宙就无法继续运作了。用熵来说明，即宇宙的熵会逐渐增大，直到不再变化为止，整个宇宙如死寂一般。

热寂说太悲观，肯定会让人这种高等动物惴惴不安，最先表达不满的是麦克斯韦。他提出一个假想的模型，称为"麦克斯韦妖"。

如图 3.12 所示，一个孤立的热平衡系统被分为两个部分，中间有隔板，隔板上有个小窗户，小妖就站在窗户边。起先，两个部分温度一致，当一个分子经过小窗户时，小妖以非常快的速度跑过去，判断分子的运动快慢，并选择开窗或关窗，最终超过某个值的快速率分子被放置在左边区域，慢

---

① 见 6.4 节，施特恩—盖拉赫实验。

速率分子被放置在右边区域。这样一来，两边就产生了温差，整个系统的熵就减少了，也就不用担心热寂了，热力学第二定律也就不复存在了……

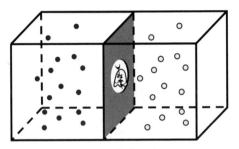

图 3.12　麦克斯韦妖

　　麦克斯韦妖曾被科学家们激励地争论过，但最终还是被踢出了物理学，这是 20 世纪中叶的事。在概率统计、熵等理论的基础之上，兴起了一门新学科——信息论。信息论认为，虽然小妖没有对系统做功，但是小妖怎么知道分子的速率大小、方向与经过小孔的时间呢？唯有测量，而测量就必须有外部做功，既然外部做功，那该系统就不是孤立的。退一步说，假如小妖的神经极其敏感，不需要借助外部力量，只靠那一双迷人的眼睛就可以目测所有。可是没有光线，眼睛就什么也看不见了，而光线进入了系统，系统也就不是孤立的。从根本上说，麦克斯韦妖没有存在的可能。

　　热寂说也被否定了。随着现代宇宙学的发展，人们认识到宇宙正在不断膨胀，宇宙本身就是趋向于不平衡状态，自然不用担心宇宙死寂。从这个角度出发，热力学第二定律在宇宙系统中并不算完全成立，或许这也是目前还有很多人寻找第二类永动机的主要原因吧。

　　对于人类而言，即便宇宙不膨胀，也不必悲观，就像史铁生说的，"死是一个必然会降临的节日"[1]，而我们不必躺平，等着这个节日的到来。

_____

① 出自史铁生的散文《我与地坛》。

第4章 光学

4.1 光的本质

一天，阿七的科学家朋友文西告诉他："我发明了一种新型手电筒，当光照射到它的时候，它就会亮。"

阿七问："那么没有光照射到它的时候呢？"

文西说："绝对不亮。"

……

在认识光的道路上，人类也曾犯过类似的逻辑错误。古人认为眼睛能看见东西是因为眼睛发出的光照射到了物体上，诚如此言，光源有什么用呢？要知道没有光源，眼睛是看不见物体的。

这个问题存在了很多年，直到古罗马时期才得以进一步修正。古罗马的卢克莱修（约公元前99—约公元前55）认为眼睛不发光，只是光的搬运工，光从光源出发到达眼睛，再由眼睛到达物体，眼睛就能看见物体。由于卢克莱修的名气不大，他的学说没有盛行。实际上，卢克莱修的学说也有问题，假设把光源放在脑袋后面，这样光就不能到达眼睛，但是眼睛依然能看见物体。

公元 1000 年左右，阿拉伯人海什木（965—1040）第一次正确地解释了光与视觉之间的关系。他认为光照射到物体上，物体又将光反射到眼睛里，眼睛就能看到物体。但同一光源的光是一样的，为什么经物体反射后，眼睛看到的却是五彩缤纷呢？在发现光的色散现象之前，没有人能够解释。

在乡下避乱时，牛顿曾研究光的散射现象。牛顿认为白色光是由彩色光组成的，每个物体有不同的反射率。当被白光照射时，物体会吸收部分颜色的光，反射其余的光，于是眼睛就能看到五彩缤纷的世界了。例如，有些物体会吸收大部分的光，看上去就是黑色的；有些物体会反射大部分的光，看上去就是白色的；而红色的物体是因为它吸收了除红色外所有的光，仅反射了红色光。

那么，光到底是什么呢？为什么光能被物体反射呢？在古希腊哲学家德谟克利特（约公元前 460—公元前 370）看来，光由一颗颗很小的球状微粒组成，光小球以极快的速度向前运动，遇到物体会反弹，这便是最早的光微粒说。在其后的两千多年里，微粒说几乎没有遇到任何挑战，因为站在力的角度，这一颗颗小球能完美地解释光的三种传播方式。

光的三种传播方式

1665 年以前，人们认为光仅有三种传播方式：直线传播、反射和折射。

早在战国时期，中国哲学家墨子就认识到光是沿直线传播的。据《墨子·经下》记载："景到，在午有端，与景长，说在端。"大意是说影子（像）倒立，光线交会于小孔，影子的大小取决于小孔与光源的相对位置。中学课本里，有个小孔成像的实验（图4.1），其道理与墨子记载的一致。海什木也做过小孔成像实验，证明了光的直线传播。海什木一生做过很多物理实验，常常把复杂的问题简单化，因此伽利略称他为"人类第一个科学家"。

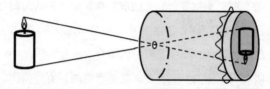

图 4.1　小孔成像

　　反射现象无处不在，我们能看见物体就是因为物体能反射光。一般物体表面粗糙，光会朝着各个方向反射，所以看上去不那么刺眼，这种反射称为"漫反射"［图4.2（a）］。与漫反射对应的是"镜面反射"［图4.2（b）］，最直观的现象就是照镜子。古希腊几何大师欧几里得（公元前330—公元前275）曾研究过平面镜反射的成像原理，得出反射角与入射角相等。不管是漫反射还是镜面反射，都会遵守反射规律。

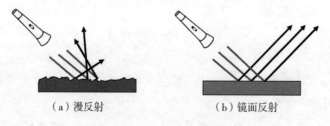

（a）漫反射　　　　　　　（b）镜面反射

图 4.2　漫反射与镜面反射

　　光的折射现象稍微复杂一点。战国时期成书的《列子》中有个非常有趣的故事，两个小孩讨论太阳的远近，其中一个小孩说："早上太阳大，所以离我们近；中午太阳小，所以离我们远。"另一个小孩反驳说："早上凉快，所以太阳离我们远；中午炎热，所以太阳离我们近。"孰近孰远？两人不决，正好孔子路过，问之，孔子亦不能答。小儿笑着说："是谁说您知识渊博呢？"实际上，地球直径在日地距离中可以忽略不计，也就是说，一天之内，太阳到地球的距离可视为不变。早上太阳大是因为阳光斜着射入大气层后发生了折射，而中午天气热是因为大气经过长时间的照射，温度升高。

　　为什么折射会产生这样的效果呢？托勒密曾研究过光的折射现象，他是第一个测量入射角和折射角的人。

　　如图 4.3 所示，一个圆盘，一半置于水中。圆盘上有把可以绕圆心转动的尺子，光束经过圆心后会进入水中，转动尺子可以测量入射光和折射光的角度。托勒密的测量可谓缜密，但并没有得出正确的折射定律。

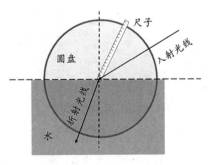

图 4.3　入射角与折射角

一千多年后，开普勒经过计算得出，如果入射角小于30度，则入射角与折射角存在正比关系。为什么非得小于30度呢？大于30度会怎么样呢？原因在于小于30度，角度值近似等于其正弦值，超过30度，误差就会很大。这个问题最终由荷兰物理学家斯涅耳（1580—1626）彻底解答。1621年，斯涅耳得出入射角与折射角并非直接成正比，而是角度的正弦值成正比。笛卡尔在此基础上采用正弦表述方式。

$$N = \sin \alpha / \sin \beta \ (\alpha \text{ 为入射角，} \beta \text{ 为折射角})$$

斯涅耳还用光的折射解释了水中物体漂浮现象。漂浮现象是生活中的常见现象，比如将筷子倾斜放入盛了水的碗中，筷子会弯折；斜眼看水中的鱼时，鱼比本身的位置要高。我们以鱼为例，鱼反射的光从水里出发，到达空气后，光线发生折射，进入眼睛，但是人眼却认为光是直线传播的，所以会认为鱼的位置在折射光线的延长线上（图4.4）。

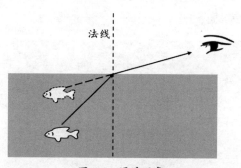

图 4.4　漂浮现象

那么问题来了，延长线可以无限长，鱼到底在哪个位置呢？实际上，物体的位置是由两只眼睛共同决定的，两只眼睛到物体的交互点便能决定物体的具体位置。我们来做一个实验，闭上一只眼睛，左右手各拿一支圆珠笔，两支笔的笔尖很难碰到一起。由于人的手可以感受到另一只手的位置，因此如果两个人做这个实验，笔尖更难碰到一起。

有几个非常关键的问题，光为什么直线传播，入射角为什么要等于反射角，折射时光为什么要符合折射定律呢？法国职业律师费马（1601—1665）运用数学方法得出：光选择传播路径的原则是传播时间最短，即"最短时间原理"，也叫作"费马原理"。在中学几何中，我们学习的第一个公理便是"两点间，线段最短"；学习惯性定律时，在不受外力的情况下，物体将会保持静止或做匀速直线运动，由此我们可以看出，物理学有着无处不在的统一性。

将光看成由一个个小球组成便很容易解释以上三种传播方式，所以 1665 年以前，很少有人挑战光的微粒说。然而到了 1665 年，人类发现了光的第四种传播方式，光的微粒说遇到了极大的挑战。

意大利数学家格里马第（1618—1663）在生活中发现了一个很诡异的现象，他家的房顶上有一扇百叶窗，当太阳光透过百叶窗的隙缝照到柱子上时，柱子的影子比预期的要宽，而且宽出的部分中有明暗条纹（图 4.5）。

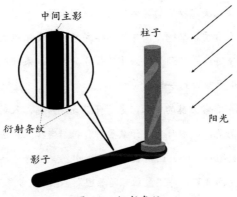

图 4.5　衍射条纹

明暗条纹从哪里来呢？光的三种传播方式不足以解释这一点，于是格里马第认为光以第四种方式传播，并将这种方式命名为"衍射"。衍射一词来源于拉丁语，意思为"将什么打碎"，所以衍射可以理解为光的传播方向被"打碎"成多个方向。为什么格里马第家柱子的影子会发生衍射呢？主要原因在于阳光透过百叶窗后成了线光源。我们可以做个实验，用两支铅笔组成一条隙缝，平行对着线光源，眼睛靠近后，会看到明暗条纹，这也是光发生衍射的缘故。

在日常生活中，水波可以绕开障碍物发生衍射，所以格里马第将光类比于水波，认为光也是一种波，这是人类最早的光波动说。是波就有频率，格里马第预言物体的颜色是由物体反射光的频率决定的。

光的衍射现象直到格里马第去世后的第三年（1665 年）才发表，发表后立刻得到了胡克的支持。胡克一直对肥皂泡泡上的颜色感到好奇，曾猜测光是一种波。面对微粒说，胡克的波动说毫无说服力，如今衍射现象成了最好的证据。胡克认为光是一种速度很快的纵波，就像吹肥皂泡泡一样向外扩散，一波接一波。波的传播就需要介质，胡克把这项工作交给了以太。伟大而小心眼的胡克很好地发展了光的波动说，只可惜和他"结梁子"的是更伟大、心眼更小的牛顿。

牛顿自始至终都坚信光的微粒说，也用微粒说解开了颜色的千古之谜，然而他又用一个实验亲手"埋葬"了曾经所有的努力。光源经过半凸透镜和平面镜的折射、反射之后［图 4.6（a）］，会看到一个环状的光谱图，称为"牛顿环"［图 4.6（b）］。

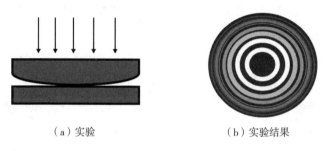

（a）实验　　　　　　　　　（b）实验结果

图 4.6　牛顿环

其实谁都知道，牛顿环的产生是由光程差异引起的，就像三棱镜上窄下宽一样，用波的干涉便能很好地解释，但是牛顿拒绝采用。他认为光微粒进入不同介质时，会有些"迟疑"（某种短暂状态），迟疑之后又回过神来，在回神的刹那之前，光微粒更容易被下一个介质反射或折射。由于光微粒花的时间不一样，会导致"阵发性的间隔"。这样说来，难道光还有意识？对于这么大的哲学命题，牛顿表示暂时最好不要讨论，而应该留给后人去解释。

在牛顿与胡克之间，英国物理学家惠更斯选择了后者。1678 年，惠更斯将胡克的波动说进行优化。他认为光不是由小球组成的，由小球组成的是以太，以太小球充斥着整个宇宙。当光源发光时，会把能量传给四周的以太小球，小球也就运动了，接着又去撞击四周的小球。每个小球都以自我为中心向外扩散，由此形成"光波面"，就像声波一样，一层层地向外传递。两个以太小球碰撞后会相长相消，于是就形成了干涉条纹，小球遇到物体时会绕过去，就形成了衍射。但为什么以太小球遇到水后，能量传递的方向（光的传播方向）会发生偏折呢？惠更斯无法给出令人满意的答案。

尺有所短，寸有所长，一场旷日持久的"波粒战争"正式打响。

在其后的近百年里，对战双方都不能给出压倒性的证据，但最终还是以牛顿的微粒说胜出而暂停，以太也随之被尘封起来。尽管微粒说也无法解释所有的现象，但谁让牛顿的成就大、名望高呢？

1800年左右，英国人托马斯·杨对牛顿的光学理论产生了怀疑，怀疑的起点还是光的衍射现象。他把光和声进行类比，声波在重叠后（干涉）会发生加强或减弱的现象，如果光也能产生这样的现象，无疑就是波了。于是杨仿照水波的干涉现象，做了历史上著名的"杨氏双缝干涉实验"。

如图4.7所示，在点光源前放置一个双缝光栅，光栅后面是观察屏幕。当点光源通过光栅后，屏幕上出现了明暗相间的条纹，这说明光发生了干涉。

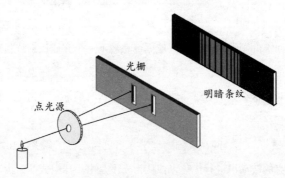

图4.7　杨氏双缝干涉实验

后来杨做了很多干涉实验，得出"干涉原理"，还测了点光源的波长。

由于他的出发点是将光和声类比，所以他认为光波和声波一样，也是纵波。杨把自己的工作告诉了牛顿的忠实粉丝阿拉果，阿拉果经过一番斗争后，选择相信实验。

当时很多科学家纷纷加入争论之中，"波粒战争"再次激烈起来！1818 年，法国科学院举办了一场竞赛：看谁能从实验中得出衍射现象，谁能从数学上得出光在物体附近的运动情况。

站在牛顿这边的法国数学家泊松（1781—1840）通过严格的数学推导得出，如果光是一种波，那么当单色光（频率单一的光）通过一个圆形的障碍物时，会在后面的观测屏上留下影子，而影子的中心会有一个亮斑。

在日常生活中，光经过障碍物后，留下的只有影子，并没有光斑。眼看着微粒说将要胜利，菲涅尔（1788—1827）在阿拉果等人的协助下成功地满足了泊松的要求（图 4.8）。

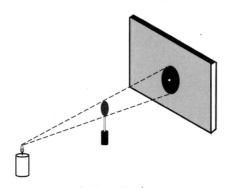

图 4.8　泊松亮斑

菲涅尔的障碍物之所以会出现亮斑，是因为障碍物足够小，后来菲涅尔将此亮斑命名为"泊松光斑"。

至此，光的波动说占据上风，物理学家们对光波的研究也取得了非常大的成功。1887 年，赫兹找到了电磁波，证实了麦克斯韦的预言，光作为一种电磁波的论断可以说直接宣判了微粒说的死刑。既然光是一种波，那么承载波的载体又是什么呢？以太，必须是以太，因为放眼望去，再也没有比以太更适合的选项了。以太——那个曾经被"佛祖"牛顿扣在五指山下的"恶魔"，被一波接一波的"取经人"解除了封印，终于重现"江湖"。

4.2 光谱

什么是光谱？谱者，有序的表单也，如乐谱、菜谱。乐谱上写着音符，菜谱上写着菜名，光谱上写什么好呢？既然光是波，有波就有频率，那就写频率吧。

人类对光谱的研究比较早，不过那时他们还没有将光谱与光结合起来。作为常见的光谱，彩虹一直让人感到好奇。虹者，从虫从工；虫者，兽也，所以老虎又叫大虫，此处可解释为龙；工者，工整也，可解释为有序的排列。大致上，古人——无论是西方还是东方——都将彩虹解释为天上的某种神兽。

第一个对光谱有实质性研究的人是牛顿。1665 年，牛顿在乡下避难，整个夏天，他都把自己关在小木屋里。屋顶上只留下一个小孔，太阳光从小孔中直射下来，透过大的三棱镜时，变得五颜六色（图 4.9）。但是当其中某个颜色的彩色光再透过另外一个小三棱镜时，却没有变成更多的颜色，所以牛顿得出结论：白色光是复合光，是由多种彩色光组成的。白色在西方是圣洁的代表，牛顿的观点在当时很难让人接受，甚至因此和胡克结了怨。

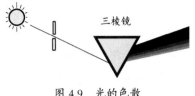

图 4.9　光的色散

　　牛顿时代的玻璃器件还很粗糙，展现出来的光谱也就不精细。1802 年，英国化学家沃拉斯顿（1766—1828）用一条很窄的细缝（线光源）取代牛顿的小孔。当光透过细缝时，他发现光谱中夹杂着几条黑黑的细线。长久以来，我们对光谱认识有一个误区，总认为光谱是由七色组成的，实际上光谱是连续的，也是就说，白色光分不清由多少种颜色组成，只能大致地分为红、橙、黄、绿、青、蓝、紫。沃拉斯顿将他看到的黑线解释为不同颜色光的分割线。

　　1814 年，玻璃匠出身的德国物理学家夫琅和费（1787—1826）将精心打磨的三棱镜对着太阳光透过的小隙缝时，发现光谱中的暗线比沃拉斯顿看到的要多很多。当他把三棱镜对着月亮所产生的线光源时，也得到了同样的光线谱。他把这些暗线在光谱图上标记出来，并且按字母编号，后来称为"夫琅和费谱线"。当他把三棱镜放到天文望远镜的一个焦点位置上时，发现光谱中的暗线位置和数量与夫琅和费线有很大的差别。这是什么原因呢？夫琅和费没有答案。

　　夫琅和费出身于德国的一个玻璃制造工人家庭，他的祖父和父亲都是玻璃工匠，他母亲的家族与玻璃结缘甚至可以追溯到伽利略时代。夫琅和费继承了父母两家的优良传统，只是可惜，十岁时娘去世，十一岁时爹去世，从此住进了贫民窟，十四岁时贫民窟又倒塌了。当他被人从瓦砾堆里救出来时，碰巧他的悲惨遭遇让当时路过此地、日后成为巴伐利亚国王的马克西米利安一世知道了，因此马克西米利安一世资助夫琅和费进入学校学习。

夫琅和费的发现无疑是伟大的，不幸的是，他生在了一个只看出身的年代，科学界对他的发现甚至本人都不够尊重，只将他看成一个玻璃制造者，说难听点就是一个干活的人，所以出席某些科学会议时，他连发言的资格都没有。然而，正是这位干活的人，一手将巴伐利亚带到了世界第一大光学仪器制作中心的位置。1826年，夫琅和费在长期的玻璃制造工作中倒下了，死于重金属导致的肺结核，年仅39岁。

三十多年后，赫兹的老师基尔霍夫对光谱中的暗线做了合理的解释。基尔霍夫出生于今天的俄罗斯加里宁格勒，在当时叫柯尼斯堡，属于普鲁士王国，也是当时德联邦领土的一部分。基尔霍夫在柯尼斯堡上的大学，主修物理，他是一位天才，年仅21岁便提出了"电流和电压定律"，被誉为"电路求解大师"。大学毕业之后，基尔霍夫去柏林大学任教，与当时德国的一位化学家本生（1811—1899）相识，两人结下了深厚的友谊。本生出身于书香门第，也是将家族基因发扬光大的人。1852年，本生担任德国海德堡大学教授，为了不耽误和好朋友在一起的光阴，在本生的推荐下，基尔霍夫也成为海德堡大学的教授。他们二人将人类对光谱的认识推向了新的高度。

早在18世纪中叶，欧洲人便开始使用气体作为生活燃料，但当时技术水平低下，燃气燃烧通常不充分，火焰的温度也不高，还会产生大量的浓烟。到了拉瓦锡时代，科学家们清楚地认识到燃烧是燃气与氧气的化合作用，于是本生改良了燃气灯。他让燃气在燃烧前就与空气按照一定比例混合[1]，从而大大提高了燃烧后的火焰的温度，火焰也呈现出不同的颜色，

---

① 我国家用燃气主要有天然气和煤气两种燃料，二者的化学成分不一样，与空气的混合比例也就不一样，所以两种燃气头是不能混用的。

这就是"本生灯"。

此时科学家们早已知晓火焰的颜色与火焰的温度有关。以篝火为例，木头燃烧后会产生二氧化碳、一氧化碳和其他颗粒状物质，同时释放大量的热，热使气体和小颗粒的温度升高，火焰便呈现出来。所有的物体加热到一定程度都会成为发光体，比如通红的木炭、锅炉腔体中的锻铁、白炽灯的钨丝等。然而，并不是所有的"火焰"都能被人眼看到，比如煤气的主要成分一氧化碳，如果将煤气提纯在本生灯上点燃，火焰的颜色渐蓝渐无；如果在火焰上加点食盐（氯化钠），火焰就会呈现出黄色。

一天，本生和基尔霍夫像往常一样在校园里散步。本生告诉基尔霍夫燃烧食盐的实验，并告诉他用有色的玻璃镜片看黄光会非常有趣。基尔霍夫笑着说："如果我是你，我会选择用三棱镜。"果然，第二天基尔霍夫带着大三棱镜进入了本生的实验室。

一氧化碳燃烧时的光是无色的，加上食盐后呈黄色，透过三棱镜后会得到仅有一条暗线的光谱。这是因为黄色是单色光，频率范围很小，因此光谱是一条明显的暗线。如果用镁、铜等金属取代钠，其光谱也只有暗线，但位置不同，也就是频率不同。这说明暗线与元素有关，不同的元素发射出来的光频率是不一样的，基尔霍夫将其称为"元素发射光谱"［图4.10(a)］。其他条件不变，只在本生灯的后面放置一个白色光源会得到什么结果呢？首先白色光源透过三棱镜会得到彩色光谱，而燃烧钠元素会得到暗线，二者叠加就会得到类似于夫琅和费谱线的光谱了，基尔霍夫将其称为"元素吸收光谱"［图4.10(b)］。

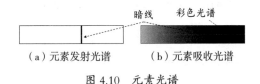

暗线　　　彩色光谱

（a）元素发射光谱　　　（b）元素吸收光谱

图 4.10　元素光谱

从表面上看，吸收光谱中的暗线比发射光谱中的要暗，这是与彩色光谱对照的结果，实际上吸收光谱中的暗线要明亮很多。

1859 年，基尔霍夫在元素光谱的基础上得出一个新的结论：任何元素发射什么样的光，就会吸收什么样的光。以太阳光为例，太阳光的谱线本是连续的，但是太阳中含有钠、镁等元素，吸收特定频率的光，所以光谱中出现暗暗的条纹。月亮本身不发光，只是反射太阳光，因此其光谱与太阳光谱一致。每个恒星所含的元素不一样，所以光谱中的暗线位置不一样。反过来，可以推断某恒星上存在哪些基本元素。再深入一点，如果光谱中出现新的暗线，则表明找到了新的元素。从此，新元素的发现进入第一个高峰期。

元素光谱中的暗线比较复杂，科学家们通常从最简单的元素 —— 氢的光谱着手。瑞士数学家巴尔末（1825—1898）经过长期的研究，得出氢元素谱线与波长的经验关系式，称为"巴尔末公式"。

$$\lambda = B \frac{n^2}{n^2 - 4}, \ n = 3,4,5,\cdots \ (\lambda \text{ 为波长，} B \text{ 为常数})$$

虽然搞清楚了暗线出现的位置，但是却搞不清原因。等人类差不多搞清楚了，势必又是一场物理学的大风暴[1]。

光是电磁波，那光谱和电磁波又有什么联系呢？实际上，前文所说的光都是指可见光，即人眼可见的光。如果将电磁波谱列出来，可见光谱只是电磁波谱的一小部分，在可见光谱外还有很多的光谱，比较有名的当数红外线、紫外线、X 射线和 γ 射线[2]。

随着玻璃工艺的精益，望远镜越来越清晰。1781 年，英国天文学家

---

① 指的是量子力学，见 6.3 节。

② X 射线见 6.1 节；γ 射线见 6.3 节。

赫歇尔（1738—1822）凭借良好的望远镜发现了太阳系第七大行星——天王星。1800年的某天，赫歇尔依然和往常一样用三棱镜观测恒星的光谱，然后用很灵敏的温度计测量每个颜色的温度。可能是不小心，他将温度计放到了红色光谱之外，按照常理，温度计不会变化，但是结果让他感到吃惊，温度计的温度变化很大。所以，赫歇尔认为红色光谱之外还有人眼看不见的光线，故而称为"红外光"，也叫作"红外线"。

德国物理学家里特（1776—1810）对赫歇尔的发现很感兴趣，他相信物理是对称的，即在光谱的另一头也存在其他看不见的光。1801年，他将一张在氯化银[1]中浸泡过的试纸放在紫色光以外的区域，发现氯化银明显变黑了。实验论证了里特的观点，后来紫色之外的光线被称为"紫外线"。

如此，我们可以画出电磁波的光谱全图（图4.11）。

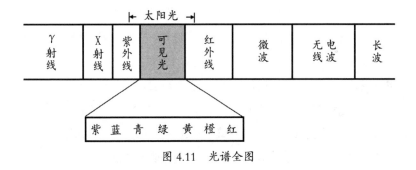

图 4.11 光谱全图

由此可见，光谱描述的是电磁波的频率，但是电磁波的频率并非一成不变。当光源或电磁波发射器运动时，光谱会发生红移或蓝移，称为"多普勒效应"，以此纪念奥地利科学家多普勒（1803—1853）。

---

[1] 紫外线的热效应远不如红外线，因此用温度计难以测量，但紫外线的化学效应非常明显。氯化银见光会分解变黑，是常用的感光材料。

有一天，多普勒带着孩子散步，一列火车从远处开来。他注意到当火车靠近时，火车声越来越刺耳；当火车离去时，声调渐渐变低。声调是由声源的频率决定的，但火车的声源是固定的，怎么会运动之后就变了呢？多普勒百思不得其解，最后自掏腰包，请乐队在行驶的火车上演奏，再请乐师站在原地听声音的频率，最终确定频率与速度之间的关系。简单点说，当声源靠近时，声音频率会变高；当声源远离时，声音频率会变低（图4.12）。

频率高　　　　　　　　　　　　　　　　　　　频率低

图 4.12　多普勒效应

多普勒效应不仅适用于声音，对光也有同样的效果。1848年，法国物理学家斐索（1819—1896）在丝毫不知道多普勒研究的情况下，得出了光的多普勒效应，所以光的多普勒效应又称为"多普勒—斐索效应"。简单点说，当光源远离观察者运动时，光谱会向红色部分移动，简称"红移"；当光源靠近观察者运动时，光谱会向蓝色部分移动，简称"蓝移"。反过来，当光发生红移时，可以确定光源正在远离；而蓝移时则表示光源正在靠近。正是对星系光谱的研究，掀起了现代宇宙学的狂潮[①]。

 4.3　光速

毫无疑问，无论光是什么——微粒还是波，都会有速度。光若是微

---

① 见 7.1 节。

粒，光小球传播需要时间；光若是波，而波是运动形式，所以肯定有速度。只是光速太快，很难测量，以至于历史上很多哲学家认为光的速度可能是无限的。

第一位测量光速的是与牛顿同时代的丹麦天文学家罗默。罗默时常观测天文，发现木星与其卫星有一个有趣的现象。木星有很多颗卫星，其中 4 个较亮的已被伽利略发现了。罗默时代，科学家们已经基本掌握离木星最近的一个卫星（木卫一）绕木星公转的周期 —— 大约 42 小时，即每隔 42 小时左右，就会发生一次木星食 —— 木卫一在木星上的影子。

设两次木星食的间隔时间为 T。罗默发现，当地球沿着公转轨道向木星运动时，T 会短一些；而当地球背离木星运动时，T 会长一些，这足以说明光是有速度的，否则 T 将是一个不变的量。

在图 4.13 中，地球由 $B \to A$，T 不断减小，当地球处于 A 点时，T 值最小；地球由 $A \to B$，T 不断增大，当地球处于 B 点时，T 值最大，所以有理由相信 A、B 两点的 T 值之差就是光通过 A、B 两点所用的时间，记为 ΔT，而 A、B 的距离正好是地球公转轨道的直径，即日地距离的 2 倍。

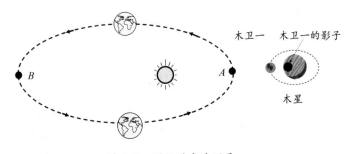

图 4.13　罗默的光速测量

当时意大利天文学家卡西尼（1625—1712）已经基本完成了日地距离的测量，只是卡西尼并不相信罗默的工作，也不相信开普勒的椭圆轨道，甚至不相信哥白尼的日心说。

1676 年，罗默通过周密的测量和计算得出 ΔT 约为 22min，那么光速则约为 21×10^4km/s，是目前测量值的 0.7 倍左右。由于当时对行星的椭圆轨道认识不足，计算结果不精确是情理之中的，但罗默为人类认识光迈出了坚实的一步。

第一个比较精确地测定光速的是英国天文学家布拉德雷（1693—1762）。他在长期观察星体的过程中发现了一个很有趣的现象，相对于整个宇宙中的大恒星体来说，地球渺小到了都不好意思跟人打招呼的地步，所以有理由相信，遥远大恒星的光是平行光。也就是说，无论地球在公转轨道的什么位置，只要架好了望远镜，迎着恒星射来的光，就再也不用调试了。但布拉德雷发现，当地球远离和靠近星体时，望远镜的角度会有差异［图 4.14（a）］。

对于角度差异，布拉德雷百思不得其解。有天他坐在船上，发现船上的旗子并非沿着风的方向飘扬，而是与风有个小夹角——这是速度合成导致的。好比无风的下雨天，雨水垂直落到地面，但是行人手中的雨伞要向前方倾斜。雨似星光伞似镜，所以望远镜也要向着运动方向倾斜［图 4.14（b）］。

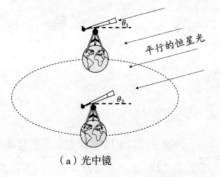

（a）光中镜　　　　　　　（b）雨中伞

图 4.14　光行差

布拉德雷豁然开朗,提出了"光行差"的概念,时间是 1728 年。那时牛顿刚去世一年,光的微粒说完全占据上风。从微粒角度来分析,光行差似乎没有什么问题。后来布拉德雷观测了不同的恒星,根据光行差计算出光速约为 30.4×10^4km/s,与目前公认的光速值非常接近。

第一个从实验中得出光速的是 4.2 节中提到的斐索,1849 年,他用一个很巧妙的办法在地球上测出了光速。

如图 4.15 所示,旋转齿轮有 720 个齿,每个齿就像一个小孔,只容许部分光通过。当齿轮以不同的速度转动时,人眼会感觉光线忽明忽暗,有时完全看不到——反射光全被挡住了。当齿轮以每秒 25 圈的速度转动时,人眼感受的光是最亮的,这说明光跑一个来回(光程是 17.34km)的时间是 $1/(720 \times 25)$s,通过计算得出光速约为 31×10^4km/s。由于实验的关键点是齿轮,所以称这种方法为"齿轮法"。

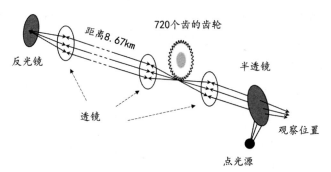

图 4.15 齿轮法测光速

齿轮法固然精妙,但是还存在误差,原因是齿轮之间的间隙不够小,所以后人增加了齿轮的齿数,测量的光速误差也小了很多。

几年后,法国物理学家傅科(1819—1868)用"旋转镜法"测量了光速。1926 年,美国科学家迈克尔孙采用"旋转棱镜法"测量光速。一个不断旋转的八棱镜可以将光反射出去。与齿轮法差不多，改变棱镜的转速，直至观看者看到最亮的光线为止（图 4.16）。经过测量，光速几乎被锁定在 30×10^4 km/s 左右。

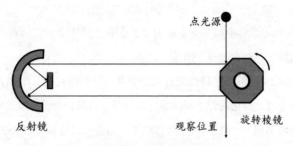

点光源

反射镜　　　　　　　　　　　　观察位置　　旋转棱镜

图 4.16　旋转棱镜法

30×10^4 km/s 是什么概念呢？从月亮到地球也就 1 秒多；从太阳到地球约为 8min，所以我们看到的月亮是 1s 以前的月亮，看到的太阳是 8min 以前的太阳。假设太阳被人偷走了，地球上的人类得过 8min 才能知道。光速如此之快，还有没有比光速更快的速度呢？

第⑤章 相对论

5.1 两朵乌云

说出来可能都没人相信，物理学最好的年代不是科技发达的今天，而是 19 世纪末 20 世纪初，因为那时的人们觉得一切物理知识似乎都有对应的理论体系，力有牛顿力学体系，电与磁有麦克斯韦方程组，比较难啃的硬骨头 —— 热和光也得到了完美的诠释。那是一个"武有关张、文有孔明、帅气有赵云"的年代，所以人们无须为物理学感到担忧，正如开尔文勋爵在新年致辞上说的："动力学理论认为热和光都是运动的方式[①]，现在这一理论非常优美和明晰了。"开尔文将物理学比作即将竣工的大厦。

但是！大厦的上空正被两朵乌云笼罩着。第一朵乌云指的是迈克尔孙—莫雷的零结果实验，第二朵乌云指的是黑体辐射。

但是！开尔文坚信，这两朵乌云很快就会消散，聪明的人类很快会

---

① 在经典物理学中，最后被定性的分支是热和光。热来自分子的运动；在当时看来，光是电磁波，因此光也是运动的方式。

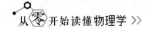

将其解决。

第一朵乌云与光有关。在认识光本质的道路上，物理学家们提出两种学说——微粒说和波动说。牛顿之后的百年内，微粒说占据上风。除不能解释光的衍射外，微粒说似乎能搞定一切，包括布拉德雷的光行差。然而，当光被定性为波时，一切又变得扑朔迷离，问题出在光波的传输介质——以太身上。以太何在？以太弥漫于整个宇宙，而且是绝对静止的，理由非常多，此处仅列举一二。

（1）麦克斯韦曾推导出光（电磁波）在真空中的速度是恒定的[①]，但伽利略告诉我们，运动是相对的，提到速度必须有参照物。那么，恒定的光速是相对谁而言呢？肯定是绝对静止的以太。

（2）光行差是由地球与光源相对运动引起的，所以地球相对以太必须运动，否则就没有光行差。另外，地球仅仅是宇宙中一个普通的星球而已，以太没有理由会跟随地球一起运动，否则物理学必须承认地心说是正确的。同样的道理，以太也不会跟随某个星球一起运动，所以以太是绝对静止的。

既然以太是绝对静止的，地球在以太中穿梭，必然会产生"以太风"，即使以太风微弱到人完全感受不到，但只要人类想办法，就没有测量不出来的。试想一下，人在雨中行走，迎着雨和背着雨，伞的方向是不一样的。同样，地球无时无刻不在自转，光顺着地球转向和逆着地球转向发射，其速度也是不一样的。1868 年，科学家霍克做了一个实验，让光通过一个水槽，测量干涉效果（图 5.1），然后将仪器转 180°，再次观察干涉效果。理论上，这两个干涉条纹会不一样。

---

① 见 2.4 节。

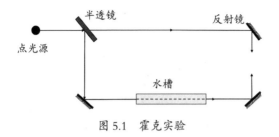

图 5.1　霍克实验

但是结果出乎意料，无论实验仪器的方向如何，干涉条纹都是一样的，也就是说，没有找到以太风。怎么会没有呢？其实不用担心，这个实验本就找不到以太风。地球如此庞大，实验的设备相对以太可以看成匀速直线运动。这就像坐在匀速直线运动的公交车里的人，当他闭上眼睛时，不可能感受到任何运动（除了颠簸），更不可能知道车子是往哪个方向开。只有当车子拐弯时（非匀速），才会有一种被"甩"的感觉。这种被甩的感觉放到以太上，叫作"以太漂移"。

在霍克实验之前，麦克斯韦就猜测以太风表现在地球运动的二次效应上，这一点与以太漂移的道理是一致的。麦克斯韦为测量二次效应草拟了一个方案，这个方案需要海军协助，他曾致电美国海军，但美国海军并没有付诸行动。后来这项工作被刚从美国海军学院毕业的迈克尔孙知道了。他决定从实验中寻找以太风。

迈克尔孙出生于当时的普鲁士王国，4 岁时跟家人移居美国，1873年从美国海军学院毕业。他最擅长的是光学与光谱研究，毕生精力都奉献给了光速测量，曾是光速测量的头号人物，旋转棱镜法就是他的杰作。迈克尔孙曾发明"迈克尔孙干涉仪"，并因此成为美国第一位诺贝尔物理学奖获得者（1908 年）。

一开始，迈克尔孙就独自做过寻找以太风的实验，但没有找到，他把问题归结于测量仪器不够精密，于是和美国科学家莫雷合作，打算继续寻找以太风。因此，他们的实验叫作"迈克尔孙—莫雷实验"，这个实验是物理学史上最有名的实验之一。

如图 5.2 所示，光源出发后，经过半透镜，分别射入两个反光镜，反射后，又经过半透镜。由于半透镜有厚度，导致两束光的光程不一样，检测仪器上会显示干涉条纹。为了捕获二次效应，迈克尔孙和莫雷将干涉仪放在一个可以转动的石盘上，石盘转动后，两条干涉的光因以太漂移，速度发生改变，检测仪器上的条纹也会随之变化。

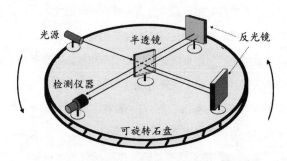

图 5.2　零结果实验

当石盘开始悠悠转动时，他们二人或许已经感受到了以太风带来的丝丝凉意，但人生往往如此不幸，当你用尽全身力气想要干件"大事"时，结局可能只是一个"屁"。这个实验也是如此，无论转盘的速度如何，干涉条纹和静止的只有细微的差别——与实际计算相差甚远。麦克斯韦推导出光在真空中的速度是恒定的，但实际上，空气中（非真空介质）的光速也是不变的，空气中的以太丝毫不影响光的速度，换句话说，迈克尔孙和莫雷还是没有找到以太。

寻找以太，却没有以太。笃信以太的迈克尔孙和莫雷拒绝相信眼前的事实，他们从各种角度分析，认为地球运动对以太的影响极其之小，换句话说，以太相对地球可以近似看成静止的，但这样一来，布拉德雷的光行差就无法解释了，因为光行差正是地球与恒星光的相对运动引起的。

　　不管怎样，迈克尔孙—莫雷实验没有找到他们想要找的东西，也就成了史上著名的"零结果"实验，物理学再一次陷入窘境。以太，这个宛如古希腊一样古老的名词，在经历了两千多年的浮沉后，已经成为光明使者的坐骑、电磁学大厦的基石，如果处置不慎，前人辛辛苦苦建立的物理学大厦也许会轰然倒塌。聪明的人类绝对不允许这样的事情发生，于是许多物理学家纷纷站出来为以太辩护。

　　第一位为以太辩护的物理学家是菲茨杰拉德（1851—1901）。1889 年，他对零结果实验做了尝试性解答。菲茨杰拉德认为所有的物质都由带电荷的粒子组成[①]，比如一个相对以太静止的尺子，它的长度由粒子间的静电平衡决定，当它相对以太运动时，尺子上面的电荷也就运动，电荷运动产生磁场，粒子间的静电平衡也随之改变，尺子的长度就缩短了，其缩短的长度与光速变化正好抵消。因此，从宏观上看，光速还是不变的。此外，菲茨杰拉德推算出尺子缩短与速度的平方成正比。由于菲茨杰拉德的身体不是很好，长期受胃病困扰，1901 年就逝世了，这个假说并未被人知晓。

　　第二位为以太辩护的人是德高望重的洛伦兹（1853—1928）。洛伦兹出身于荷兰的一个农场主家庭，从小成绩优秀，17 岁考入大学，22 岁获得博士学位。在读博期间，他开始研究麦克斯韦的学说，那时的他还坚信超距理论，直到赫兹找到了电磁波。放弃超距理论后，洛伦兹转而从麦克斯韦的以太观点出发解释一些电磁现象，还分析了电荷在磁场中的受力情况，称为"洛伦兹力"。电磁学上的贡献让洛伦兹声名鹊起，结识了当时很多有名望的物理学家，渐渐成长为一代大师。

　　1892 年，洛伦兹独立提出一个新的收缩假设。他认为存在一种"分

---

　　① 相当于安培的分子电流假说。

子力"，分子力也是通过以太传输的，与电磁力一样。当物体运动时，以太迫使分子力发生变化，其长度也会随之变化，这种变化正好与光速变化相互抵消，进而满足光速不变。为了让光速不变与相对运动契合，洛伦兹从伽利略变换角度出发，推导麦克斯韦方程在运动参考系中的协变方程，后来称为"洛伦兹变换"。最后，洛伦兹得出一个结论：物体的形状（长度）由分子力的平衡来决定，当物体运动时（相对静止以太而言），长度势必会缩短，变化公式为：

$$l = L\sqrt{1 - \frac{v^2}{c^2}}$$

其中，L 为相对以太静止时的长度，l 为相对以太运动时的长度，v 为物体运动速度，c 为光速。

在推导过程中，洛伦兹还得出了时间的变化公式：

$$t = T \big/ \sqrt{1 - \frac{v^2}{c^2}}$$

分子是存在的，时间却不是以分子形式存在的。那么，时间变化该怎么解释呢？洛伦兹认为 t 表示的是"当地时间"，也就是相对以太运动参考系中的时间。当地时间是相对"普遍时间"T 而言的，普遍时间指的是相对以太静止的绝对时间。

既然物体长度发生变化，能否测量呢？洛伦兹坚定地回答：不能。因为测量所用的尺子也会缩短（尺缩效应）、时钟也会变慢（钟慢效应）。这就好比一个国家，为了让老百姓都富裕，疯狂地印钞票，可是当老百姓手中都有钱时，钱已经不值钱了。同样的道理，测量者无法测量出绝对时间与绝对长度，因为他无法处在静止以太的参考系中。既然无法测量，那么这些变换又有什么意义呢？洛伦兹认为这些都没有物理意义，仅是一些数学手段而已。

第三位对零结果实验感到困惑的是庞加莱（1854—1912）。庞加莱出生于法国，知识全面，数学尤为突出，被誉为"20 世纪最后一位数学全才"，曾提出著名的"庞加莱猜想"。

很明显，以上对零结果的解释都必先假定有一个"绝对"存在，以太是绝对静止的，绝对静止参考系的长度和时间都是绝对的。关键是，这种绝对的存在却无法测量。因此，庞加莱发问：无法测量的东西真的存在吗？这似乎上升到了哲学的高度，但往物理方向上延伸一下：以太真的存在吗？然而，对于恒定的光速，庞加莱又不得不往"恒定是相对静止以太而言的"上靠拢，庞加莱的思想前后出现矛盾。

经过一番思考，庞加莱深刻认识到一切问题的根源在于牛顿所提出的绝对时空观[①]，要想解决这一悖论，就必须否认绝对，承认相对，即一切物理定律对于静止和匀速运动的观察者而言都是相同的，换句话说，不存在真正意义上的尺子缩短和时钟变慢。尽管他无法说得透彻，但是他敏锐地感觉到"一门新的动力学即将到来"，只可惜不是因为他。

与足球类比，我们将以牛顿为代表的绝对时空比作守门员，只有突破他的十指关才能进球，洛伦兹只把球带到了禁区，就被守门员没收了；法国选手庞加莱则是一阵猛突，突破了守门员，但是运气不佳，一脚把球踢到了立柱上。

到底是谁把这该死的球踢进了球门呢？

5.2 狭义相对论

不用猜，正是爱因斯坦。作为 20 世纪最著名的科学明星，爱因斯坦

---

① 见 5.2 节。

的故事不必过多赘述。爱因斯坦（1879—1955）出身于德国的一个犹太家庭，据说爱因斯坦从小就笨，3 岁还不会说话，9 岁表达都成问题，在学校里，成绩差、行动迟缓，还老受同学耻笑，连老师都看不惯……但这些很多是杜撰的，至少添油加醋地处理过，相比"天生丽质难自弃"，人们更喜欢"逆袭"。实际上，从爱因斯坦的传记中，我们可以看出小时候的爱因斯坦非常调皮，以至于几乎所有的老师都不怎么喜欢他，甚至讨厌他。

作为一名老师，理应具有"欣赏自己讨厌的学生"的基本素质。很显然，爱因斯坦没有这种待遇。中学时代的爱因斯坦是优秀学生的"背景板"，是老师们口中的"反面教材"。造成这一局面的主要原因可能是爱因斯坦太热爱自由，而德国学校向来以军事化管理而闻名。不服管教的爱因斯坦后来被开除，只得在瑞士读两年中学，拿到中学文凭后，去苏黎世大学读书。

大学里的爱因斯坦依然没有显现出天才的一面，倒是多了些精致的淘气，逃课更是家常便饭。不过，爱因斯坦的逃课理由很充分：课堂上讲授的物理他全会、数学他觉得学多了是浪费、其他的学不学无所谓。他的数学老师闵可夫斯基（1864—1909）就曾骂爱因斯坦是"懒狗"，因为他对数学一点都不上心——后来数学确实曾一度困扰着爱因斯坦。

劣迹斑斑之下，学校给的评语自然不好，从而导致快毕业的爱因斯坦无法找到工作。1898 年，否极泰来，爱因斯坦的同窗好友格罗斯曼（1878—1936）利用其父亲的关系，帮爱因斯坦找了一份工作，在瑞士专利局做职员。虽然只是小角色，但好歹也是吃公粮的。日后成名的爱因斯坦曾笑称他在这里干了七年的"补鞋匠"的工作，不过他也说这份工作对他而言非常重要，能及时了解物理学的前沿理论，还能有充足的时间去思考问题。

在读大学时期，爱因斯坦就曾想着发明一种仪器来测量以太风。那时的他还不了解零结果实验，等逐渐了解该实验时，也陷入了互为因果的矛盾中。过了几年，爱因斯坦读到洛伦兹的理论，隐约地感觉到洛伦兹变换并非只是数学上的把戏。静止的、运动的，在伽利略相对性原理中，它们并无本质区别，但是现在，凭什么静止的参考系就高人一筹？又凭什么运动的尺子就要缩短、时间就要膨胀呢？爱因斯坦对于绝对静止的特殊地位感到不满，所以他认为在新的动力学理论中，一切自然定律应该对所有的惯性参考系都有效，也就是说，尺子缩短和时间膨胀也应该像伽利略相对性原理一样，是相对的，不是绝对的。

如果新的定律依然相对，那么光的速度为什么不能相对，而是一个恒定值呢？这可是由无可辩驳的公式推导决定的啊！好吧，问题又回到了起点。此时爱因斯坦想到了一个关键点：赫兹曾经论证过光速与光源是否运动无关，这是否意味着光速对于任何一个参考系都是相同的呢？即在任何惯性系下测量光速都是不变的。经过反复思考之后，爱因斯坦对光速不变深信不疑。至于他怎么思考的，又是怎么就深信不疑的，也许现在只能亲自去问他本人了。总之，既然光速不变，那么测量时间的钟、测量距离的尺子就会变 —— 又回到钟慢效应和尺缩效应上来了。如果以钟代表时间，以尺子代表空间，那么时间和空间就不是像牛顿说得那样绝对了。

绝对时空

牛顿在《自然哲学之数学原理》的第一部分给了八个物理量的定义，如质量、动量等。为了阐释所定义的物理量，牛顿又写了一个附注，在附注里，他先定义了绝对时间和绝对空间。什么是绝对？牛顿认为绝对就是一种与外界无关的、处处均匀的、永恒的存在，时间和空间都是绝对的，因此称为"绝对时空"。我们仅以时间来阐述牛顿的"绝对"思想。

什么是时间？时间无色无味，无形无状，它真的存在吗？亚里士多德认为时间与运动相关，是"运动的先后数目"。先后数目就是刻度，用来标注谁先谁后、先与后之间的差值。怎样获得先后数目呢？唯有测量，因此把时间的本质定义为测量的量度也无不可。对时间的测量无处不在，日升日落便是以一天为单位刻度的测量；月圆月缺便是以一月为单位刻度的测量；寒来暑往便是以一年为单位刻度的测量。

时间的测量与运动有关，倘若把一个人关进漆黑一片的屋子里，身边没有任何能提示时间的工具，对这个人而言，时间将失去意义。因此，很多学者认为时间的本质是运动，没有运动就没有时间。这里的运动应理解为变化，如果周围的一切都停止变化，时间的先后也就失去了意义，就像科幻小说里写的"时间静止"一样。

运动是相对的，因此时间也是相对的。绝对时间又是什么呢？牛顿认为存在绝对运动——建立在绝对时间和绝对空间上的运动。如果绝对运动存在，则存在绝对时空。为了证明绝对运动的存在，牛顿做了一个"水桶实验"。

如图5.3所示，吊起来装了半桶水的水桶，转动水桶，它会陆续处于以下四种状态。

（1）水桶与水完全静止，此时水面是平的（a状态）。

（2）转动水桶，此时水依然静止，水面依然是平的（b状态）。

（3）水桶继续转动，水与桶一起转动，此时水面是凹下去的
（c 状态）。

（4）水桶停止转动，水继续旋转，水面依然是凹下去的
（d 状态）。

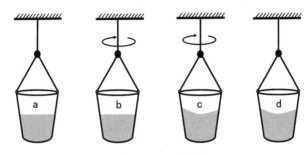

图 5.3 牛顿水桶实验

设有一个叫"大聪明"的人，掌握了穿越时空的技能。某天，
他穿越到古代，正好碰到牛顿在做水桶实验。

牛顿对大聪明说："看！a 和 c 状态中，水桶与水都是相对
静止的，但是水面却不一样，这说明了什么问题？"

大聪明："你是牛顿，还是你说吧！"

牛顿："这说明静止分为两种，一种是绝对静止，另一种是
相对静止，只有绝对静止，水面才是平的，而且是绝对的平。"

大聪明："你的意思是，a 状态中的水是平的，所以它处在绝
对静止状态，对吗？"

牛顿："肯定不是，因为地球也在转动啊。我们把水桶想象成
一口井，在地球上看来，井水是平的，但在其他星球上看，井水
不是平的。因此，a 状态中的水也不是绝对的平，只有处在绝对空
间中的水才是'绝对的平'，才是绝对静止的，有绝对静止，就有

绝对运动，所以绝对运动是存在的，同样绝对时空也是存在的。"

大聪明："我明白了。"

"嗖"的一声，大聪明又穿越了，这次碰到了物理学家马赫（1838—1916）。大聪明对马赫说："这有四个水桶……所以绝对时空是存在的。"

马赫听完，冷冷地问道："你说地球在运动，所以地球上的水不是绝对静止的，那什么地方的水是绝对静止？太阳吗？太阳也运动啊！"

大聪明："我刚才不是说了吗！绝对空间中的水是绝对静止的。"

马赫："绝对空间在哪呢？又怎么测量呢？"

大聪明："这个是无法测量的，但你能感觉到它的存在。"

马赫："但是物理学不能仅凭'人的感觉'啊，既然无法测量，你又怎么知道它的存在呢？这就好比我说你脑袋后面有个怪兽，但是你永远看不见，你能承认它存在吗？"

历史上马赫设计了很多思维实验来驳斥牛顿的绝对时空观，其最根本的出发点正是"如果不能测量，又怎么能承认它存在"。毫无疑问，马赫的哲学思想对爱因斯坦产生了深远的影响，因此爱因斯坦坚信不存在所谓的绝对时间和绝对空间，也不存在绝对运动。经过一段时间的思考，狭义相对论终于成型。1905年6月，爱因斯坦发表了题为《论运动物体的电动力学》的论文，在论文的开头，他直面麦克斯韦电动力学存在的矛盾。设有一个导体与一个磁体，当导体静止、磁体运动时，运动的磁体会产生电场，导体会产生感应电流；当磁体静止、导体运动时，不会产生电场，只会产出感应电动势。可是运动是相对的，为什么会产生不一样的结果呢？

我们将这个模型简化。根据麦克斯韦的理论，静止的电荷只能产生电场，运动的电荷不仅有电场还有磁场。设有一个相对"我"静止的电荷，它不产生磁。当"我"运动时，"我"会观测到磁场吗？答案是肯定的。因为在爱因斯坦看来，磁场和电场都是电磁场的分量，也就是说，电磁场可以分解成磁场和电场，二者之间没有明显的界线。假设"我"与电荷相对静止，"我"只能观测到电场；当"我"相对电荷运动时，根据尺缩效应，电荷的电场线也会发生变化——更加紧密，电场强度也就发生了变化，而这一变化正是"我"所观测到的磁，二者转换符合洛伦兹变换（图 5.4）。

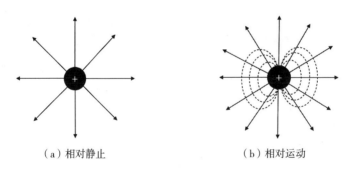

（a）相对静止　　　　　　　　（b）相对运动

图 5.4　电磁场的相对论效应

根据爱因斯坦的论文，可以总结出两个核心思想。

（1）一切物理定律对所有惯性系都有效，即相对性原理。

（2）对于所有的惯性参考系而言，光速是不变的，即光速不变原理。

爱因斯坦算是彻底解决了当时电动力学中非常大的问题，然而还有个问题没有解决。在发现电子以前，英国物理学家汤姆孙经常用带电粒子做实验，他发现带电粒子比不带电粒子更难加速。为了解释这一现象，汤姆孙认为存在电磁质量，由静电能量转换而来，电磁质量随着电子速度的增加而增加。

洛伦兹将汤姆孙的工作纳入自己的以太体系中，将质量分为横向质量（当物体运动的方向与加速度相同或相反时的质量）和纵向质量（当物体运动的方向与加速度垂直时的质量），再通过数学变换得出质量变化公式：

$$m = m_0 / \sqrt{1 - \frac{v^2}{c^2}}$$ （5.1）

其中，m_0 为静止质量；m 为洛伦兹质量，也就是运动质量。爱因斯坦在《论运动物体的电动力学》的最后，基于相对论的两条原理，重新计算了电子运动的横向质量和纵向质量，最后得出结论：任何物体的运动速度都不能超越光速。那么问题来了，根据牛顿第二定律，假设太空中有个飞船，有足够的燃料支持它不断前行，其速度将会越来越大，总有一天会达到光速，进而超越光速。爱因斯坦认为这是不可能的，因为伴随着速度增加，飞船的质量也在不断增大，如果维持同样的加速度，牵引力也会越来越大，当飞船接近光速时，所需要的能量就会无限大 —— 显然是不可能的。

什么是质量？

质量这个名词曾让无数科学家含糊不清，所以牛顿写《原理》时，第一件事就是对质量进行定义。最终，他将质量定义为物质的量，等于密度与体积的乘积，然而又怎么定义密度呢？这是一个先有蛋还是先有鸡的问题，牛顿没有在这个问题上继续绕下去，直接给出了质量的求值方式：与重量成正比。

重量是物体所受重力的量，单位是牛顿。在实际生活中，我们确实用重量来衡量质量，比如用秤来称物体的重量。重量源于地球的引力，那么如果没有地球引力，是不是意味着质量不存在呢？换句话说，一个物体在地球上有质量，放到外太空，质量就消失了吗？

我们先来做一个思维实验，一个物体静止在光滑的水平面上，现在想让它运动，就必须给它一个力。很显然，这个力与重量毫无关系，但与物体的质量有关，质量越大，力也就越大 —— 这是由牛顿第二定律决定的。质量大小的运动表现就是惯性，因此在物理学中，称牛顿定义的质量为"引力质量"，与之对应的是"惯性质量"。引力质量和惯性质量有什么区别和联系呢？物理学家们已经证明了二者是等价的。因此，我们只需考虑质量即可，不用说明是引力质量还是惯性质量。

相对论要求质量随着运动而增加，因此后人又将洛伦兹质量称为"狭义相对论质量"。运动是相对的，相对静止时测出的质量就是静止质量。根据式（5.1），当一个物体以光速运动时，狭义相对论质量为无穷大 —— 这显然是不可能的。因此，要求该物体静止质量为 0，也就是说，光的静止质量为 0。

那么，质量的变化从何而来呢？汤姆孙认为从能量而来。德国物理学家维恩（1864—1928）认同汤姆孙的观点，还推导出了质能关系。1905年，爱因斯坦发表论文后，继续探索质量问题。同年 9 月，爱因斯坦发表题为《物体的惯性依赖于它所包含的能量吗？》的论文，通过推导得出质能关系公式：

$$E = mc^2$$

在前面的章节中，我们提到了质量守恒和能量守恒。它们是两个物理量，它们之间没有任何关系，但狭义相对论告诉我们，物体的质量是能量的一种量度，质量和能量之间可以相互转换，而且保持守恒，称为"质能守恒"。

爱因斯坦提出狭义相对论的过程非常复杂，中间的细节非常烦琐烧脑，因此本书化繁为简，只叙述了简要过程。但是走完这一程，最初寻找的主角以太去哪了呢？

狭义相对论的提出是因为光速不变，而光速不变（非真空）又是从寻找以太的实验中得出的，可以说以太就是狭义相对论的一个引子，然而当狭义相对论提出之后，以太显得多余了，于是根据奥卡姆剃刀原理[①]，被物理学剃得精光。现在以太这个名词仅仅出现在历史书或"以太网"这一网络术语中，尽管曾经那么地令人着迷。关于以太，笔者有两点浅见。

（1）狭义相对论并没有否认以太的存在，只是光（电磁波）传输不需要介质，也就用不到以太了。实际上，当广义相对论被提出以后，爱因斯坦还曾提出过新的以太假说，不过很快被自己否定，道理还是一样，如无必要，勿增实体。

（2）有没有以太？笔者认为与"有没有"没有关系，需不需要才是关键。狭义相对论之后，以太是否只是进入了第三个休眠期也未可知，未来某天人类为了解释新现象而重新提出以太也是有可能的，只是新以太的面貌甚至连名字都发生了改变，叫什么反物质、暗能量……总之，物理学浩瀚无垠，渺小的人类做点"出尔反尔"的事本就不值得批判。

---

① 奥卡姆是 14 世纪的哲学家，生卒不详，大约生活在 1285 年至 1349 年间。奥卡姆剃刀原理的主旨是如无必要，勿增实体，以保证系统简单有效。

5.3　浅谈狭义相对论

1905 年，爱因斯坦发表的两篇关于相对论的论文并没有引起轩然大波，然而是金子总会发光，第一位意识到相对论伟大的恰恰是曾经讨厌爱因斯坦的闵可夫斯基。

闵可夫斯基（1864—1909）出身于俄国的一个犹太商人家庭，从小天资聪颖，看书过目不忘。由于当时犹太人在俄国受到迫害，闵可夫斯基举家迁往德国，新家与另外一位数学大师希尔伯特（1862—1943）家只有一河之隔。1884 年，闵可夫斯基成为大学老师，工作地点经常变更，在不同的大学任教。1896 年，他转到苏黎世大学，第二年遇到了他的"捣蛋学生"爱因斯坦。说实话，要让老师对爱因斯坦产生好感几乎是不可能的，所以当闵可夫斯基得知爱因斯坦提出相对论时，颇为惊讶，喃喃地对着记者说："爱因斯坦当年几乎不学数学。"说归说，作为一名有素养的数学家，遇到相对论这样的理论，没有数学表述就等于没有灵魂。于是闵可夫斯基建立新数学模型来表述相对论的时空关系，称为"闵氏空间"。

我们知道，三维空间可以用三个垂直（正交）的坐标表达，时间作为第四维势必也要和其他的维度垂直，但是现实生活中怎么找到一个与墙角三个面都垂直的面呢？如果撑开的伞不能往墙上挂，可以考虑把它先收起来，所以当我们在纸上画一个四维空间时，可以先将不用的维度"收"起来。

先画个苍蝇绕着鸡腿飞的闵氏空间图。鸡腿香飘四溢，招惹了一只苍蝇。这是一只很聪明的苍蝇，生怕鸡腿是人类下的诱饵，只敢绕着鸡腿盘旋，不敢轻易飞下来 [图 5.5（a）]。假设苍蝇的盘旋是圆周运动，其速率为 v，随着时间的流逝，苍蝇不再是过去的苍蝇，因为它的位置不断发生变化，其运动表现在坐标轴上是一个正弦波，称为"世界线"。但鸡腿还是那个鸡腿，它在坐标轴上是一个圆柱体，称为"世界面"［图5.5（b）］。

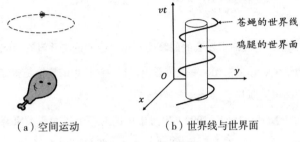

（a）空间运动　　　　　　（b）世界线与世界面

图 5.5　时空图

　　从时空图可以看出，苍蝇的世界线不再是孤单的空间概念，而是与时间有着密不可分的关系，线上的每个点也不仅仅代表位置坐标，还表示一个"事件"。事件的基本含义是某个时刻在某个地点发生的某件事，所以当用文字描述一个事件时，一定要带上地点和时间。

　　光的世界线又是如何的呢？由于光速恒定，它在时空图上是一条直线，如果将纵轴用 ct 表示（c 是光速），那么它是一条倾斜角为 45°（斜率为1）的直线（图5.6）。同样，一个匀速直线运动的物体（看成一个质点），它的世界线也会是一条直线；一个变速运动的物体，它的世界线是一条曲线。根据相对论，任何速度都不能超越光速，所以任何曲线上的任意点的斜率都要大于等于1，小于1则表示超越光速，也就没有任何意义了。

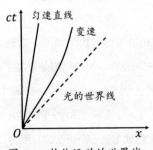

图 5.6　物体运动的世界线

以某个时间为起点，分成过去、现在、未来，画在坐标轴上，其图像是一个光锥（图 5.7）。

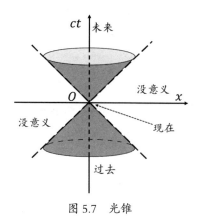

图 5.7　光锥

在闵氏空间中，可以将两个惯性参考系同时用坐标表达，坐标之间变换的数学基础正是洛伦兹变换。由于数学表达过于复杂，我们仅用一个思维实验表述。

设甲、乙两人各有一根一模一样的木棍，一开始两人在一起，相对静止。现在甲朝一个方向匀速直线运动，在甲看来，手中的木棍还是原来的木棍，但在乙看来，甲在运动，所以甲的木棍变短了。运动是相对的，在甲看来，乙也是运动的，所以乙的木棍也变短了。那么，到底谁的木棍在变短呢？其实都没有变短或都在变短。短与不短关键在测量，也就是说，双方测量自己的木棍都没有变化，测量对方的木棍都在变短。道理等同于开车靠右行驶，都觉得自己在右边，对方在左边。

那么，怎样测量对方的变化呢？实际上这是做不到的，因为要测量对方的木棍，就必须要有一个和对方一起运动的尺子，当尺子和对方一起运动时，其本身也在缩短。道理等同于今年我们一样大，明年我们还是一样大。

那么，既然无法测量，还谈什么尺缩效应和钟慢效应呢？实际上，相对论原理是为光速不变原理做铺垫，因为在任何一个惯性系中，光速都是不变的。

也许你会觉得，这样理解起来狭义相对论也没什么嘛！然而，问题远比我们想象得大。狭义相对论否定的是绝对时空，而否定的理由是无法测量，那么绝对时空到底存不存在呢？换句话说，不能测量的东西是否真的存在呢？这是一个哲学命题。我们再次虚构两个人物，通过二人对话阐述之。

小爱："事物存不存在由其本身决定，并不是测量决定的。比如盲人摸象，有的认为大象是柱子，有的认为大象是蒲扇，难道你能否定大象的存在吗？"

小因："我不能否定大象的存在，但是你怎么让这些人明白大象的真面目呢？"

小爱："我可以告诉他们啊！"

小因："这样一来，大象不就被你测量了吗？'不可测量'也就不成立了！所以，大象存不存在或以什么形式存在，对于一些永远无法知道大象面目的人来说是毫无意义的。"

实际上，我们生活中总是充斥着这样的矛盾，比如经济学中的"价值与价格"。价值是商品的一种属性，是人类社会抽象劳动的凝结，价值的大小由社会必要劳动时间决定，那么社会必要劳动时间又是多少呢？根本没有办法衡量，所以量化价值的是它的外在表现形式 —— 价格，但是同样又遇到一个问题，当两个商品交换时，并不能达到某种意义上的等价值交换，还要考虑市场、供求关系、买卖双方的砍价能力等诸多因素。价格体现在量上是元、美元、英镑、法郎等，而这些就像一个参考系中的尺子或时钟，如果不存在汇率（相当于洛伦兹变换），它们之间没有任何可比性。再退一步，不考虑所谓的货币兑换（同一参考系下），谁都知道一根绳子绑在大闸蟹身上和绑在大白菜身上体现出来的价格是不一样的，尽管绳子还是那根绳子，生产它所需要的社会必要劳动时间是一样的。如果诸多因素决定了价值永远无法体现（测量）出来，那又何必存在呢？

价值就像绝对时空，但是经济学不是物理学，价值存不存在并不是物理学能决定的，所以我们不必为经济学的地基感到担忧。狭义相对论出自物理，但更像在讨论哲学，总是有一些"民科"[①]宣称找到了推翻狭义相对论的证据，我想他们多半是错把哲学当成了物理。这样说并非否定怀疑精神，但是怀疑要有理有据。狭义相对论的建立至今已逾百年，已经成为现代科技的基石，被推翻就意味着今天的一切都需要改写，所以狭义相对论是不可被推翻的，只能修正，但该修正的早已被爱因斯坦修正了——广义相对论，目前并没有任何需要修正的地方。

5.4　广义相对论

求证：小明是坏人。

证明：因为小明是坏人，所以小明做的事全是坏事；因为小明做的事全是坏事，所以小明是坏人。

证明完毕。

---

① 民间科学家的简称。本是褒义词，但是随着网络兴起，一些不了解科学的人妄图推翻科学，哗众取宠，民科一词也背离了原有的含义，成了贬义词。此处特指贬义的"民科"，与热爱科学的人们无关。

狭义相对论也遇到了同样的悖论，相对论原理认为"一切物理定律在所有的惯性系中均有效"。什么是惯性系？伽利略告诉我们，静止或匀速运动的参考系即为惯性系。怎么判断静止或匀速运动呢？很简单，没有加速度。那又怎么判断没有加速度呢？很简单，保持静止或匀速运动即视为没有加速度。这是个死循环，互为因果，结果导致不因不果。也就是说，狭义相对论以惯性系为基础，但是惯性系却没有办法定义。本以为狭义相对论稳如磐石，没想到它其实是建在沙滩上的。

此外，狭义相对论认为一切速度都超越不了光速，引力自然也不能超越。如果引力作用是超距的，则狭义相对论不成立；如果引力作用不能超越光速，那么引力该如何产生作用呢？难道和电磁场一样，存在引力场？即便存在引力场，又该如何建立与电磁场统一的物理定律呢？

1905年是物理学的一个奇迹年，不过爱因斯坦本人还没有立刻成为传奇——还是专利局的职员，只是稍微升了几级。1907年，爱因斯坦受朋友邀请写一些关于相对论方面的东西，他强烈地感觉到狭义相对论有很多缺陷，基本可概括为上述两个问题。所以，爱因斯坦认为应该有一个新的物理定律，对所有的参考系——惯性的、非惯性的都有效。

某天，爱因斯坦坐在办公室里，看到对面屋顶上有一个油漆工正在刷屋顶。爱因斯坦想假设这个油漆工不小心掉了下来，会有怎样的结果？油漆工肯定处于失重状态，并因失重感到害怕。爱因斯坦又想假设把一个人放到封闭的电梯里，然后剪断电梯的缆绳，让其自由落体，这个人会有怎样的感觉？这个人肯定也会处于失重状态，但是由于对外界一无所知，即没有任何参考，他将会不知道自己处于以下哪种状态。

（1）有引力场的自由落体 [图 5.8（a）]。

（2）无引力场的惯性运动，即太空漂浮的失重状态 [图 5.8（b）]。

（a）自由落体　　　　　（b）太空漂浮

图 5.8　引力场与惯性运动等效

假设将这个电梯置于外太空，并用力拉动电梯，电梯里的人会感觉到来自地板的支撑力，但并不知道这个支撑力来源于什么，也就是说，他并不知道自己处于以下哪种状态。

（1）没有引力场的加速度运动 [图 5.9(a)]。

（2）静止在引力场中 [图 5.9(b)]。

（a）向上加速　　　　　（b）引力场

图 5.9　加速运动与引力场等效

第一个实验说明引力与惯性力[①]不可分辨；第二个实验说明加速度与引力加速度不可分辨。从以上实验可以看出，对一个质点而言，外力可以等效成引力，而外力产生的加速度可以等效成引力产生的加速度，这就是

[①] 惯性力见 1.3 节。

"等效原理"[1]。

　　成名后的爱因斯坦称等效原理为"一生中最幸福的思想",但等效原理只是建立广义相对论的一小步,更重要的是建立数学模型。建立数学模型何其之难,此时的爱因斯坦可能也为以前没有认真学习数学而感到懊悔。幸好老友格罗斯曼上大学时一直认真学习数学,而且毕业后一直在研究非欧几何。朋友分两种,一种是雪中送炭,另一种是锦上添花,而格罗斯曼属于送了炭,还要添点花的那种。得知爱因斯坦的困难后,格罗斯曼不仅倾囊相授,还经常泡在图书馆里,帮爱因斯坦寻找关于黎曼几何的理论。可以说正是格罗斯曼的神助攻,爱因斯坦才能在相对论问题上梅开二度。

黎曼几何

　　几千年前,泛滥的尼罗河水经常冲刷两岸,导致土地形状发生变化。为了有效丈量土地,古埃及人发明了几何,古希腊人继承和发扬了古埃及人的智慧。大约公元前300年,古希腊数学家欧几里得(公元前325—公元前265)在前人的基础上写了一本叫《几何原本》的书,从而奠定了"欧氏几何"。

　　这本书一开始就开门见山地给出了23个定义、5个公设、5个公理。公理不言自明,即无须证明的道理,比如 $A = B$, $B = C$,那么 $A = C$。公设的意思也差不多,中学几何都统称为公理,这五条公设如下。

---

[1] 等效原理非常复杂,此处只做简单介绍。

（1）任意一点到另外的任意一点可以画直线。

（2）一条有限的线段可以无限延长。

（3）以任意点为圆心，以任意长度为距离，可以画圆。

（4）直角都彼此相等。

（5）同平面内一条直线和另外两条直线相交，若在某一侧的两个内角的和小于二直角的和（180°），则这两条直线经延长后在这一侧相交。

前四条都容易理解，只是第五条颇耐人寻味，这便是史上著名的"第五公设"。

在图5.10中，当 $\angle A + \angle B$ 的值越大时，a 线和 b 线的相交点就越远。当 $\angle A + \angle B$ 的值不断趋向 180° 时，a 线和 b 线相交于无穷远处。

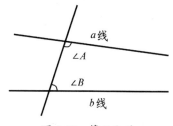

图5.10　第五公设

又是无穷！又是秀才遇见兵！所以，第五公设是否正确一直是后人争论的焦点。尽管如此，数学家们还是从第五公设推导出很多公理，比如"三角形内角和等于180°""过直线外一点，能且只能引一条直线与之平行"等。

19世纪，俄国数学家罗巴切夫斯基（1792—1856）试图用反证法推翻第五公设。他假设过直线外一点，可以引两条直线与之平行，第五公设便不成立。果然，罗巴切夫斯基在新几何空间中找到了这两条直线，后被称为"罗氏几何"。在当时人们的心中，欧氏几何如同日升日落一样优美，是不允许受到任何质疑的。罗氏几何不出所料地自问世就面临了前所未有的指责与谩骂，罗巴切夫斯基还为此丢掉了喀山大学校长一职。好在罗巴切夫斯基坚持了下来，成为非欧几何的发明人之一，被后人誉为"几何学中的哥白尼"[①]。

在证明第五公设的浪潮里，德国数学家高斯（1777—1855）也参与其中。高斯是人类历史上最重要的数学家之一，被后人誉为"数学王子"。他自幼聪明无比，12岁时便对《几何原本》中的一些定理产生怀疑，16岁时便感觉到建立非欧几何的重要性。在罗巴切夫斯基之前，高斯就已经证明了第五公设不可证明，且建立了相关的几何理论，然而他缺乏挑战的勇气，不敢发表自己的观点。不仅如此，正当非欧几何受到大肆攻击之时，很多数学家都在观望高斯的态度，但他始终三缄其口，不肯为非欧几何发声。

若干年后，德国数学天才黎曼（1826—1866）类比罗氏几何，提出"过直线外一点，不能引任何直线与之平行（所有直线都与之相交）"，开创了新的非欧几何——黎氏几何。

这三种几何表述的是不同曲率的空间，欧氏几何描述的平面［图5.11（a）］，黎氏几何描述的是球面［图5.11（b）］，罗氏几何描述的是马鞍形曲面［图5.11（c）］。它们在基本公理上有本质的区别，比如三角形内角和在欧氏几何中等于180°，在罗氏几

---

① 近代科学起源于哥白尼，所以西方文化里喜欢把建立新领域的人形容成哥白尼。

何里小于 180°，在黎氏几何中大于 180°。

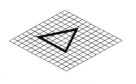 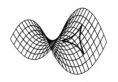

（a）欧氏几何　　　　（b）黎氏几何　　　　（c）罗氏几何

图 5.11　三种几何

1854 年，黎曼做了一次题为《论作为几何基础的假设》的演讲，将三种几何统一起来，开创了"黎曼几何"。黎曼认为空间不一定都是平直的，很有可能是弯曲的，弯曲的空间不能用欧氏几何表达，一定要用非欧几何。

在欧氏几何中，两点间线段最短，但非欧几何中一般不存在直线，两点间最短的距离称为"测地线"。比如用黎曼几何描述地球，从南极走到北极的最短距离不是地球的直径，而是地球的其中一条经线。我们可以这样简单理解，在平直的空间中，测地线就是一条直线，而在弯曲的空间中，测地线会跟随空间一起弯曲。

空间为什么会弯曲？黎曼认为很有可能是物质的存在引起的。就像水流本是直的，但是遇到了石头，会绕着走，也就弯曲了。黎曼 40 岁就去世了，那时的物理学连"场"的概念都还没有成型，所以要让黎曼建立像爱因斯坦的功勋是不可能的。

爱因斯坦又是怎样将时空与物质联系起来的呢？关键在于测地线。爱因斯坦认为物质的存在和运动会造成时空弯曲，质点在弯曲的时空中，会沿着测地线做惯性运动。比如在一个平坦的空间中［图 5.12（a）］，地球本来是做匀速直线的惯性运动，此时加上一颗太阳，时空变得弯曲了［图 5.12（b）］。对于地球而言，两点间最短的距离也变成了测地线。地球在弯曲的时空中依然做惯性运动，只是它的运动线路变成了测地线。

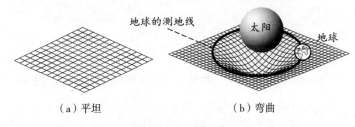

（a）平坦　　　　　　　　　（b）弯曲

图 5.12　时空弯曲

　　爱因斯坦要做的就是建立时空弯曲的场方程和物质沿着测地线的惯性运动方程。自 1907 年起，爱因斯坦就开始尝试建立方程 —— 自然走了不少弯路、错路。除此之外，爱因斯坦还为生活中的一些事情而烦恼。在爱因斯坦建立狭义相对论之初，有些学者认为爱因斯坦不过是对洛伦兹和庞加莱工作的补充，相对论应该归属于前者，而爱因斯坦只是一个"幸运儿"。实际上，爱因斯坦建立狭义相对论时，对庞加莱的工作一无所知。即使知道，也不能否定爱因斯坦的贡献，这就像爬山一样，只有翻过了山峰，才能叫风景。稍微温和一点的学者认为即便没有爱因斯坦，也不影响相对论的诞生 —— 这是历史决定的。爱因斯坦并不否认这点，但是广义相对论的归属他势在必得，最关键的部分不是等效原理，而是数学公式。此时爱因斯坦已经隐约感觉到大数学家希尔伯特正在无限接近广义相对论的公式，因此他需要在希尔伯特之前将公式找出来。1915 年 4 月，爱因斯坦才想清了引力场的每个细节。同年 6 月，爱因斯坦见到希尔伯特，发现之前的担心是多余的，因为他必须费心地向希尔伯特介绍引力场的每个细节，尽管如此，希尔伯特听起来还是有些艰涩。11 月底，在一次科学会议上，爱因斯坦首次提出了引力场方程，广义相对论才算完美建立。

　　两个相对论是两次物理学的革命，狭义相对论否定了绝对时空，提出了质能关系，但是物质与时空之间并没有联系［图 5.13（a）］。在广义相对论中，万有引力是一种特殊力，是时空弯曲的力学表象，造成时空弯曲的是物质，因此物质与时空之间就联系起来了［图 5.13（b）］。

（a）狭义相对论　　　　　　　（b）广义相对论

图 5.13　狭义相对论与广义相对论比较

广义相对论正确吗？如果正确，又有哪些实验支撑呢？

　　广义相对论首次试航就大获成功。自 19 世纪起，水星近日点进动问题就一直困扰着天文学家，所谓"近日点进动"，是指对于一个绕日公转的行星而言，它的公转轨道并非严格的椭圆，其轴会发生细微的角度变化（图 5.14）。

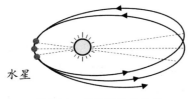

图 5.14　水星近日点进动

　　实际上，金星、地球等行星也会进动，但范围很小，几乎可以忽略，所以并没有引起天文学家们的注意。唯独水星，每 100 年其轨道的测量值与理论值之间有 43 角秒[①]的差异——这是完全不能被忽视的。为了解释这一现象，有些天文学家猜测太阳系中还有未观测到的行星，它的运动影响了水星。如果真的存在，势必也会对地球产生影响，所以这一猜测不攻自破。还有些天文学家对"平方反比定律"产生了质疑，纽康就曾给出过修正值，不过根据我们前面对"什么是物理"这一命题的讨论，平方反比定律是不容置疑的，因此纽康的假说根本就不成立。

1915 年，爱因斯坦经过多次修正，发表题为《用广义相对论解释水星近日点运动》的论文，将一切讨论置于弯曲的时空之下，弯曲时空的测地线便是水星的真实轨迹，进动也就迎刃而解了。到了年底，爱因斯坦成功建立了广义相对论方程。

$$R_{\mu\nu} - \frac{1}{2} R g_{\mu\nu} = \frac{8\pi G}{c^4} T_{\mu\nu}$$

广义相对论的第二次验证颇有趣味。弯曲的时空有测地线，那么光会沿着光的测地线运动，也会弯曲。怎样测量光线弯曲呢？科学家们认为当恒星光经过太阳时，能明显测量到光的弯曲效应，但是白天太阳光芒万丈，无法分辨太阳光与恒星光，因此只能等到日全食。

1914 年 7 月，第一次世界大战爆发，英国和德国分属不同的阵营，这让本来就有隔阂的学术界雪上加霜。英国天文学家爱丁顿（1882—1944）是一个和平爱好者，从来不会因主观因素排斥任何一个国家的学术。1918 年，他得知广义相对论后，深深地被这股魔力吸引，于是组织队伍准备在日全食时进行观测。英国本土已经有两百年没有观察到日全食了，下次能观察的日全食将会在 9 年后的 1927 年，但是爱丁顿已经等不及了，除沉迷于广义相对论外，他还必须找一个像模像样的借口好让自

[①] 1882 年，由美国天文学家纽康（1835—1909）测得。

己不用服兵役。然而近期观测，必须长途跋涉去非洲和南美洲，去观察1919 年的日全食，因此爱丁顿的队伍必须穿过大西洋。战争让大西洋上充满了危险，不过一切冒险都是值得的。

万有引力认为空间是平坦的，因此恒星光不会弯曲，我们称其为"牛顿值"；广义相对论认为恒星光会弯曲，我们称其为"爱因斯坦值"（图5.15）。

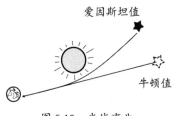

图 5.15　光线弯曲

两支队伍分别在巴西和西非拍摄了多组照片，西非的观测值在爱因斯坦值的误差范围内，是牛顿值误差的两倍——完全符合爱丁顿的要求。但巴西的观测值却和爱因斯坦值有较大的误差，爱丁顿以望远镜仪器精度为由，没有采用。当时很多天文学家因此猜测爱丁顿在操纵测量数据[1]，但物理学家可不管那么多，他们已经等不及为这一刻欢呼了，爱因斯坦也因此一跃成为物理学界最耀眼的明星。

根据广义相对论，时空越弯曲，时间就会越慢，也就是钟慢效应或时间膨胀，不过弯曲时空中的钟慢效应与狭义相对论中的钟慢效应不一样。1911 年，法国物理学家朗之万（1872—1946）针对狭义相对论中的钟慢效应提出了一个问题：假设有一对双胞胎，弟弟在地球，哥哥乘着宇宙飞船在太空遨游一番后再回到地球，问二人谁年轻？还是一样大？按照狭义相对论，两人都会认为对方时间变慢，所以对方都比自己年轻——这显

---

[1] 1953年和1973年日食时，天文学家们重复测量，均证明了广义相对论的正确性。

然是不成立的，因此叫作"双生子佯谬"。

实际上，我们画一下二人的世界线就一目了然了（图5.16）。哥哥乘宇宙飞船离开地球，再回到地球，必然经历加速、减速的过程。在广义相对论中，加速度可以等效为引力加速度，哥哥的时空必然比弟弟的弯曲，因此二人再相见时，哥哥更年轻。从双生子佯谬可以看出，狭义相对论中的钟慢效应是相对的，而广义相对论中的钟慢效应是绝对的。

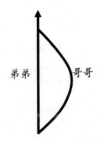

弟弟　　哥哥

图 5.16　双生子佯谬

随着科技的发展，原子钟测量时间越来越精确，钟慢效应也多次被精确地证实了。

爱因斯坦曾预言光在弯曲时空中会产生红移，经过科学家的努力，红移效应被证实，时间是 1958 年。

爱因斯坦最近一次被证实的预言是引力波，实际上早在 1905 年，庞加莱就提出引力波的设想。他类比于电荷加速运动产生的电磁波，认为一个有质量的物体在引力场中加速运动也会产生引力波。不过，爱因斯坦对此持怀疑态度，因为引力终究与电荷不一样 —— 没有正负极，但是在建立广义相对论方程之后，爱因斯坦还是朝着引力波的方向努力，最终从数学上推导出引力波的存在，时间是 1916 年。

从麦克斯韦预言电磁波的存在到赫兹找到电磁波花了 22 年，但从爱因斯坦预言引力波的存在到找到引力波花了整整一个世纪。为什么引力波这么难以寻觅呢？因为引力波非常微弱，假设引力波与电磁波强度一样，整个宇宙早就粘在一起了。好在大质量天体（如脉冲星、黑洞）相互运动（如合并）时，会辐射出足够强度的引力波。

尽管引力波很微弱，但它是无视障碍物的，不会像 Wi-Fi（电磁波）

一样被一堵墙挡得只剩一格信号。因此，寻找电磁波在地球上就可以了，不必到外太空。

从1984年开始，美国就开始筹建"激光干涉引力波天文台（LIGO）"。LIGO 于 2002 年投入使用，但是没有获得有效数据。十年后，LIGO 装备大升级，探测灵敏度大大提高，终于在 2015 年 9 月 14 日看到了奇迹，成功捕获到了两个黑洞合并所产生的引力波，也成功地向广义相对论百年华诞献上大礼。

引力波的探测与零结果实验类似（参考图 5.2），只是精度要求更高，实验难度更大。光源经过分光镜后，分成垂直的两束光。两束光分别经过两个垂直的 4000 米的真空管，来回反射 50 次后，会形成干涉条纹。当引力波出现，由于两个反光镜垂直，其位置变化不一样，因此干涉条纹会发生改变。

广义相对论自问世以来就与掌声和质疑声一路并行，好在经受住了所有的考验，成了 20 世纪最伟大的理论之一，另一个伟大的理论是量子力学。那时量子物理正在悄然兴起，志气满满的爱因斯坦觉得是时候建立一种将大到宇宙、小到原子都能纳入其中的大统一的理论了 —— 就像当年牛顿和麦克斯韦一样。这是爱因斯坦的理想，也是整个人类的理想，不过阻止人类前行的未必都是高山，也有可能是鞋里的一粒沙子，爱因斯坦也因为"沙子"而与物理学的万有理论渐行渐远了。

第6章 量子物理

6.1 微观世界

什么是微观世界？汉语中的"微"字有很多意思，作"小"讲用得最多，如微小、细微等；也可以作"无"讲，如《岳阳楼记》中的"微斯人，吾谁与归"。微观的"微"自然不能作"无"讲，否则还研究什么呢？但可以解释为"小到无"。如此，微观世界的"微"字便有以下两种解释。

（1）作"小"讲，即小到一定程度不能再小了。

（2）作"小到无"讲，即没有最小，只有更小。

古希腊哲学家德谟克利特（约公元前460—公元前370）持第一种观点，并提出"原子"的概念，原子在古希腊语中是"不可分割"的意思。他认为宇宙万物由最微小、最坚硬且不可分割的原子组成，原子数目与排列上的不同，造就了世界的多样化。在他看来，光——甚至人的灵魂都是由原子组成的。原子论的思想对后世影响很大，但也一直饱受质疑甚至反对。其中，反对声音最大的当数柏拉图与亚里士多德——他们坚信的是元素说。

古希腊最初的元素说继承于古埃及和古巴比伦，元素说认为世界万物都由水、土、气等元素组成。哲学家泰勒斯抛弃了土和气，认为世界的本质是水，水元素组成万物，土和气不过是水的凝聚和稀薄。泰勒斯的学生阿那克西曼德（约公元前 610—约公元前 545）又请回了土和气元素，并在水、土、气的基础上增加了第四种元素 —— 火。古希腊人恩培多克勒（约公元前 495—约公元前 435）在四种具体元素的基础上，虚拟了两种抽象元素 —— 爱与恨。正是这两种抽象元素使得基本元素结合与分离，从而构成了宇宙万物。由此可见，元素并非孤立存在的，它们之间有着千丝万缕的联系。

恩培多克勒的观点被亚里士多德继承并发展，不过亚里士多德抛弃了爱与恨这两种抽象元素，而是把元素间的联系直接赋予基本元素本身。在四种元素中，土是最重的，气是最轻的。水接近于土，受重力作用会向下运动。火接近于气，所以火苗是向上的。此外，在月亮之上（天体之上）还弥漫着第五种元素 —— 以太。天下高见，多有暗合。古代中国的元素说来源于可观测的五颗行星 —— 金、木、水、火、土，五行相生相克，而爱和恨与道家哲学中的阴和阳极为相似。

朴素的元素论和原子论都属于人类早期的世界观。二者最大的区别在于，前者认为宇宙万物归根到底只能"论斤称"，即没有最小，只有更小，而后者认为还可以"论个卖"，即小到最后不能再小。由于亚里士多德等人对原子论的批判，在此后的两千多年里，元素说在生活中很盛行，不过在科学上却没有太大发展。原子说再次被人类讨论源自对于光本质的思考，也就是光的微粒说。转眼就到了笛卡尔时代，但是笛卡尔等人的微粒说都基于假设之上，真正从实验角度出发的是英国化学家波义耳。

波义耳在化学方面作出了很多贡献，是第一个把化学确立为一门科学的人，而对化学科学性的确立正是源于波义耳对元素的思考。他提出只有不能用化学方法再分解的物质才是元素。现在看来，这个观点非常正确，比如水就不能称为元素，因为它可以被分解成氢和氧。由于对化学的贡献，波义耳被尊为"化学之父"。

拉瓦锡对化学的贡献不亚于波义耳，第一张元素表就是出自拉瓦锡之手。拉瓦锡给元素下了非常精准的定义：用任何方法都不能分解的物质。另外，他重新使用了原子一词，并认为原子是化学反应中最小的单位。拉瓦锡被尊为"近代化学之父"。

化学界的两位"父亲"呼唤出了"原子之父"道尔顿。1803 年，在总结前人尤其是化学家们的工作后，道尔顿提出新的原子论。

（1）原子是组成物质的最终微粒，原子不能自生自灭，也不能再分割成更小的微粒。比如氧气，它由氧原子组成，但氧原子不可再分。

（2）原子以简单的整数比相结合，成为一种更"复杂的原子"，从而造就了元素的多样性。

（3）同种元素的原子结构是一样的，不同元素的原子结构是不一样的。元素的化学性质、大小和质量均取决于其原子结构。

此时的元素和原子都不可与古希腊时代的同日而语，它们之间的关系更像"类"与"对象"的关系，比如你可以说我是"一个风趣的人"，但是你绝不能说我是"一个风趣的人类"，所以我们常说一个原子、一种元素。

很快，道尔顿的原子论得到了实验支持。1808 年，盖－吕萨克得出"盖－吕萨克气体反应定律"：同温同压的情况下，化学反应中的气体成一定的比例。比如氢气在氧气中燃烧，氢气的体积是氧气的二倍才可以完全化合反应，否则要么氢气有剩余，要么氧气有剩余。这个现象很好地被原子论解释：

$$2 \text{ 个氢原子} + 1 \text{ 个氧原子} = 1 \text{ 个水微粒} \tag{6.1}$$

但是很快该定律和原子论发生了冲突。当盖 - 吕萨克将化合后的水汽化后，得出水的体积和化合前的氢气的体积相等，即：

$$2 \text{ 体积的氢} + 1 \text{ 体积的氧} = 2 \text{ 体积的水蒸气}$$

然而，查理在无数次实验的基础上得出一个结论：同温同压下，同体积气体的微粒个数与微粒本身无关 —— 它们是相等的，所以上一个公式完全可以写成：

$$2 \text{ 个氢原子} + 1 \text{ 个氧原子} = 2 \text{ 个水微粒} \tag{6.2}$$

我们可以用三元一次方程组来简化式（6.1）和式（6.2）。

$$\begin{cases} 2x + y = z \\ 2x + y = 2z \end{cases}$$

很显然，这个方程组是无正整数解的。然而，比无解更严重的是式（6.2）两边同除以 2，出现了半个氧原子，原子不可分之思想已荡然无存！

$$1 \text{ 个氢原子} + \text{半个氧原子} = 1 \text{ 个水微粒}$$

对于理论物理学家而言，最尴尬的事情莫过于提出的理论与实验不符，究竟谁对谁错？相信实验的人自然站在盖 - 吕萨克这边，而笃信原子的人开始怀疑查理结论的正确性，也就是说，同温同体积的情况下，不同气体的微粒数可能会不相同。反正都是在看不见、数不着的情况下测量的，许你州官放火，就得许我百姓点灯嘛。在原子说上，物理学家分成了两个对立的阵营。

此时意大利物理学家阿伏伽德罗（1776—1856）出来"打圆场"。他认为参与一次化合的必须是 2 个氧原子，而这 2 个氧原子组成了一个新的微粒，叫作"分子"。氢分子也是由 2 个原子组成，而每个水分子则包含

1个氧原子和2个氢原子。那么，化合反应的公式则改为：

$$2 个氢分子 + 1 个氧分子 = 2 个水分子$$

然而，对于阿伏伽德罗的"好意"，道尔顿却不"领情"，根本原因我想还是在于阿伏伽德罗只是数学处理，并没有实验支持。因此，分子说只能是一种假说，就像当时的安培分子电流假说一样。

19世纪中叶，当热质说被赶出了物理学之后，物理学家们就必须重新探索热的微观本质，最终得出热是微粒的运动，但是微粒究竟是分子还是原子还是其他的未知粒子呢？在1860年的一次科学大会上，科学家们还是讨论不休。会议临近结束，阿伏伽德罗的学生康尼查罗（1826—1910）向每位与会人员发了一本自己印的小册子，写的正是五十年前老师阿伏伽德罗的分子假说，只是这次康尼查罗给出了有条有理的严谨的陈述。分子假说在经历半个世纪的浮沉之后，终于在阿伏伽德罗死后成为新理论。至此，大多数人开始相信物质由分子或原子组成、分子由原子组成。

还有一个问题，原子还可以再分吗？原子虽然本意是不可分割，但总不能学生叫"李满分"，老师就必须给他打100分吧。如果原子不可分，因为什么？如果原子可分，怎么分？里面又是怎么样的呢？分完之后还能不能再分？

其实在道尔顿活着时，原子不可分割的思想就已经出现问题，问题起源于科学家们对离子^①的认识。1833年，法拉第在大量实验的基础之上得出了电解定律，提出了"离子"的新概念。如果原子是不可分的，那么电解金属氯化物后，得到的氯离子和金属离子又是什么呢？换句话说，离

---

① 一种带电粒子。

子是否具有原子性？如果离子具有原子性，那么原子损失或得到电荷才能成为离子，原子不可分不成立；如果离子不具有原子性，那么离子又是如何形成的呢？法拉第没有给出答案，他只是强调未必一定要往一个更小的粒子方面去思考，因为那些都是人类大脑想象出来的，并没有在实验中亲眼见到。对于一个完美的实验学家来说，只有完美的实验结果才能让他心服口服。

麦克斯韦反对科学家们在原子问题上分成两个对立的阵营——原子论和非原子论。有趣的是，他却稳稳地站在了原子论的一边，且支持原子不可分割的思想。只是在解释电解时让他陷入被动，所以他认为离子应该是分子性质的，不过仍然不能解释像金属离子这样的单元素离子。一时间，麦克斯韦没有答案。

真正解开谜题的是英国物理学家汤姆孙（1856—1940）。1897 年，汤姆孙为了解释"阴极射线"现象，得到了比原子更小的粒子。

在汤姆孙之前，阴极射线现象一直困扰着科学家们。1858 年，德国科学家普吕克（1801—1868）将一个玻璃试管中的空气抽到非常稀薄，在试管两头装上电极板，极板上加入几千伏的电压后，发现阴极对面的试管壁上闪烁着绿色的辉光，因此叫作阴极射线。奇怪的是，他并没有看见物质从阴极管上发射出来，绿色辉光到底是什么呢？赫兹找到电磁波之后，物理学家们对辉光大致上有两种看法：某种粒子或电磁波。英国人普遍认为是某种粒子，而德国科学家则认为是电磁波的居多，其中就包括赫兹。两国科学家似乎本能地选择对立，也许英国人和德国人在科学上的裂痕比我们想象得要深，这都是牛顿与莱布尼茨那场纷争落下的"病根"。

赫兹用阴极射线做过实验，他把整个阴极试管置于磁场中，发现绿色辉光会偏转，但是他没有对此下一个定论。汤姆孙巧妙地修改了这个实验，在阴极射线前加了个磁场，并在磁场前面加了个带刻度的荧光屏

（图 6.1）。改变磁场的强度、测量荧光屏上的粒子的位置，就可以计算出这个粒子的荷质比，即带电量与质量的比例。

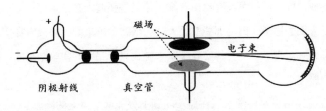

图 6.1　汤姆孙电子实验

通过计算荷质比，汤姆孙得出这是一种新粒子，带负电，质量远小于原子。这个粒子是从哪来的呢？汤姆孙认为，高压电使得原子中带负电的粒子溢出，所以原子是可分的。1897 年 4 月，汤姆孙以《阴极射线》为题作了研究报告，申明发现了比原子更小的粒子，因为带电，所以汤姆孙将其命名为"电子"。实际上，几乎与汤姆孙同时，德国物理学家考夫曼（1871—1947）也得到了荷质比数，但是他并没有往新粒子方向上思考，因此这份荣耀只能让汤姆孙独享了。汤姆孙因发现电子而获得 1906 年的诺贝尔物理学奖。

就这样，原子被汤姆孙先生打开了。请问先生："原子里面是什么样的？生的还是熟的？红的还是白的？液体还是固体？"

汤姆孙先生看了看，冷静地回答说："对不起，我打开的可能是个蛋糕，一个奶油布丁加葡萄干的蛋糕"（图 6.2）。

图 6.2　汤姆孙电子模型

汤姆孙认为原子内部的物质是带正电的，均匀分布在一个原子区域内，物质上面镶嵌着一些带负电的微粒，也就是电子。电子的质量比原子小很多，只有后者的千分之一左右。每个电子受到激发后会离开原子，产生阴极射线。这个模型好像一块葡萄干蛋糕，因此被称为"葡萄干蛋糕原子模型"。

电子的发现揭开了千年的原子谜题，也酝酿着新的科学风暴，但当时的科学家们对两年前伦琴（1845—1923）所发现的 X 射线更感兴趣，研究的内容依然占据着头版头条，使得人们对电子模型的讨论并不那么激烈。而我们的故事也将原子模型暂时放一放，去讲述物理学上空的另外一朵乌云。读者朋友，你一定还记得 20 世纪初的两朵乌云，第一朵乌云最终稀拉哗啦地下起了相对论的雨，那么第二朵乌云是否会消散呢？

X 射线

1895 年的某天，德国物理学家伦琴如往常一样研究阴极射线，为了防止外界光线对阴极射线的影响，他用一个黑色的套子套住了阴极射线的玻璃管。当他切断电源的一瞬间，意外地发现一米见外的工作台上有闪光。闪光的是一块荧光板，荧光板上涂有氰亚铂酸钡（俗称亚铂氰化钡），这种物质遇到强光就会发出荧光。荧光板发光会不会是阴极射线导致的呢？肯定不是，因为阴极射线的作用只有几厘米，所以荧光板发光必然是受某种神秘的物质照射所致。伦琴做了很多实验，发现这种神秘物质在磁场中并不偏转，还可以穿透金属。他意识到这是一种人类尚未知晓的新射线，因此称为"X射线"[1]。

伦琴将自己的发现告诉夫人，但夫人不太相信，于是伦琴用X射线拍了一张夫人手骨头的照片。没想到，这张照片引起了科学界巨大的震动，一时间科学家们纷纷开始研究X射线。伦琴的很多朋友建议将此命名为"伦琴射线"，但伦琴坚持命名为X射线。1901年，伦琴成为历史上第一个诺贝尔物理学奖得主。

由于当时人们对X射线认识不足，并不知道X射线会伤害人体细胞，甚至导致癌变，贵族们经常用X射线拍摄自己的骨骼系统和内脏。伦琴意识到了这点，所以他倡导用铅隔离来安全使用X射线。1923年，伦琴死于癌症，很难说这与X射线没有关系。

随着科技的进步，人们证实了X射线是一种电磁波，所以也称为"X光"。X光应用非常广泛，医院里经常用X光拍摄病人的骨骼。

6.2　量子之门

1900年的物理学总会让人类"沾沾自喜"，力学、电磁学、热力学和统计力学都有了长足的发展，那是一个最美的时代，因为人不会因"不知道自己不知道"而感到烦恼，几乎所有人都认为物理学是一个差不多快要竣工的大厦，只是大厦上空还飘着两朵小小的云彩而已。

---

[1] X在英语中有未知的意思。

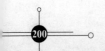

第二朵乌云说的是热辐射。热传递有三种方式：热传导、热对流和热辐射。比如泡了一杯茶，很烫手，这是热传导；往杯子里面兑点冷水，就是热对流。现在可以一边享受阳光一边喝茶了，晒太阳便是热辐射的一种。

三种热传递中，热辐射与分子无关，所以是最复杂的。1792 年，著名的陶瓷制作人韦奇伍德（1730—1795）发现了材料颜色与温度之间的关系：当温度升高时，材料的颜色从红色渐渐变成黄色，再渐渐变成白色。这一发现渐渐地诞生了黑体辐射理论。

火与颜色

在生活中，有些物质燃烧有火焰，有些物质燃烧没有火焰，这是怎么回事呢？我们以蜡烛为例，蜡的沸点比较低，在吸热后先液化进而汽化，挥发到空气中与氧气结合，燃烧起来。分子温度继续升高，微粒的颜色发生变化，也就形成了火焰。并不是所有的物质燃烧都有火焰，比如炭，炭的燃点比沸点低，所以燃烧时炭没有汽化，也就没有火焰。木头燃烧为什么又有火焰呢？因为木头的成分比较复杂，燃烧时产生的水蒸气和其他微粒挥发到空气中，我们看到的火焰就是由这些微粒产生的。所以，我们可以简单总结一下：物体温度升高到一定程度就会发光，而火焰是微粒发光的外在现象。

发光的物体我们称为光源，不发光的物体是不是就没有热辐射呢？实际上，只要温度大于 0K（绝对温标）的物体，都会产生热辐射，只是辐射的光（电磁波）不在可见光范围内，比如动物会辐射红外光，但肉眼看不见，要借助红外成像仪才能看见。

我们再简单总结一下：每个物体时刻都在辐射电磁波，也在吸收电磁波。

我们知道，黑色物体之所以是黑色的，是因为它吸收了所有的可见光，但并非吸收了所有的电磁波。能吸收所有照射到表面的电磁波的物体称为"黑体"，每个物体的吸收率不可能是100%，因此黑体是不存在的，但基尔霍夫反其道而行之，提出一个理想化的"绝对黑体"模型。

如图6.3所示，腔体内部的电磁波无法反射出去，可视为吸收了所有的电磁波。腔体温度不断升高，光的颜色随之变化，它所辐射出来的光就叫作"黑体辐射"。黑体辐射应用非常广泛，比如炼铁的炉子就可以看成近似的黑体，可以根据它辐射出来的颜色来测量其温度，同样也可以通过观测恒星的颜色来估算恒星的温度。

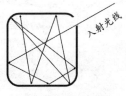

入射光线

图 6.3　黑体辐射

19世纪中叶，西方工业发展迅速，铁的需求量激增。法国与德国交界的地方有片叫洛林的地区，此地有丰富的铁矿。洛林本是一个独立的王国，后来主权不断更替，一会被法国占领，一会又被割让给德国。1871年，普法战争后，法国战败，将洛林割让给德国。德国人不让洛林人继续学法语，《最后一课》便是在这样的历史背景下创作的。洛林被德国占领后，德国人迫切需要黑体辐射的理论来改善冶铁技术。1896 年，德国物理学家维恩（1864—1928）从热力学出发，结合实验数据，给出了一个经验上的黑体辐射公式，后来称为"维恩公式"（图 6.4）。

几乎与此同时，英国物理学家瑞利（1842—1919）从统计力学出发，推导出"瑞利公式"，该公式后来经过英国物理学家金斯（1877—1946）修正，所以称为"瑞利—金斯公式"（图 6.4）。

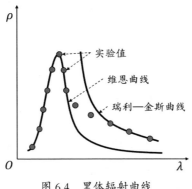

图 6.4　黑体辐射曲线

两条曲线都与实验值有很大的出入。维恩曲线在短波处（频率高）与实验相符，但在长波处（频率低）与实验不符。瑞利—金斯曲线正好相反，当波长小于紫外线波长时，其能量密度趋向无穷大，也就是说，此时黑体辐射的能量能瞬间秒杀任何能量源带来的能量，所以称为"紫外灾难"。为什么会不一样呢？要知道，这两个公式都是依据现成的物理理论推导出来的，如果出现错误，可能会牵一发而动全身。这便是开尔文说的第二朵乌云。

第一位尝试对第二朵乌云进行阐释的是德国物理学家普朗克（1858—1947）。普朗克出身于书香门第，他的曾祖父和祖父都是神学教授，父亲和叔叔都是法学教授。在家庭环境的熏陶下，普朗克似乎没有理

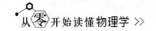

由不成材，然而他在科学的道路上并非平步青云。

16岁时，普朗克对物理学产生了浓厚的兴趣，并决定投身物理学。他的物理学老师却毫不留情地给他泼了盆冷水："这门科学中的一切都已经被研究了，只有一些不重要的空白需要被填补。"这是当时物理学界普遍的观点，开尔文就曾说过"未来物理学要在小数点后六位上研究"。那时正值第二次工业革命，很多有才华的人转投工程研究，或者发明某个有实用性的东西，然后申请专利、开公司、赚大钱，比如美国的爱迪生、瑞典的诺贝尔等。不过，普朗克的回答倒很云淡风轻："我并不期望发现新大陆，只希望理解已经存在的物理学基础，或许能将其加深。"1877年，普朗克转学到了柏林，在那里他遇到了两位著名的物理学家赫尔姆霍兹和基尔霍夫。这两位物理学大师曾经在热力学方面作出了杰出的贡献，热力学也成为普朗克主攻的方向。

常言道：没有机遇，才华等于白纸。普朗克不幸被老师言中，虽然才华横溢的普朗克贵为教授，但基本上是"没有很大建树"地从青年熬到了大龄青年，又从大龄青年一路熬到了大龄中年。此时大龄中年普朗克开始研究黑体辐射，机遇终于到来，谁让他的数学功底属于"难自弃"级别呢！

1900年秋天，他重新审视了维恩公式的推导过程，发现如果在里面稍微改变一个表达式，就能得出与实验相符的公式，但是他却不明白背后的物理含义。经过一个月的努力，他将其理解为黑体所辐射的能量是一份一份的，每份与频率成正比，即$E = h\nu$（E为能量，h后来被称为"普朗克常数"，ν为频率）。

在1900年12月的年终例会上，普朗克发表演说，激动地向人们阐述要从理论上得出正确的辐射公式，就必须假定物质辐射（吸收）的能量不是连续的，而是一份一份的，且只能是$h\nu$的整数倍。量子物理之门由此打开。

什么是量子？

小普："问你一个问题，2 和 4 之间有什么数？"

小克："3！这个问题真弱智。"

小普："错！2 和 4 之间有无穷个数。"

小克："你这个问题有什么意义？不过是文字游戏而已。"

小普："这并非文字游戏，而是一个很值得思考的哲学问题。古希腊时代的芝诺曾提出一个悖论：一个人从 A 点到 B 点，那么他首先要经过 AB 的中点 C，同理，他要先到达 AC 的中点 D……这样无限分下去，会发现原来中点就在脚尖。所以，芝诺认为运动是不存在的，因为 AB 之间有无穷多个点，而在有限时间内通过无穷多个点是不可能的。"

小克："行了行了！我正在看《从零开始读懂物理学》这本物理科普书，我们又回到微积分的问题上来了！"

小普："好吧，我们抛开芝诺悖论和微积分，来看生活中的一些事例。假设有 3 个人合买 1 元钱的东西，每个人付款的金额是 1/3 元，这是一个无限循环小数，数学上没有错，但是现实生活中行不通，所以必定有一个人会多出那一分钱。"

小克："你想要说明什么？"

小普："说明测量一个事物必定是离散的，否则测量就没有意义。比如时间，我们可以用时、分、秒来量化。"

小克："秒不是时间最小的单位，我们还可以再分下去，有微秒、纳秒，只要测量够精确，就可以再分。"

小普："但是你永远都不能给我无限数字的时间。"

小克："这只是为了数学处理方便，你不能否认时间是连续的。"

小普："时间并不是连续的，任何时间间隔都不能小于 10^{-43}s。"

小克："为什么会这样呢？"

小普："这就是量子物理带来的结果，不仅时间，能量也不是连续的。我们打个比方，水流是连续的，但是如果人能不断缩小，就会看到水分子，而水分子是离散的。如果我们将水流看成长度，那么长度最终也是离散的。"

小克："这个我能理解，但是时间、能量都不是连续的，实在让人匪夷所思！"

小普："那就请继续看《从零开始读懂物理学》吧！"

与小克一样，当时的科学家们对普朗克的理论感到"三观尽毁"，但最终还是往"数学的一种处理方式"上思考，包括普朗克本人，因此量子理论并没有引起太多关注。实际上，作为"量子物理之父"的普朗克对这个"不肖子"十分反感，以至于多年后的普朗克一直在为改造它做着努力，但"为人父母"总会把自己的"孩子"往好处想。1906 年，普朗克提出"对应原理"：当普朗克常数在某个算式中可忽略不计时，量子理论与经典理论是统一的。

1903 年，洛伦兹开始关注普朗克的公式，得出的结论是量子物理与经典物理之间有着无法调和的矛盾，但并没有深究。洛伦兹是第一位获得诺贝尔物理学奖的理论物理学家，在物理学界拥有很高的声望，他的论断狠狠地为量子物理推广了一把，让量子的风吹到了瑞士伯尔尼专利局的一个小职员的耳朵里。

爱因斯坦敏锐地觉察到能量子背后的物理性质，既然黑体辐射的公式从热力学出发，那么他将黑体辐射与经典气体作类比，重新思考 $h\nu$ 的变化由来。经典气体是由一种叫"分子"的微粒组成的，爱因斯坦发现如果把黑体辐射中的"气体（电磁波）"看成是由一种叫"光子"的粒子组成的，每个光子的能量正是 $h\nu$，那么所有的问题都迎刃而解了。不过，这时的爱因斯坦还没有提出光子的概念，用的是"能量子"和"光量子"。

1905 年，爱因斯坦发表题为《关于光的产生和转化的一个试探性观点》的论文，试探着将光看成一种微粒。虽然光是一种波，但是在黑体辐射、光电效应等诸多问题上，爱因斯坦认为光的行为更像是一种粒子。为了解释普朗克的能量不连续，爱因斯坦还顺便把困扰物理学家多年的光电效应给一并解决了。

光电效应

最先记录光电效应现象的是赫兹，他用紫外线照射谐振的锌球时，发现产生的火花比没有紫外线照射时强很多（图6.5）。奇怪的是，红外线和可见光都达不到这样的效果。他只把这个现象写进了论文，并没有给出合理的解释。

图 6.5　光电效应

光电效应现象立刻引起了物理学者们的好奇，很多人把这个实验单独做了出来并证实了一些特性。

（1）光的频率小于临界值时，不会产生光电效应，只有频率大到一定程度才可以。

（2）光电效应和光的强度无关，即便很弱的紫外线也可以产生光电效应。

1899 年，也就是人类发现电子的两年后，汤姆孙也做了类似的实验，他在产生的火花上加了个磁场，在磁场后面加了个荧光屏……汤姆孙证实了光电效应溢出来的正是他两年前刚刚发现的电子。

为什么有的光可以打出电子，有的光不能呢？那是一个麦克斯韦的时代，是电磁波的时代，也是光的微粒说被赶出物理学的时代，从电磁波入手自然是再合适不过的。人们认为电磁波的能量会慢慢聚集，就像晒太阳一样，越晒越暖和。等到能量大到一定程度，电子就会溢出。但是又怎么解释临界频率以下的光照射一天（能量很大）也没见一个电子溢出，而临界频率以上的光即便很微弱也能轻松将电子打出来呢？

1903 年，赫兹的一位学生提出电子溢出是共振的结果，即紫外线的频率和极板上的电子发生共振，导致电子溢出，但仍然存在一个问题：电子的共振频率不可能那么多。若用比临界频率更大的光照射，随便什么光都能溢出电子，这个理论被他自己的实验否定了。

爱因斯坦在《关于光的产生和转化的一个试探性观点》的后半段，将能量子引入光电效应的解释中。

（1）电子溢出需要给它一个临界能量（A），当能量子的能量大于等于临界能量 A 时，电子就可以溢出，溢出的电子具有动能。

（2）当能量子小于 A 时，则电子不会溢出。

如此说来，光又成了微粒了！

再回顾一下人类研究光的历史，从开始的惠更斯的波动说一直被牛顿的微粒说打压，一百多年后，微粒说又被波动说彻底打败，直到没有人再相信光是微粒时，爱因斯坦又把微粒说请回来了。如此反复，不知道光有什么感想。

爱因斯坦只是向前迈了一小步，但这一小步需要巨大的勇气，因为"光是电磁波"在赫兹之后就已经盖棺论定了，光作为微粒实际上已经在人们心中"死去"。或许正因为如此，从 1900 年到 1905 年的 5 年时间里，没有人试图用微粒说去解释光电效应。初生牛犊不怕虎，敢于挑战原有理论正是年轻人的特长。纵观物理学史，大有见解的理论或假说大部分出自年轻人之手，这个圈子可能注定容不下太多的大器晚成的人。然而，此时的量子理论依然没有得到人们的足够重视——直到 1911 年，玻尔提出电子轨道模型。

6.3　电子轨道

再回到汤姆孙电子模型上来。

发现电子后，汤姆孙用 X 射线照射不同原子，计算出原子中的电子数，比如氢原子有 1 个电子、碳原子有 6 个电子等，这些无疑是正确的。不同原子中的电子是怎么排列的呢？他仿照布朗运动[①]，将小磁针插到木屑中，然后用磁体去观察小磁针的方向，最终得出一系列的分布图。站在今天的知识角度，汤姆孙的方法无疑是错误的。

怎样才是打开原子内部大门的正确方式呢？汤姆孙的学生卢瑟福（1871—1937）给出了精妙绝伦的答案。卢瑟福出生于遥远的新西兰，父

---

① 见 3.4 节。

亲是一名工人，家庭条件一般，但是不妨碍他在学习上成为个中翘楚，他顺利地度过了小学、中学、大学，又顺利地获得了剑桥大学的奖学金。据说当卢瑟福收到剑桥大学的录取通知书时，他还在挖土豆，于是扔掉手中的铁锹，激动地说："这是我挖的最后一个土豆！"

到了剑桥后，卢瑟福跟着汤姆孙学物理，却一不小心获得了 1908 年的诺贝尔化学奖，颁奖的理由是他对 α 和 β 射线的研究。

α、β、γ 射线

自基尔霍夫提出元素光谱理论之后，人类进入了发现新型元素的爆发期。1868 年，法国和英国的天文学家在观测太阳的光谱时，几乎同时发现了一种新的暗线，这种新线不属于任何当时已知的元素，只知道来源于太阳，所以就以希腊神话中的太阳神（Helios）命名，化学符号为 He，也就是氦元素。

自伦琴发现 X 光之后，科学家们常常用 X 光轰击金属。有些金属具有放射性，它们被轰击后，会产生速度很快、穿透性很强的带正电的粒子和带负电的粒子。由于当时人们认知不足，只将带正电的粒子命名为"α 粒子"、带负电的粒子命名为"β 粒子"。很快，科学家们证实了 β 粒子是电子。卢瑟福通过大量实验证明 α 粒子就是氦离子——失去了电子的氦原子。当时科学家们将离子归为化学研究范畴，因此卢瑟福获得的是化学奖，而不是物理学奖。获奖后，卢瑟福曾笑称"这是我一生中最绝妙的一次玩笑。"

γ 射线也是来源于放射性元素的裂变。1900 年，法国物理学家维拉尔（1860—1934）用阴极射线轰击镭元素，得出一种新射

线，这种射线不带电，能穿透较厚的铅箔，卢瑟福将其命名为"γ
射线"。1913 年，γ 射线被证实为电磁波。与 X 射线相比，γ 射
线具有更强的粒子性，也具有更强的穿透性。现代医学常用 γ 射
线进行定向放射治疗，俗称"伽马刀"。

　　获得诺贝尔奖后，卢瑟福到曼彻斯特大学任教，经常用 α 粒子做实验。
他发现当 α 粒子轰击薄金属片后会发生散射，根据散射的角度，汤姆孙电
子模型不能成立，但没有就此得出结论。第二年，他又指导学生做类似的
实验，这就是著名的"卢瑟福散射实验"。如图 6.6（a）所示，穿透力极
强的 α 粒子轰击金箔片，同时在圆盘上放置荧光屏，借以观察轰击后的 α
粒子的散射情况，实验结果如图 6.6（b）所示。

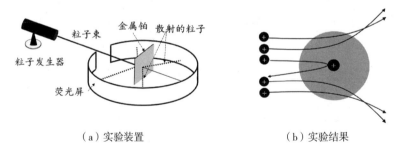

（a）实验装置　　　　　　　　（b）实验结果

图 6.6　卢瑟福散射实验

　　（1）大部分粒子都能通过金箔片，只有极少数粒子会在原子的正中
间发生散射，说明原子内部很空，而正中间有一个核。

　　（2）部分粒子方向发生改变，说明原子中间的原子核与带正电的 α
粒子相斥。因此，原子核也带正电。

　　（3）极少数粒子撞到了原子核被弹了回来，说明原子核体积非常小。

卢瑟福认为原子是由一个原子核和多个核外电子组成的，原子核带正电荷，正好等于所有核外电子的电荷总和，那么原子核和核外电子怎么共存呢？卢瑟福提出一个新的原子模型：原子的内部应该像太阳系一样，由太阳（原子核）和一群绕着太阳转动的行星（电子）组成，所以这个模型也被称为"原子行星模型"（图 6.7）。

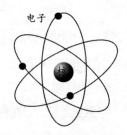

电子

图 6.7　卢瑟福原子模型

除实验中一系列眼花缭乱的操作外，得出的结论也是非常完美的：如果上帝创造了宇宙，那么肯定不会厚此薄彼，即便宏大如星系，微小如原子。

这个模型几乎成为近代科学的符号，经常出现在书籍封面中。图形确实好看，但是却不中用。因为不管在什么时候，哪怕是在吹牛皮，也必须坚信基本原子是稳定的，否则就没有皮，也没有牛，更不会有宇宙万物。在卢瑟福原子模型中，原子核对电子的库仑力确实可以充当电子圆周运动的"引力"，但是根据麦克斯韦的电磁理论，电子运动就会产生电磁波。电磁波是能量，也就是说，电子无时无刻不向外辐射能量，这就意味着电子的能量会越来越小，会越来越靠近原子核，最终坍缩到原子核上。实际上，如果电子真的要坍缩，在读完上述文字时，宇宙就已经不存在了，或者说宇宙根本就没有存在过。显然这个模型也不是成功的，但这个模型在物理学中非常重要，因为人类第一次认识到了原子核的存在。

在这种复杂的背景下，量子力学的绝对主角玻尔登上了历史的舞台。

　　玻尔（1885—1962）出身于丹麦的一个富裕的犹太家庭，父亲是大学教授，从小接受良好的教育。1903 年，18 岁的玻尔进入哥本哈根大学，主修物理。1911 年夏天，玻尔博士毕业，怀着远大的理想到剑桥拜访久负盛名的汤姆孙，成了剑桥大学的博士后。在汤姆孙的指导下，玻尔做了一些阴极射线的实验，也指出了老师的一些错误。汤姆孙非常谦逊地接受了玻尔的指正，但当时汤姆孙太忙，没有花太多心思与玻尔讨论，玻尔的工作一时间没有突破性的进展。

　　同年 11 月，从曼彻斯特来的卢瑟福到剑桥大学参加聚会。在会上，卢瑟福发表演讲，这次演讲让玻尔春风化雨，于是他决定追随卢瑟福。为了和卢瑟福见面，玻尔准备得相当充分，甚至请了卢瑟福的同事、玻尔父亲的生前好友作为引荐人。见面后玻尔才知道自己多虑了，卢瑟福没有丝毫的架子。卢瑟福和蔼可亲地告诉玻尔刚刚参加的第一届索尔维会议的一些情况，着重提到了普朗克和爱因斯坦等人对量子理论的贡献及量子物理的前景。卢瑟福很赏识玻尔的才干，于是他顺利进入了卢瑟福的科研小组，并留在曼彻斯特大学任教。

　　玻尔对原子模型很感兴趣，提出了很多重要的假说，例如，元素的性质取决于核外电子，从微观角度解释了当时令人困惑的化学反应问题。然而在物理学上，原子模型与经典电磁理论的矛盾依然让玻尔束手无策。当玻尔深入了解普朗克和爱因斯坦的量子学说时，他隐隐地感觉到把量子理论带入原子模型也许会有新的答案，但是量子不是想带就能带的，这就像老虎吃刺猬——无处下口。好在机会总是留给有准备的人的，1913 年 2 月的某天，玻尔的一位同事来访，谈话中提到了 1885 年瑞士数学家巴尔末[1] 的工作。玻尔茅塞顿开，高兴地说："就在我看到巴尔末公式的那一瞬间，突然一切都清晰了，它就像是七巧板游戏中的最后一块。"

_____

[1] 见 4.2 节。

自夫琅和费算起，人类研究光谱线差不多快一个世纪，但是始终知其然不知其所以然。瑞士人巴尔末也在"不知其所以然"中给出了氢原子光谱的离散公式，公式表示的是氢原子的谱线会出现的位置（谱线频率）和强度。玻尔经过大胆的假设和悉心的数学推导，改进了卢瑟福原子模型。

如图 6.8 所示，假设电子绕原子核运动，每个电子都在某个定态轨道上运动，其动能如普朗克的能量子一样，是量子化的。换言之，电子运动轨道不是随意的，它必须符合一定的条件。如果说卢瑟福的电子像汽车，那么玻尔的电子就是火车 —— 有特定的轨道。不过，玻尔的电子不完全是火车，因为电子间还可以相互"串门"（跃迁）。玻尔吸收了爱因斯坦光电效应理论的精华，认为电子在不同轨道之间跃迁和它们吸收或辐射的能量有关。当一次吸收的能量达到某个临界值时，它就会跃迁，从基态（最里面一层）跳到激发态上。因为吸收了光的能量，所以光谱中会出现暗线。同样，电子由高层级态跃迁到低层级态上，会释放出光量子，光量子的频率也正好与光谱中的暗线吻合。如果电子不跃迁，也就不会释放能量，自然也就不会坍缩到原子核中了。

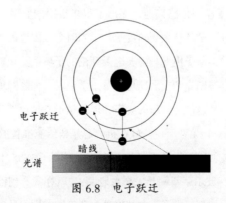

图 6.8　电子跃迁

如果玻尔模型正确，解释燃烧发光现象就容易很多了。当物质达到燃点后，物质温度升高，电子吸收能量，向激发态跃迁。但处在激发态的电子并不稳定，会向低能态或基态跃迁。跃迁过程中会释放出光子，也就有了光（图6.9）。

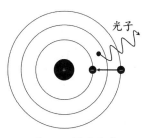

图 6.9　燃烧发光

1913 年，玻尔将新的原子模型写成论文。卢瑟福将其推荐给科学期刊，由于这篇论文洋洋洒洒达 200 页之多，所以分成 3 期，在同年 7、9、11 月的期刊中发表，史称"玻尔三部曲"。

玻尔的量子论模型在很大程度上解释了三十多年都没有办法解释的谱线问题，但也带来了新的问题。

（1）玻尔的出发点是氢的谱线，通常氢核外只有 1 个电子，超过 1 个电子的元素，玻尔模型就显得乏力。此外，即便是氢原子，玻尔模型只能解释谱线存在的位置，不能解释谱线的强度。尽管物理学强调简单模型的重要性，但是由简单到复杂是一个可累加的过程，而这正是玻尔模型所缺乏的。

（2）虽然解决了卢瑟福原子模型的电子不坍缩的问题，但只要电子绕核圆周运动，就会辐射能量，就会和经典电磁学产生矛盾，这是不可回避的现实。玻尔自然也意识到了这点，他认为讨论量子时就应该先把经典理论放一放，不要因此错过了后面的美好。好吧，放是放了，但美没了。在当时，有些迷恋麦克斯韦方程的物理学者认为一切不符合麦克斯韦方程

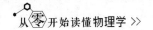

的电磁理论都是不可接受的 —— 麦克斯韦成功地将牛顿拉下神坛，没想到自己却被后人推了上去。

（3）玻尔的假设得到了老师卢瑟福的大力赞赏，但是卢瑟福也提出了一个致命的问题：一个电子从某个定态跃迁到另一个定态上，电子又是如何知道下一步将以什么频率绕原子核运动的？换句话说，当火车从一个铁轨换到另一个铁轨时，它怎么知道在新的铁轨上将要以什么速度运动呢？难道事先和"铁道部"打了招呼？如果是，就更可怕了，这就意味着电子是有意识的。

（4）多年后，同样是量子理论奠基人的薛定谔指出量子轨道的"可恶"之处：电子除特定轨道外，不能出现在其他任何位置，那么电子是怎么跃迁过去的呢？如果是瞬时的，那么电子跃迁速度是无穷大的 —— 显然不符合狭义相对论；如果是有速度的，说明电子完全可以处在特定轨道以外的位置上 —— 即便时间非常短。前后矛盾，玻尔理论根本无法自洽。

玻尔的量子轨道理论在物理学上出现了不可调和的矛盾，却在化学上取得了非常巨大的成功。在其后的十余年间，科学家们 —— 包括玻尔本人对原子的化学性质进行剖析，得出原子的化学特性主要来源于最外层的电子，但化学的成功不能掩盖物理学的种种矛盾，量子轨道模型将何去何从呢？

6.4 迷雾重重

诚如玻尔所言，不能因为经典理论就放弃量子理论的美好。我们不妨将经典理论放一放，看看量子理论到底有哪些美好之处。这段历史相当复杂，本节只选择一条主线 —— 塞曼效应。

1896 年，洛伦兹的学生塞曼（1865—1943）在实验中发现，当在钠原子外加一个强磁场时，它吸收光谱中的其中一条谱线增宽了。几天后，洛伦兹用经典电磁学进行了解释，他认为这是由于带电粒子（负电荷）在磁场中振动引起的，并预测在磁场平行方向上增宽的谱线会分裂成两条、垂直方向上会分裂成三条。第二年，塞曼用更精密的仪器证实了洛伦兹的预言。理论加实验验证是获得诺贝尔奖最好最快的方式，因此洛伦兹师徒二人共同获得了 1902 年的诺贝尔物理学奖，这也是诺贝尔物理学奖首次颁发给理论物理学家。

然而，美国物理学家帕邢（1865—1947）等人发现了更加复杂的现象：当加在原子上的磁场强度减弱时，谱线可能会分裂成两条或多条，人们称这种现象为"复杂塞曼效应"或"反常塞曼效应"。洛伦兹尝试用经典电磁学进行解释，但失败了。

1916 年左右，德国物理学家索末菲（1868—1951）为了解释包括反常塞曼效应在内的诸多物理现象，首次将相对论①引入玻尔的量子模型中，提出了修正的量子轨道模型，后被称为"玻尔—索末菲模型"。在介绍新模型之前，我们先来解释一些常用的物理知识。

常用的物理知识

如图 6.10 所示，扳手拧螺丝，手放在 A 点和 B 点，用的力是不一样的，说明对于圆周运动而言，力的作用效果与作用点到圆心的距离有关。物理学用力矩来表述，公式为 $M = r \cdot F$（M 为力矩，r 为质点到圆心的距离，F 为作用力）。通过上述公式可以看出，要说明一个质点的力矩，必须指明作用点到圆心的距离。

---

① 电子的速度很快，不能仿照经典理论做忽略处理。

图 6.10 扳手拧螺丝

一个被绳子牵引的小球，绕着圆心做圆周运动［图6.11(a)］。小球除方向外，其他的没有变化。与力矩一样，物理学用动量矩来表述，公式为 $L=r \cdot p$（L 为动量矩，p 为质点的动量）。假设该质点的质量为 m，速度为 v，变换后得出：

$$L=r \cdot p=r \cdot m \cdot v$$

动量矩又叫作"角动量"，角动量与力矩都是矢量。它们的方向用右手螺旋定则来定义，即四指与小球的运动方向一致，大拇指指的方向就是其矢量方向［图6.11(b) 和图6.11(c)］。

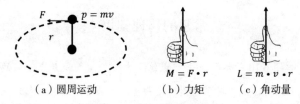

（a）圆周运动　　　　（b）力矩　　　　（c）角动量

图 6.11 力矩与动量矩

考虑一个圆盘，质量有轻有重，转动起来的效果是不一样的，物理学用转动惯量来表述。在圆盘上取一个质量为 m 的质点，它的转动惯量为：

$$J=m \cdot r^2（J \text{ 为转动惯量}，r \text{ 为质点到圆心的距离}）$$

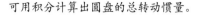

可用积分计算出圆盘的总转动惯量。

$$J=1/2m_0 \cdot r^2（m_0 \text{ 为圆盘的总质量}）$$

从公式可以看出，质量大、半径大的物体，转动惯量大，转起来也就不容易。这和质量大的物体的惯性大是一样的，所以转动惯量和质量类似。同样，力矩可以类比成力，角动量可以类比成动量。这三个量都是守恒的，比如一个行星，如果不受外力作用，将会永远自转下去；推动一辆自行车，手松开后，自行车依然会行驶一段距离才倒下，这些都可以用角动量守恒来解释。

考虑一个环形电流，它的面积为 S，电流为 I。假设将其置于强度为 B 的均匀磁场中，如果磁力线方向与环形垂直，环形电流会发生旋转，也就是产生了磁力矩，可用公式 $M=I \cdot S \cdot B$ 计算。假设 B 是一个检验磁场[①]，即 B 为 1 个单位，那么 $I \cdot S$ 可定义为该环形电流的磁矩，磁矩的方向也遵守右手螺旋定则（图 6.12）。

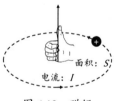

面积：S

电流：I

图 6.12 磁矩

有了上述知识，我们可以粗略地解释一下索末菲的量子化模型[②]。

（1）电子除主量子圆形轨道外，每层轨道还有亚层，这些亚层轨道是椭圆形的，比如第 n 层轨道之内有 $n-1$ 个椭圆亚层轨道。很显然，椭

---

① 参考 2.3 节的电场强度分析。

② 可参考下文的图 6.15——钠原子。

圆轨道也是量子化的。

（2）除轨道量子化外，索末菲还拓展了玻尔的角量子，即角动量量子化。一个电子绕原子核运动，产生角动量，对于 n 层轨道而言，电子的角动量只能取 $0,1,2,\cdots,n-1$ 这样的值，用 l 表示角量子。

（3）一个电子做圆周运动，相当于一个环形电流。假设它的角动量为 l，那么磁矩只能取 $0,\pm1,\pm2,\cdots,\pm l$ 这样的值，用 m 表示磁矩量子。

如此，根据索末菲的假设，现在有了 3 个量子数：n、l、m。其中，轨道量子数 n 很好理解；对于一个电子而言，它绕原子核运动，会产生角动量，角动量不是随意取值的，只能是"某个数值"[1] 的整数倍；电子运动会产生磁矩，假设将电子置于某个磁场中，它在磁场方向上的投影也是量子化的，即取值也是"某个数值"[2] 的整数倍。如果只考虑一个电子，l 和 m 似乎也很好理解，然而对于一个原子束而言，原子数目是难以计算的，就像气体分子一样，原子的状态也是随机分布的，所以电子产生的磁矩也应该是杂乱无章的，且总和为 0。此时在电子外部加一个磁场，磁矩的投影应该是连续的（图 6.13）。

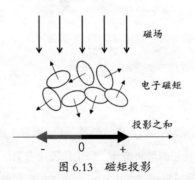

图 6.13　磁矩投影

---

① 该数值称为"约化普朗克常数"，用 $\hbar$ 表示，读作"h 拔"。$\hbar = h/2\pi$，其中 h 为普朗克常数。

② 该数值称为"玻尔磁子"，由玻尔推导出来，也是常数。

　　然而，按照量子化理论，磁矩在任何磁场方向上的取值都是量子化的，也就是说，如此多的电子，它们的磁矩只能取某个值的整数倍。完全不符合逻辑，但事实就是如此。实际上，磁矩量子并不来自电子的热运动，而是电子的一种内在属性。

　　为什么会造成这一现象呢？因为电子的行为就是这样，用现有的理论只能这样去处理。打个比方，一个火柴盒，我们永远无法进去参观，只知道里面藏了一个动物。突然里面传出了"哞"的声音，我们只能认为里面藏了一头牛（图6.14）。尽管听起来匪夷所思，但道理是差不多的。若要追问牛是怎么进去的？不知道，这只能是火柴盒的内在属性。

图 6.14　匪夷所思的量子力学

　　玻尔—索末菲模型确实能解释不少物理现象。在一些反常塞曼效应中，当在钠原子上加了磁场后，磁矩有 0、±1 三个取值。因此，谱线可以分裂成三条。此外，玻尔—索末菲模型在解释原子的化学性质上也取得了非常大的成功，还诞生了"泡利不相容原理"。

泡利不相容原理

　　在原子中，参与化学反应的电子称为"价电子"。一般情况下，价电子为最外层电子，除去价电子的剩余部分称为"原子实"。迄今为止，在所有原子中，人类只发现了 7 个电子层，用 1~7 表示，每个电子层都有亚层，用 s、p、d、f、g 表示。比如钠原子，它的原子结构是 $1s^2\,2s^2\,2p^6\,3s^1$，即钠原子的所有电子分布在 1~3 层上，第一层上有 2 个电子；第二层上有 8 个电子，其中 s 亚层上有 2 个电子、p 亚层上有 6 个电子；最外层上有一个电子（图 6.15）。钠的化学性质主要来源于这个最外层电子。

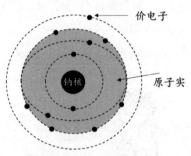

图 6.15　钠原子

金属中电子移动形成电流，移动的也是价电子并非所有的电子。那么，电流的速度是多少呢？也是光速，尽管电子在原子间的移动速度达不到光速，但是电势场的速度是光速的。当电线通电后，整个电场以光速传播，电线的每一处电子都随着电势场移动，因此整条电线的电流速度是光速的。

索末菲的学生泡利（1900—1958）在原子结构上作出了非常大的贡献。泡利出身于奥地利的一个犹太裔家庭，从小对物理学有浓厚的兴趣。中学毕业后，泡利就发表了关于广义相对论的论文，顺利进入慕尼黑大学，他的博士导师正是索末菲。1921 年，泡利获得博士学位，随后去往哥廷根大学，在波恩[1]（1882—1970）手下当了一年的助教。波恩也是一个犹太人，他的父亲是大学教授，受家庭影响走上了科学道路。1914年，波恩去柏林大学任理论物理学教授。那时爱因斯坦正在柏林大学，两人结下了深厚的友谊。在量子的故事里，波恩也是一位绝对的主角。

1925年，在分析了诸多原子实验结果后，泡利提出了不相容原理：在一个原子中，最多只有两个电子的n、l、m是相同的。这一理论后来成为量子理论的基石。在爱因斯坦的提名下，泡利因此获得了1945年的诺贝尔物理学奖。

相比成就，泡利的个性更让人难忘。一方面，他是一位完美主义者，一眼就能看出问题所在，且言辞犀利、毫无顾忌，却又能不乏幽默地表达出来，玻尔称他为"物理学的良知"。每当物理学家们在某个问题上模棱两可时，总会征求一下泡利的意见，以至于在泡利去世后，物理学家们还在感慨："要是泡利还活着，不知道他会有什么高见。"另一方面，假设将不会做实验定义为零，那么泡利的实验水平绝对在零刻度以下——他经常给实验室带来灾难性的破坏，他的老师和同学都戏称这为"泡利效应"。为了阻止泡利效应，在做一些重大的实验时，实验室老师会禁止泡利进入实验室。有一次实验考试，索末菲为了让泡利不影响实验室，干脆让他直接通过。还有一次，哥廷根大学实验室发生事故，不明真相的观众第一时间联想到泡利，然而泡利却有十足的不在场证据。后来实验室负责人写信给泡利，说他总算无辜了一回。泡利算了算日子，笑着说："那天我乘火车从苏黎世到哥本哈根去，可能与我在哥廷根的火车站的月台上逗留了一会有关。"

---

[1] 本书采用大多数经典书籍的翻译，将Born翻译成波恩，将Bohr翻译成玻尔。

玻尔—索末菲模型是否正确呢？德国物理学家施特恩（1888—1969）和盖拉赫（1889—1979）决定用实验去验证它。起先，施特恩与当时的很多物理学家一样，对玻尔的轨道理论"深恶痛绝"，他曾半开玩笑地说："如果玻尔的无稽之谈是正确的，那么我们就再也不要搞物理了。"后来随着爱因斯坦等人加入量子轨道的讨论中，施特恩的态度发生了一些转变。在模棱两可中，他决心用一个实验来取舍量子理论与经典理论。

如图6.16所示，银原子束从发生器出发，经过加速，进入不均匀磁场，最终到达观测屏。这个实验看似简单，却很难实现。首先是发生器的温度，温度不能太低，低了银原子不能挥发；温度也不能太高，高了会让玻璃熔化。其次，不均匀磁场要放在一个高度真空的试管中，随时有爆炸的风险。施特恩为此几乎住在了实验室。功夫不负有心人，1921年，施特恩取得了丰硕的成果。

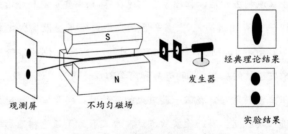

图 6.16　施特恩—盖拉赫实验

如果经典理论正确，那么原子束将会和气体分子一样，呈线状分布；如果量子理论正确，那么原子束受内在磁矩的影响，最终会分裂。而实验结果是银原子束分成上下两条，也就是说，玻尔和索末菲是正确的。盖拉赫还将这一好消息写信告诉了玻尔，然而仔细分析，结果与理论仍有很大的出入。在玻尔—索末菲模型中，磁矩取值 -1、0、+1，所以银原子束应该分裂成三条，而不是两条。怎么会少了正中间的那条呢？一时间，物理学大师们找不出任何答案。

施特恩与盖拉赫

　　施特恩—盖拉赫实验是量子学史上非常重要的实验，也让施特恩获得了 1943 年的诺贝尔物理学奖，青史留名。施特恩是一个犹太人，1912 年，他结识了爱因斯坦，跟在爱因斯坦后面学习了几年，所以施特恩很幸运地成为爱因斯坦的第一个学生。爱因斯坦并不擅长实验，他的大部分实验都是在脑海里完成的，而施特恩是一位非常棒的实验物理学家。第一次世界大战时，他在法兰克福大学任讲师，"一战"结束后，该大学迎来了一位新实验室主任波恩，施特恩又很荣幸地成为波恩的助手。

　　施特恩一直想验证玻尔—索末菲模型，并把实验的思路告诉了波恩，但波恩不认为这种实验有价值，因为原子内部的量子化只是猜测（参考图 6.14），意味着什么人类暂时还无从知道，或许只是一种计算电子的数学方法。尽管如此，波恩依然为他的实验筹备经费。要知道，德国在"一战"中作为战败国，整个国家经济陷入困境，拿钱出来是很困难的。波恩用讲座、稿费、找商人出资等手段挣钱，来资助施特恩。

　　盖拉赫就没有那么幸运了。他是德国人但不是犹太人，并最终参加了纳粹组织，这不仅让他错失了 1943 年的诺贝尔奖，连在这个实验中的工作都缺少记录。除冠名外，很多书籍只介绍了施特恩是如何努力辛苦地完成实验，而对盖拉赫只字不提。1945 年，盖拉赫被盟军逮捕，拘押在法国与比利时，在拘押期间还曾

协助美国进行曼哈顿计划。1946 年，他获释后重返德国，依然从
事科研与教育工作。值得一提的是，战后的他积极反对核武器，
拒绝在西德关于重整核武器的军备宣言上签字。

不久后，这个问题被两个无名少年解决了。荷兰物理学家乌伦贝克
（1900—1988）和高斯密特（1902—1978）在得知施特恩—盖拉赫实验后，
提出"电子自旋"的假说。我们知道电子绕核旋转，会有磁矩，电子本身
是带电的，自旋后，也会有磁矩，银原子在不均匀磁场中的偏转正是电子
自旋所导致的。当他们把这一想法告诉导师后，导师不置可否，只觉得这
个想法很重要，要求他们写成论文，但是他们二人对此理论信心不足，只
简单地写了一篇，交了上去。

此时的洛伦兹已经退休，只在周一的时候走上大学讲台，其余时间
都生活在荷兰北部的一个小镇。乌伦贝克和高斯密特专程拜访洛伦兹，
想征求一下他的意见，和蔼的洛伦兹欣然应允，但是要想几天才能回答。
随后洛伦兹从经典理论计算得出，如果电子自旋所产生的磁矩达到实验
的效果，那么电子表面的速度将远超光速 —— 显然与狭义相对论相悖。
乌伦贝克和高斯密特为犯了如此低级的错误感到十分羞愧，并写信要求
老师拿回他们的论文。老师回信说他早就把论文寄出去了，也许现在都
已经发表了。

论文发表后，竟意想不到地得到了很多人的支持，其中就有玻尔。
玻尔激动地说："想不到如此棘手的问题，竟然被电子自旋解决了。"作
为新量子物理的创始人，玻尔始终把量子理论拿捏得非常准确。当然也有
反对的声音，比如泡利，他给出了最严厉的批评，称"一种新的邪说被引

进了物理学"。

　　实际上，电子自旋的思想早就有人提出过。当泡利提出不相容原理后，美国物理学家克罗尼格认为应该还存在新的量子化维度 —— 第四自由度，让原子内的每个电子都"独一无二"，而不是"最多只有两个"。但是他无法从理论上得出电子本身的磁矩，即自旋磁矩，于是克罗尼格写信给泡利。泡利犀利地回答道："你的想法不错，但是大自然不喜欢它。"其实泡利也想过电子自旋磁矩，但是直觉告诉他要建立量子理论就应该彻底放弃经典理论，不能无止境地模仿和类比。不过两年后，泡利最终还是接受了电子自旋说，并把它纳入自己的不相容原理之中。

　　既然自旋正确，又该怎么解释速度超越光速呢？实际上，自旋并非经典理论中的绕轴旋转，它也是电子的一种内在属性。还是那个比喻，如果火柴盒里传出了牛的叫声，我们就认为里面藏了一头牛，而不必考虑牛是怎么进去的，因为现在讨论的是量子物理，而不是经典物理。

　　自旋？应该怎样自旋呢？电子旋转会产生磁矩，磁矩应该满足以下两点。

　　（1）银原子被分裂成上下两束，所以自旋磁矩有两个量子数，且绝对值相等。设这两个原子束的量子数为 x 和 y，可得 $|x| = |y|$。

　　（2）相邻两个量子数的差值为1，即 $|x| - |y| = 1$ 或 $|x| - |y| = -1$。

　　不难计算出 x 和 y 分别为 $\pm 1/2$，即半整数的量子数。关于半整数的量子数，我们先来看看整数的量子数（图 6.17）。

自旋为0　　自旋为1　　自旋为2　　自旋为n

图 6.17　自旋

（1）自旋为 0，旋与不旋都一样。

（2）自旋为 1，旋转 360°，回到原来的位置。

（3）自旋为 2，旋转 180°，与原来一样。

（4）自旋为 n，最常见的如正 n 边形。

以此类推，半整数自旋就是旋转两圈（720°）回到原来的位置。如何理解呢？这里只能引用物理学家费曼的比喻：伸出左手，旋转 360°，手确实和刚开始一样，但是很不舒服，那就再反转 360° 吧，这就是 1/2 自旋了。费曼只是作了一个比喻，实际上我们没有办法从经典思维里找到描述量子理论直观的图像。

量子数本来是美丽的整数型，现在又出现了分数，总是让人感觉不完美，所以半量子数在早期也遭遇了一些质疑，其中就有泡利，但泡利最后还是理性战胜了感觉。那么，有了 1/2，是否还有 1/4、1/8……呢？不会的，因为相邻量子数之间的差值必须为 1。

冲破了重重迷雾，确实发现一番美好。不过，此时的量子理论依然比纸薄、比梦轻，一碰就"碎"。

6.5　矩阵力学

玻尔的轨道模型确实解决了很多问题，但是电子的轨道究竟在哪呢？尽管将原子类比于太阳系，但是地球确实绕着太阳转，有春夏秋冬为证。电子的轨道有谁见过？有实验验证过吗？显然没有，所谓的电子轨道，不过是人们在经典理论下的类比罢了。这是很危险的，因为人们一旦虚设了模型，往往会把这个模型紧紧地套在实验数据之上，让人难以看清庐山真面目。这好比我们为了解释某种想象，假设了一口井的模型，但它的本来面目可能是一个烟囱。

　　首先对电子轨道质疑的是海森堡。海森堡（1901—1976）出生于德国，19 岁时进入慕尼黑大学，跟随索末菲学习物理，与泡利结下了深厚的友谊，1923 年获得博士学位后，受波恩邀请去哥廷根大学担任波恩的私人助教，一年后获得任教资格。1926 年，海森堡前往哥本哈根大学，成为玻尔研究所的一员。

　　海森堡是一位经验主义者，在他看来没有什么比实验数据更为重要了，而物理学也应该在直接的、可被测量的数据和观察到的现象中建立数学模型。火柴盒里传出了牛的叫声，既然牛进不去，那么不必先假设里面有一头牛，而应该分析声音的大小和频率。同样，电子位置与轨道不可测量，但可以根据原子光谱中的强度、暗线频率来确定电子的广义坐标。

　　经过一番努力，海森堡建立了电子的坐标集，以此推导出电子的动量、势能、动能、角动量等数集。令人奇怪的是，数集之间的运算不满足乘法交换律，称为"不对易性"。不对易是非常危险的，要知道乘法符合交换律就像太阳从东边升起一样，是不容置疑的。对于这样的运算，海森堡没有十足的把握，于是把草稿整理好寄给了波恩，并对老师说："如果它没有价值，请把它烧了吧！"波恩一眼就看出了文章的重要性，并整理好寄给杂志社发表。

　　然而，波恩对数集的运算不太懂，也为不满足乘法交换律而感到不安，只觉得这种东西在什么地方见过。终于，他回想起当年在大学里学的矩阵，而海森堡的数集正是矩阵的一种。矩阵在当时属于纯数学理论，它的运算并不具有实际物理意义。波恩本想从物理意义出发推演矩阵的运算，但是很吃力，于是他想到了数学最好的泡利。泡利还是一如既往的犀利，称它为"冗长和复杂的形式主义"，然后拒绝了波恩的邀请。不久，波恩外出访学，在火车上跟别人讨论矩阵运算时，随行中一个叫约尔当[①]（1902—1980）的年轻人站出来说自己也研究过矩阵运算，愿意当波恩的助手。波恩喜出望外，随即与约尔当合作，不久二人共同发表了论文《论量子力学》。在论文中，波恩和约尔当先用大量篇幅阐述了矩阵的运算及背后的含义，然后将海森堡的计算方法进行推广，最后推算了不对易运算后的差值范围。之后波恩与约尔当继续研究，并通过信件把已经去哥本哈根工作的海森堡吸纳进来，三人合作发表《论量子力学Ⅱ》，建立了量子矩阵力学。

由于能恰如其分地表达量子的离散特征，矩阵力学自问世便赢得了一片赞许之声。爱因斯坦向来眼光独到、语言幽默，他直接称赞道："海森堡下了一个巨大的量子蛋。"玻尔称赞海森堡的成就是巨大的，并说："力学与数学相互促进的时代开始了。"此时的泡利改变了自己的看法："海森堡的力学让我有了新的热情和希望！"不久后，泡利成功地将矩阵力学应用到了氢原子光谱的研究中。

矩阵力学创造了量子理论史上前所未有的光辉，海森堡也因此获得1932年的诺尔贝物理学奖。令人遗憾的是，一路为矩阵力学披荆斩棘的波恩却没有获奖，波恩认为这是对他工作的否定，对此伤心不已，尽管如此，他依然写信给他最喜欢的弟子道贺。海森堡回信道："这是我们三人的工作，现在却只有我一人获奖，让我惭愧不已。"好在天道公平，波恩因概率波理论获得了1954年的诺贝尔奖，爱因斯坦写信向这位老友道贺，波恩回信说自己依然没有办法对落选1932年的诺贝尔奖释怀。尽管约尔当同样功不可没，但是自从他加入纳粹之后，就彻底与诺贝尔奖无缘了。

---

① 英文为Jordan，又译成乔丹或约当。

沉默的狄拉克

1925 年 6 月，当海森堡把矩阵力学的文章寄给了波恩后，就匆匆去往剑桥。讲座时，席间坐着一位叫狄拉克的青年。刚开始，狄拉克对海森堡的计算方法不感兴趣，但矩阵运算的不对易性还是吸引了他。此后的几周，狄拉克做了大量的工作，并告诉海森堡这种数学和分析力学中的泊松括号非常相似。基于这项发现，狄拉克发展了量子力学，并凭此获得了博士学位。在整个量子物理学史上，狄拉克也是一位重量级人物。在这次讲座之后，狄拉克与海森堡成为挚友。

狄拉克（1902—1984）出生于英格兰，他的父亲是法语教师，只允许孩子们讲法语。狄拉克不愿意讲法语，于是选择沉默不语，久而久之养成了沉默寡言的性格。狄拉克的沉默是非常有名的，在剑桥大学有个笑谈：狄拉克平均一个小时说一个字，于是他的同学便把字 / 时定义为 1 狄拉克。

关于狄拉克的沉默有非常多的故事。有次他和海森堡一起去日本，在轮船上，海森堡邀请狄拉克一起参加舞会，说："看！那么多好女孩，我们和她们一起跳舞吧！"狄拉克沉默了足足有 5 分钟，问道："你是怎么做到在和她们跳舞之前就知道她们是好女孩的？"还有一次，他和费曼等人一起讨论量子场论，费曼等人滔滔不绝，临了问狄拉克有什么看法，狄拉克沉默良久说："我想上趟厕所。"

狄拉克是一位完美主义者，在他看来，一切优美的东西都要用优美的数学表达，就像麦克斯韦方程组一样。所以，在他的著作中，总能看到他用优美的方程来阐述问题。1930 年，狄拉克编写了《量子力学原理》一书，言简意赅，被杨振宁先生称为"秋水文章不染尘"。狄拉克甚至认为数学完美的表达超过其物理含义 —— 在这点上，玻尔与之相反。

　　故事再回到 1926 年，海森堡一直对矩阵不符合乘法交换律念念不忘，这是怎么导致的呢？海森堡想到了一个思维实验：假设有个能发出 γ 射线的显微镜，γ 光子打到电子上会发生散射，根据散射的角度便可确定电子的位置，然而 γ 光子打到电子上势必会让电子运动起来，产生额外的动量。如果想让 γ 光子对电子的影响减小，则需要减小光子的频率，但频率减小，散射的角度就会变小，电子位置的测量值就会不精确。

　　这就好比拿一个水银温度计测量一滴水的温度，温度计势必会对水的温度产生影响，为了消除或减弱影响，我们可以缩短温度计与水接触的时间，比如刚挨上就拿走，但如此测量，温度肯定不准确。然而，把一滴水换成一盆水就没有这样的烦恼了，因为温度计对一盆水的影响是可以忽略不计的。经典电磁学章节中提到的检验电荷也是如此，这样的测量方式在经典理论中是成立的，却在量子理论中遇到困难，因为要想测量单个电子的位置就如同测量一滴水的温度，而我们无法做到将温度计缩小到忽略不计的程度。

　　很明显，量子物理中存在测量不准确的情况，所以称为"测不准原理"[1]。那么，能同时测量电子的位置与动量吗？显然不能，因为在任何量子实验中，对任何物理量的测量都会导致另一个物理量的不确定性。海森堡敏锐地感觉到位置的误差 Δx 与动量的误差 Δp 的乘积会不小于约化普

------

[1] 通常翻译成不确定原理。

朗克常数 [①] 的一半，即：

$$\Delta x \Delta p \geqslant \hbar / 2$$

　　问题来了，误差在测量中是不可避免的，只要不断提高仪器精度就可以无限接近真实值，测不准原理是否也是因为仪器不够精密导致的呢？显然不是的，测量电子需要 γ 光子，我们还能找到比 γ 光子更小的微粒吗？即便找到了，又该如何测量这个新微粒呢？

　　测不准原理看似简单，但牵涉了太多的哲学问题。什么是测量？测量是人对客观事物的量化认识，它并不能改变客观事物的本来面目，也与其他的物理量没有关系。例如，测量一个人减肥是否成功，称一下就知道了，但"称一下"完全不需要解释这个人的身高是多少。但是根据不确定公式，位置测量的误差不能趋向于 0，否则动量误差会无穷大。同样，动量测量的误差也不能趋向于 0，否则位置误差会无穷大。位置与动量本是两个物理量，但此时它们之间相互制约。

　　此外，根据不确定公式，位置测量的误差不能趋向于 0，意味着人类永远无法得到位置的绝对真实值。既然不能得到，是否意味着客观事物的位置是相对的？这点与爱因斯坦的狭义相对论十分相似：绝对时空因不可测量，连同以太一起成了历史的过客。实际上，海森堡在建立矩阵力学之前，就因电子轨道无法测量的问题咨询过爱因斯坦，爱因斯坦回答道："你不会真的认为只有可测量的物理量才有资格进入物理学吧？"

　　海森堡回答道："你在建立相对论时，不正是这样做的吗？"

　　爱因斯坦笑着说："好把戏不能玩两次啊！要知道理论决定了我们能够观察到的东西。"

　　理论决定观察，还是观察决定理论？又回到了先有鸡还是先有蛋的

──────────

① 见 6.4 节。

问题上了，这是一个哲学问题。让爱因斯坦始料不及的是，哲学不分一次和两次，只分零次和无数次。

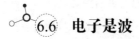

6.6 电子是波

1925年，海森堡凭借矩阵力学将量子理论带入了新的时代，所以物理学家们常将1925年以前的量子物理称为"旧量子时期"。正当矩阵力学风头无两时，波动力学却"弯道超车"，成为物理学的新宠。那么，波动力学是怎样建立的呢？是否意味着电子也具有波粒二象性呢？我们先来回顾一下光的波粒二象性。

1916年，美国实验物理学家密立根（1868—1953）通过多年的实验，验证了爱因斯坦的光电效应方程。从此，光具有波粒二象性成了无可争议的话题，也让爱因斯坦获得了诺贝尔物理学奖。

爱因斯坦与诺贝尔奖

人们常说爱因斯坦的一生可以获得4个诺贝尔奖——光电效应、狭义相对论、广义相对论和量子统计，但最终仅仅获得了一个诺贝尔奖。有趣的是，唯一的一个诺贝尔奖还差点"流产"。

在爱因斯坦的众多成就中，广义相对论的难度无疑是最大的。1919年，当爱丁顿等人的观测结果出来后，整个物理学界的重量级科学家都纷纷为爱因斯坦提名。

电子的发现者汤姆孙称："爱因斯坦的引力理论是继牛顿之

后，人类思想上最高的成就之一。"

德高望重的洛伦兹也写信称："日食的观测结果无疑为他铺设了通往诺贝尔奖的道路。"

思想上比较保守的，甚至劝过爱因斯坦"不要搞什么广义相对论，搞出来也没有人信"的普朗克也提名爱因斯坦为候选人，理由是爱因斯坦迈出了超越牛顿的第一步。

其他推荐人不胜枚举，比如卢瑟福、玻尔等。但是诺贝尔奖委员会一直在踌躇观望，因为每年都会冒出一些反对的声音或证明广义相对论不成立的实验，其中包括一些哲学家[1]。

1921 年，普朗克坚持以广义相对论提名爱因斯坦，此时也有科学家以光电效应提名爱因斯坦，因为爱因斯坦的光电效应方程已经在实验中得到证明。验证者正是密立根。值得一提的是，1910 年，密立根还设计了历史上著名的"滴油实验"论证了普朗克理论，并求出了普朗克常数 h 的数值，让普朗克登上了 1918 年的诺贝尔领奖台。但有科学家反对爱因斯坦以光电效应获奖，理由是三年前才把奖颁给了量子理论工作者，现在又因量子理论而颁奖，似乎不妥。相比理论物理学家，实验物理学家的工作量巨大，而且非常危险。举个例子，居里夫人为了从沥青中提炼镭，每天都用铁棍搅拌沸腾的沥青残渣，夜以继日地工作了 4 年，才从十几吨沥青中提炼出 0.1 克的镭。如果真要以光电效应颁奖，也应该先颁给实验物理学家密立根。

在一次次的犹豫之后，诺贝尔奖委员会决定干脆不颁发 1921

---

[1] 牛顿的自然哲学体系是整个哲学的基础，因此相对论遭受哲学家们的攻击并不奇怪。

年的诺贝尔物理学奖。1922 年，法国物理学家布里渊（1854—1948）的一句话惊醒了诺贝尔奖的委员们："试想如果诺贝尔奖获得者的名单上没有爱因斯坦的名字，那么 50 年后人们的想法会是怎样的呢？"这确实是一个令人头疼的问题，因为爱因斯坦的名气和地位已经如日中天。如果爱因斯坦没有获得过诺贝尔奖，人们也许不会觉得遗憾，而只会觉得他的威望已经超过了诺尔贝奖。在这样的形势下，诺贝尔奖委员会就必须以某种原因把诺贝尔物理学奖"强塞"给爱因斯坦 —— 哪怕一次，最终他们选择了光电效应。

1922 年，爱因斯坦获得了 1921 年的诺贝尔物理学奖。1922 年的诺贝尔奖颁给了玻尔。1923 年，密立根获得诺贝尔物理学奖。密立根在领奖时，毫不避讳地说他对爱因斯坦的光电效应理论抱着怀疑态度，做这些实验无非是想证明爱因斯坦是错误的，而经典电磁理论是正确的，但是在事实面前他服从了真理。1925 年，美国著名物理学家康普顿（1892—1962）发表了"康普顿效应"，再一次证实了爱因斯坦的光量子理论，并给光量子取了个很好听的名字 —— 光子。

爱因斯坦的获奖证实了光具有波粒二象性，电子是否也具有波的性质呢？在很早的时候，法国物理学家德布罗意（1892—1987）就思考过这样的问题。

德布罗意出身于一个老牌的贵族家庭，他的先祖曾被法国国王路易十四封为公爵，由长子世袭罔替。第一代公爵又因战功赫赫，被神圣罗马帝国册封为亲王，而且家里每个人都有份，传到他的哥哥是第六代。1960

年兄长逝世后，爵位传给了他，所以后人常称他为"王子德布罗意"。

由于父母早逝，德布罗意的哥哥如兄如父，对弟弟的教育十分用心。德布罗意各方面成绩都很优秀，以至于上大学后不知道该主修什么专业，最后选择了历史。第一次世界大战期间，德布罗意在法国军队里服役，先是做坑道兵。但德布罗意对枯燥的挖坑工作不满，于是靠着家族的关系，调到了无线电部门。闲暇时，德布罗意开始研究无线电的工作原理，并对物理产生了浓厚的兴趣。退役后的德布罗意重返大学，选择物理专业。他的哥哥是一位实验物理学家，拥有精密的私人实验室。德布罗意对当时的 X 射线实验非常感兴趣。令他奇怪的是，像 X 光这样的高频率电磁波居然有很强的粒子性。类比电子，德布罗意认为波粒二象性应该更加广泛。当光电效应被证实后，他这种思想更加强烈了。

说来也巧，法国物理学家布里渊正在酝酿着电子的波动理论。我们再来看看玻尔量子轨道理论中存在的问题，电子绕核运动会产生电磁波，波是一种能量，也就意味着原子会时刻向外辐射能量。怎样的波才不会辐射能量呢？驻波，唯有驻波。一个电子该怎样产生驻波呢？布里渊把这项工作交给了以太。他认为原子核周围存在一层以太，电子在以太中运动，就像鱼儿在水中游动一样，自然会掀起波动。这些波动相互之间产生干涉，形成驻波。可惜的是，他沿用了早在 1905 年就被爱因斯坦请出物理学的以太，所以尽管他的理论独树一帜，但没有引起强烈反响。

德布罗意在读博士期间，经常和布里渊探讨电子波动的问题。布里渊告诉德布罗意有关驻波的理论，并鼓励他应该将电子的波动与玻尔的量子轨道理论放在一起考虑。年轻的德布罗意找到了新的思考方向，但他认为不能再使用以太了。那么，没有以太，波动从哪来呢？德布罗意认为电子本身应该和光子类似，具有波动性质。

根据狭义相对论，一个静止的质量为 m_0 的电子应具有静能 $E = m_0 c^2$。

能量和质量是物质的两种形式，如果将电子质量看成能量，可以将能量视为频率为 v_0 的内在周期性现象，即 $E = hv_0$。所以有：

$$E = m_0 c^2 = hv_0$$

假设电子以速度 v 运动，根据相对论，电子的质量增加，那么电子的内在频率 v_0 将增大到 v_1。可相对论又告诉我们，对于静止状态下的观察者而言，运动参考系的时间在膨胀，周期变长，内在频率会减小，记为 v_2。

一个增大、一个减小引起了德布罗意的注意。不同的频率代表不同的波，这是怎样的两个波呢？如果其中一个代表电子的内在频率，那么另外一个代表什么呢？德布罗意经过深入思考之后提出一个惊人的假设：一个质点在运动时会伴随着与质点相结合的波，波的频率正是 v_1。

1923 年 9 月，德布罗意发表论文，提出了"物质波"的概念，也称为"德布罗意波"。其后两个月内，德布罗意相继发表了两篇论文。第二篇论文论证了物质波与粒子的内在波具有相同的相位，故而又称物质波为"相波"；第三篇论文从数学上证明了相波的相速度正是 c^2/v —— 显然超越光速，但不用担心，相速度并非电子的真实速度，而电子的速度是相波的群速度 v。因此，相波理论并没有违背狭义相对论。

到底什么是物质波？我们可以这样考虑，电子绕核旋转，在时空图中[1]，就像一个正弦波一样，相波（物质波）伴随电子运动而产生 [图 6.18（a）]。电子在时空图中的路径就像相波的包络，其速度就是该相波的群速度 —— 正是电子运动速度。对于相波而言，还有相速度 —— 正好等于 c^2/v，它并非电子真正的速度，不含信息量，也就可以超越光速。

既然相波不含信息量，它有什么意义呢？实际上，我们可以将其看成电子运动的约束条件，借以让电子运动量子化。好比一个人绕操场跑一

―――――――――

① 时空图可参考 5.3 节。

圈，他的步伐可以凌乱，但对于电子来说，它绕核一圈的"步数"必须是偶数［图 6.18（b）］，这样才可以首尾相接，才能满足驻波的要求。

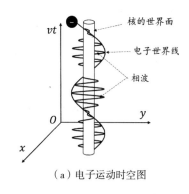

（a）电子运动时空图

（b）相位条件

图 6.18 物质波

　　德布罗意的三篇论文加起来总共才 10 页，遗憾的是，它们都发表在法国科学院的周报上，且是用法文写的。当时参与量子理论研究的法国人非常少，所以没有多少人注意到德布罗意的观点。

　　1924 年，德布罗意以物质波理论撰写博士毕业论文。他的导师郎之万（1872—1946）对此不置可否，于是把论文寄给爱因斯坦，让后者给点意见。爱因斯坦从德布罗意身上仿佛看到了年轻时的自己 —— 当年的他为了说服别人相信光电效应枉费了多少气力。另一方面，爱因斯坦向来对物理学的对称性满怀信心，光可以是粒子，那么电子也可以是波，所以对德布罗意的理论大加赞赏，称德布罗意"揭开了大幕的一角"。正所谓人微则言轻，人重则吐口唾沫也能砸个坑，爱因斯坦的赞许让人们开始真正了解物质波，也让德布罗意的博士论文顺利进入答辩阶段。在论文答辩时，答辩委员会主席佩兰（1870—1942）问他：怎么证实电子波的存在？德布罗意认为电子轰击晶体时会发生衍射。

　　实际上，早在 1920 年美国的实验物理学家戴维孙（1881—1958）就做过类似的实验。戴维孙曾做过密立根的助手，后来进入西部电气公司做研究员。1925 年，西部电气公司被 AT&T 公司收购，成了著名的贝尔实验室。当时 AT&T 公司为了发展长途电话业务，需要研究电子轰击金属晶体后的散射情况。

为了消除空气分子与电子碰撞形成的干扰，实验器材一定要放到真空管中，但真空管往往存在爆炸的风险。1925 年的某天，戴维孙和革末（1896—1971）在做实验时，真空管发生了爆炸，镍金属也在爆炸中被氧化。为了去掉氧化层，戴维孙和革末在高温烘箱中加热了镍金属，但后面的几次实验发生了与之前不一样的结果。戴维孙意识到这是镍金属的晶体结构变化导致的，于是请教了金属结构专家。专家分析样品后得出镍是一种多晶体结构的金属，高温加热后就会变成单晶结构，但是戴维孙依然对实验结果迷惑不解。

晶体

晶体是指原子、离子或分子按照一定规律组合的固体物质。从宏观上看，每个物体呈特定的形状，比如冰糖。晶体分单晶体和多晶体，单晶体的特定形状是唯一的，排列也比较缜密［图 6.19(a)］。而多晶体的形状有很多种，排列略微凌乱［图 6.19（b）］。

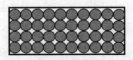 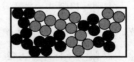

（a）单晶结构　　　　　（b）多晶结构

图 6.19　晶体结构

自然界中的固体物质大部分都是晶体结构，气体、液体和非晶体在一定条件下也可以变化成晶体。例如，将白砂糖在温水里溶解，慢慢冷却，结晶后就会形成单晶冰糖，如果将白砂糖水加热至120℃左右，再经冷却，就会形成多晶冰糖。

当 X 光照射到单晶体上，由于光程差，就会产生衍射现象（图 6.20）。

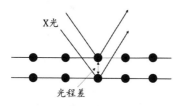

图 6.20　晶体衍射

1926 年，戴维孙参加英国科学会，遇到了波恩，将自己的实验与波恩分享。此时的德布罗意波借着爱因斯坦的宣传已经是家喻户晓，而且薛定谔已经建立了波动方程。波恩认为戴维孙应该往电子波动性上思考。余下的半年里，戴维孙一边研究薛定谔方程，一边做实验，终于从实验中得出了像牛顿环一样的电子图形，从而证实了德布罗意波的存在，时间是 1927 年。

两年后，著名物理学家老汤姆孙（电子发现者）的儿子小汤姆孙（1892—1975）在剑桥用不同的方案做了电子衍射实验，不仅成功地证明了德布罗意波的存在，还成功地证实了德布罗意波的波长，从此电子的波粒二象性不再被怀疑。戴维孙与小汤姆孙分享了 1937 年的诺尔贝物理学奖。

德布罗意凭借着物质波理论获得了 1929 年的诺贝尔物理学奖。这是历史上第一次因博士论文而获得诺贝尔奖，但人们似乎只记住了德布罗意关于物质波理论、总共才 10 页的前三篇论文，并将故事套在了博士毕业论文上，流传出来的就是"德布罗意凭借十几页的博士论文获得了诺贝尔奖"。实际上，他的毕业论文足足写了百页之多。

然而，电子与光子终究是不一样的。光子的出现，本身具有假设色彩，而电子从进入人类视野的那一刻起就是一个实实在在的粒子，理由很简单，当汤姆孙发现它时，它就是躺在汤姆孙的显示屏上的［图6.21（a）］。

电子束打到屏幕上，呈随机分布状态，没有任何理由让人类不相信它是粒子。但如果在屏幕前面加入两个光栅，情况将会发生改变［图6.21（b）］。很明显，电子束发生了干涉现象，所以没有任何理由不相信它是一个波。

更诡异的事情在后面。改变电子发射装置，等前一个电子已经打到屏幕后再释放下一个电子。如果没有光栅，单个电子会在屏幕上随机分布。当加入光栅后，单个电子也应该随机地出现在屏幕上的某个位置，只是落在光栅后面的概率大一些、数量多一些而已，结果应该是两条条纹。可是意外发生了，当很多这样的单电子通过双缝时，最后也发生了干涉［图6.21（c）］，也就是说，单个电子也能发生干涉现象。这就是著名的"电子双缝干涉实验"。

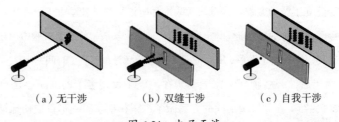

（a）无干涉　　　　　（b）双缝干涉　　　　　（c）自我干涉

图 6.21　电子干涉

粒子之间的相互干涉不足为怪，但电子的自我干涉就让人捉摸不透。单个电子到底是什么？如果是粒子，怎么会同时通过双缝，发生自我干涉？如果是波，又怎样突然之间坍缩到了屏幕上？

电子如同幽灵鬼魅一般！

6.7　薛定谔方程

翻开量子力学史，多少英雄出少年！爱因斯坦 26 岁提出光量子，玻尔 28 岁提出量子轨道模型，泡利 25 岁提出不相容原理，海森堡 24 岁提出矩阵力学……这个年纪的薛定谔也在研究玻尔及玻尔—索末菲的轨道量子理论，但没有特别大的成就。不过，他敏锐地觉察出玻尔的量子条件具有完全奇怪的、不可理解的性质。要解决这个问题，必须釜底抽薪，用一种有界的、连续的数学方程去描述电子行为，然后求得方程的某个解，从而求得一组分立的光谱频率。为此，薛定谔发表过几篇相关的论文。

薛定谔（1887—1961）出生于维也纳，一生风流倜傥，桃花运从未间断。他参加过第一次世界大战，战后进入多所大学教书，后来担任苏黎世大学教授，与爱因斯坦比较熟悉。1924 年，薛定谔与爱因斯坦、普朗克等人开始研究量子统计。

1924 年左右，爱因斯坦收到两篇重要的论文，第一篇论文来自印度物理学家玻色（1894—1974）。玻色用完全不同于经典理论的统计方法，推导了普朗克的黑体辐射公式。爱因斯坦在此基础上研究得出：当原子之间距离足够小、速度足够低时，会凝聚成新的物质。这一预言在 20 世纪 90 年代得到证实，从而开辟了凝聚态物理学；第二篇论文正是朗之万邮寄过来的德布罗意的博士论文。爱因斯坦对电子波动学说给予了极高的评价，并在与薛定谔的来往信件中多次提到它。薛定谔怀着极大的热忱拜读了德布罗意的论文，深刻认识到只有物质波理论才能彻底解决当前原子理论所遇到的困难。在新的框架下，薛定谔又发表了不少论文。

1925 年 12 月，薛定谔受好友德拜（1884—1966）的邀请到苏黎世理工大学参加学术研讨会，研讨的主要内容正是德布罗意的物质波。当薛定谔滔滔不绝地讲完德布罗意是如何将波与粒子相结合时，德拜问他："讨论一个波，却没有描述它的波动方程，是否太幼稚了些？"

几个星期后，薛定谔又做了一次报告，开头就说："我的同事德拜提议要有一个波动方程，好！我已经找到了一个。"这就是著名的"薛定谔方程"。

从 1926 年 1 月开始，薛定谔陆续发表四篇论文，着重阐述了波动方程的物理意义。他认为粒子运动的物质波形成一个"波包"，波包的群速度与粒子运动一致。在波动方程里有一个函数 ψ，用于描述波包，所以叫作"波函数"。

波函数到底具有怎样的物理意义呢？薛定谔认为电子绝对不是一个传统意义上的粒子，而是像云雾一样在原子核四周扩展开来，形成一团波，这团波正是波函数。我们可以这样类比，电子宛如一个陨石，在划破天际时，形成团团的火球，而波函数 ψ 正是描述"火球"的特性。

为了论证波动方程的正确性与普适性，薛定谔将其与经典力学进行类比，最后得出它们之间具有统一性。也就是说，一切经典力学定律都可以用波动说来解释。然而，经典力学的很多公式都是非波动性的，薛定谔认为那是因为经典力学在处理一些细微问题上具有局限性。举个例子，用经典力学研究机械波时，当给定的位移远小于机械波的波长时，经典力学很难从宏观上得出波的运动形式；同样，薛定谔将波动方程与几何光学类比，尽管光沿直线传播，但当光通过一个比波长还小的孔或障碍物时，光传播并非呈现出简单的几何性，光的双缝干涉实验和泊松光斑就是典型例子，此时再讨论光的几何性质就失去意义了。所以，薛定谔认为当电子运动的轨道和物质波的波长差不多时，讨论电子的路径也会失去意义。

按照德布罗意和薛定谔的理论，我们都可以是波（图 6.22），只是和与我们运动相结合的物质波的波长很短很短，波动性是显示不出来的。假设人类已经发展到随意克隆的地步，把无数个已经克隆的"我"同时扔到两个并排的门里，是否会在后方的墙上发生干涉图样？答案是否定的，因为人的物质波的波长很短，只有当这个门和波长差不多时才能显示出波动性，那样的话，"我"就通不过该门，所以讨论宏观物体的物质波没有意义。

电子，你原来是个波啊？

你也是个波，你们全家都是波！

图 6.22　薛定谔的波理论

至此，电子的波动理论完全建立起来了。

一个新的理论，在没有论证之前，其待遇是不具有选择性的 —— 有多少人反对就有多少人喜欢。从第一篇论文开始，普朗克就对薛定谔给予了极大的肯定。他说："看薛定谔的论文就像一个好奇的孩子在等待大人讲出自己一直苦思冥想的谜底一样。"爱因斯坦一如既往地对老同事给予支持，他认为薛定谔是天才人物，其论文也构思精妙且富有独创性。"独创？"薛定谔笑着说："要不是你当初硬把德布罗意想法的重要性凑到我的鼻子下，单凭我一个人，整个波动力学根本就建立不起来，恐怕永远也搞不出来。"

海森堡刚看过薛定谔的前几篇论文后，就写信给泡利说："我越思考薛定谔理论的物理内容，我就对它越讨厌。"薛定谔自然全力反击，说："海森堡的计算方法没有艺术层次，即使这种方法不能避免，也足以让人气馁。"但是薛定谔并没有排斥矩阵力学，在发表第四篇论文后，他从数学上证实了波动力学与矩阵力学是等价的。

关于等价性，我们依然可以用经典力学来类比。设有一列正弦运动的绳波，在绳子上标记很多的点，测量这些点的位置、动量等诸多信息后，组成矩阵，运算后便可以描述该波的行为。还有一种做法是直接建立绳子运动的波函数，自然也能找到某个点的位置、动量等信息。

这两种做法在经典理论下显得无可厚非，只不过第一种方法烦琐一些，但不会出现物理意义上的歧义。然而现在讨论的是电子，说到底，电子到底是什么？是微粒还是波？换言之，波函数到底有什么物理意义？物理学家们无形中分出了派别，玻尔、波恩、海森堡、泡利、狄拉克等人都是从"电子微粒"中拉起了自己的"大旗"，自然坚信电子是微粒的，并坚信电子的波动性只是微观粒子呈现的一种特性。他们的灵魂人物是坐镇哥本哈根大学的玻尔，所以后人常称他们是"哥本哈根派"。

德布罗意、薛定谔等人虽然从"电子微粒"出发，但是随着研究的深入，他们认为电子完全可以用波动方程描述，而波动方程是将经典理论与量子理论统一的纽带，所以他们（尤其是薛定谔）坚信电子是波动的。那么，爱因斯坦站哪边呢？实际上，此时的爱因斯坦并没有站队。一方面是他对量子力学研究不多，另一方面是作为波粒二象性的先驱，自然也不想让历史倒流。如果这是一道单选题，我觉得爱因斯坦可能会偏向波动方程多一点，毕竟将量子理论与经典理论统一起来是他毕生所愿。

如果抛开电子的物理本质，波动方程还是很受欢迎的，即便是微粒说的派别里。既然薛定谔已经证实了波动方程与矩阵力学等价，那么用波动方程处理问题也无不可，然而支持薛定谔方程并不代表支持薛定谔的物理解释。在薛定谔建立方程之初，波恩就给予了高度评价："在理论物理方面，还有什么能比他的波动力学的最初几篇论文出色呢？"海森堡对老师不坚定的立场感到十分伤心，然而波恩却笑而不语。年轻人到底还是沉不住气，波恩只是称赞方程，并没有忘记自己的立场——微粒论。

在物理学中，任何一个符号都是有物理意义的，用于描述物质波的波函数有什么意义呢？这正是波恩的出发点。波恩认为历史不能倒流，不能忽略自普朗克以来人类在量子理论上的贡献，但也不能忽略微观粒子所具

有的波动性，物理学家们应该从电子的波粒二象性中寻找统一的新途径，去解释新的奥妙。波恩发现 ψ 模的平方（$|\psi|^2$）就是一个概率分布——类似麦克斯韦速率分布，所以他认为波函数描述的就是概率，所以叫作"概率波"。1926 年 6 月，波恩发表概率波理论。

概率波

概率，我们懂；波，我们也懂，但是把它们放在一起是什么呢？是简单的"水果拼盘"，还是强烈的"化学反应"？我们可以利用微积分作一个通俗的解释：假设在波函数所覆盖的空间中取出一个小小的体积单元 ΔV，如果这个体积单元足够小，可以看成一个点，那么 ψ 在该点处的值是可以确定的。这个体积单元与 $|\psi|^2$ 的乘积，就是电子在该处出现的概率（图 6.23），即 $p = \Delta V \cdot |\psi|^2$。

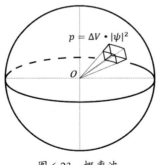

$$p = \Delta V \cdot |\psi|^2$$

图 6.23　概率波

很多物理科普书用"恐怖"来描述概率波，到底它恐怖在哪呢？我们来做一个思维实验。一个分子从发射枪出发，穿过一片"未知领域"，最终打到显示屏上，位置呈现出随机性。很明显，这种随机性是未知领域造成的。假设人类发明了超级显微镜，能瞬间捕获分子周围一切的事件，还发明了超级计算机，能瞬间计算出周围一切事件对分子的影响，那么未知领域就成了已知领域，而分子落在屏幕上的位置也就能确定下来。换言之，分子位置的不确定性是外界环境造成的。假设人类科技足够发达，为两个分子创造同样的环境，它们的结果是一样的。

现在把分子换成电子，根据概率波理论，电子的位置也是随机的。但是它的随机性并非外界环境造成的，而是一种内在属性。换言之，假设我们为两个电子创造同样的环境，它们打在屏幕上的位置依然可能不一样。

再举一个例子。有一个怀孕的准妈妈，在孩子出生前，我们并不知道孩子的性别，只知道男孩和女孩的概率各占一半。假设我们想提前知道孩子的性别，可以用医学仪器测量，但无论怎么测量、测量几次，结果都是一样的。孩子的性别在精子与卵子结合的那一刻就已经确定了。但当这个孩子是一个电子时，问题就来了，无论仪器多么精确，每次测量的结果可能都不一样。多次测量后，会发现男孩和女孩的概率各占 1/2。最终的结果是什么呢？只有生下来才知道（最后一次测量）。可以看出，孩子性别的随机性是孩子的内在属性。

综上所述，电子的性质与测量有关。前面我们多次提到测量，也说了测量在物理学中的重要性。所谓测量，是人对客观物体的量化认识，并不能改变物体的本质。物体的本质是由客观条件决定的，符合因果关系。比如一套试卷，假如你全做对，那么我就得给你一百分。"全对"是因，"一百分"是果。但是按照波恩的理论，就会出现"假如你做得全对，我会根据我当时的心情打分"的混乱逻辑，因果律就不复存在了。

1926 年冬天，波恩写信给爱因斯坦，阐述了概率波的理念。爱因斯坦自然不同意波恩的说法，毕竟所有的物理理论都是建立在符合因果关系的决定论基础之上的，包括相对论。因果性是物理学的基础，是客观世界存在的前提，人类打从开天辟地时就是这么过的，今后还会这么过下去。爱因斯坦回信道："量子力学令人印象深刻，但是一种内在的声音告诉我它并不是真实的。这个理论产生了许多好的结果，可它并没有使我们更接近'老头子'的奥秘。我毫无保留地相信，'老头子'是不掷骰子的。"这里的"老头子"指的正是上帝[①]。

上帝掷不掷骰子？在这么大的哲学命题面前，波恩难道就不犯嘀咕？不可能的，但是当断不断，反受其乱。波恩说："我本人倾向于在研究微观世界时放弃决定论，但这是一个哲学问题，不是仅凭物理学就能决定的。"波恩的意思是在研究量子时，人们可以适当地搁置哲学上的争议，只谈科学，这种做法无疑是明智之举。我们现在回过头看看量子力学的发展，玻尔的量子轨道模型能测量吗？显然不能。如果根据狭义相对论引申出来的哲学思想，量子轨道模型也应该同以太一样，付之于历史尘埃。但是物理学就是如此微妙，理论只需对实验有效，也就是说，理论的正确与否取决于实验。即便人们无法证实电子轨道的存在，但是电子轨道就像一条经验公式，让物理学、化学等诸多问题迎刃而解，比如光源发光，除了量子轨道模型还能有更好的解释吗？所以，很多物理教科书依然保留着电子轨道模型。同样，原子实模型被众多书籍所介绍，尽管不能对所有的原子都有效。

好吧！姑且抛开哲学，只谈科学，但是概率波在物理解释上也存在很大的问题。以电子双缝干涉实验为例，单个电子也能发生干涉，试问单个电子是怎么同时通过两条隙缝的呢？

---

① 这里的上帝不应该是宗教信仰中的"上帝"，解释为自然规律更为贴切。因此，将"上帝不掷骰子"解释为自然规律不具有随机性更为妥帖。

在薛定谔论证了波动方程与矩阵力学等价后，海森堡对波动方程的态度逐渐改变。1926 年 5 月，海森堡写信给狄拉克，详细说明了矩阵力学与薛定谔理论的关系，并劝他认真研究波动方程。从薛定谔建立方程开始，狄拉克就很反对。一方面，他坚持微粒说；另一方面，他认为既然矩阵力学为量子论提供了良好的基础，只需要努力发展就可以了，完全没有必要再搞一套出来。当狄拉克收到了好友的信件之后，开始热情地学习薛定谔的理论，并最终将薛定谔方程推广到相对论上，建立了"狄拉克方程"。有趣的是，曾经拒绝研究薛定谔方程的狄拉克与薛定谔共同获得了 1931 年的诺贝尔物理学奖。更有趣的是，狄拉克因害怕出名不想领奖，他的老师卢瑟福笑着告诉他："那样你会更出名！"

1926 年的夏天，海森堡到慕尼黑大学参加研讨会，希望能和薛定谔将分歧解决。当他听完薛定谔激情澎湃的演讲后，被一股强大的数学力量所震撼，于是当晚写信给玻尔，请玻尔邀请薛定谔去哥本哈根演讲。同年 10 月，薛定谔欣然接受了玻尔的邀请，来到哥本哈根。几天后，薛定谔发表了题为《波动力学的基础》的演讲。他始终坚持波函数本身就是一个实在的物理量，这一观点与哥本哈根派完全相反。玻尔和海森堡为了避免学术分歧造成感情上的不悦，选择了克制，但是该来的总会来。第二天论战彻底爆发，玻尔和海森堡单刀直入薛定谔理论的要害，说后者并不能解释量子理论中的一些现象 —— 连普朗克的黑体辐射方程都解释不了。薛定谔承认他的理论目前还不够充分，但他坚持电子是波动的，根本不存在所谓的量子轨道，也不存在电子的跃迁。玻尔认为量子轨道和跃迁都可以忽略，但绝对不能忽略电子的微粒性……

玻尔始终保持着自法拉第以来的大师风范，但是面对学术分歧，他丝毫不退让。渐渐地，薛定谔有些招架不住，首先招架不住的是身体 —— 薛定谔生病了。幸运的是，玻尔的夫人将薛定谔照顾得无微不至；不幸的是，薛定谔就住在玻尔家中，玻尔一有空就坐到薛定谔的床边与其辩论。渐渐地，薛定谔懊恼中带有生气地回答道："假如我们不能摆脱该死的量子轨道和跃迁的话，我宁可没有涉足所谓的量子力学。"玻尔笑着说："但是我们依然感谢你为量子力学作出的贡献，你的波动方程带领量子物理迈出了决定性的一步。"很显然，这场辩论在谁也没有说服谁中闭幕。1926年的物理学界似乎只有一个主题 —— 争论，玻尔深陷其中，他觉得身心俱疲，决定外出度个假，滑滑雪、消消乏，顺便认真思考一下波函数背后的物理意义。

到底该怎样看待波函数呢？是物质还是概率？是物质该怎么看待波函数瞬间坍缩？是概率该怎么看待电子同时通过两个光栅？玻尔意识到波粒二象性充满了矛盾，就像硬币的两个面一样，永远不会同时成立。1927年的前两个月，玻尔不停地思考着新思路，突然之间有了新的答案，也就是后来的"互补原理"。

此时海森堡的工作也有了突破性的进展。他写信给玻尔，告诉老师他从 γ 显微镜思维实验中得到了不确定原理。1927 年 3 月中旬，玻尔收到信之后，便匆匆赶回哥本哈根，而海森堡已经将不确定原理发表。玻尔看到论文后，指出 γ 显微镜思维实验中存在的错误，测量的不确定性不应该仅仅建立在电子的微粒性之上，它应该也适用于波动性。而海森堡坚持认为动量、位置这些信息完全是微粒性质的，与波动性无关。两人为此争论很久，争着争着，海森堡伤心地哭了，不怕对手千军万马，就怕队友突然"变卦"。玻尔也感到身心俱疲，1926 年是在争论中度过的，看来 1927 年也好不到哪去。不同的是，以前的争论纯属学术探讨，如今已经涉及个人关系。为此，泡利不得不到哥本哈根，在中间调停，两人的关系才恢复如初。最终，海森堡被玻尔说服，认同了电子的波动性，也认同了玻尔的互补原理。

互补原理

波函数到底是什么？薛定谔认为波函数是电子本身，但波函数是没有边界的，也就意味着电子波的体积是无穷大的。试想一下，一个电子从电子枪出发，走着走着就"胖"了，如果没有东西挡住，它将"胖"得跟宇宙一样——自然稀薄得聊胜于无，这是多么可恶的景象。此外，电子波弥漫在空间中，遇到屏幕后却瞬间坍缩成一个粒子，这种无视时间的速度显然与狭义相对论完全不相符。因此，薛定谔的物理解释有非常大的问题。

但波恩的物理解释也有问题。波恩认为波函数是概率波，即出现在某处的概率，但双缝干涉实验已经证明单个电子也会发生干涉，难道电子会同时出现在两个位置？

在无法调和的矛盾面前，玻尔采取了非常聪明的方案。他认为电子也好、光子也罢，在某次观测时，它不会同时拥有两种性质。当电子打在屏幕上，呈现的是微粒性，因为屏幕也是个观测仪器；当电子通过双缝时，它会呈现出波动性，在空间中严格地按照薛定谔的波动方程往前运动。如果强行在两个缝上装个"超级探头"，看看到底电子是从哪个缝中经过的，那对不起，这种观测从开始就默认电子是粒子，所以会观测到电子通过了其中一条隙缝。至于电子到底是什么？无关紧要，那是一种不可观测的状态。既然无法观测，那么就没有意义。只有在观测之后，我们才能知道电子到底是"何方神圣"，也就是说，电子的性质在测量的那一刻才能决定。

更严重的问题来了，电子是怎么知道什么时候被测量呢？难道电子有意识？试想一下，当我们闭上双眼，假装对电子漠不关心时（没有测量），电子像一团云雾，以波函数的形式在空间中舒展开来；当我们猛地睁开双眼（测量），电子瞬间坍缩成一个微粒，这是一个多么恐怖的画面！此外，即便电子有意识，难道人的观察会决定电子的本质？如果将电子推广到物质，人的观察难道能决定物质的本质？决定论至此已不复存在了。

玻尔第一次提出互补原理是在 1927 年 9 月 16 日纪念伟大的伏特逝世 100 周年的国际物理大会上。遗憾的是，爱因斯坦、薛定谔和狄拉克三位大师缺席了此次大会，因此没有看到爱因斯坦的态度。一个月后，第五届索尔维会议如期召开，这次会议群贤毕至，少长咸集，爱因斯坦正式吹起了反对哥本哈根派理论的号角。

"神仙打架"开始了！

6.8　索尔维会议

索尔维（1838—1922）是比利时的化学家，发明了"索尔维制碱法"，获得了专利，开办了索尔维公司。与诺贝尔一样，索尔维生平挣了很多钱，也把大部分资产献给了科学事业。索尔维一生的梦想是把比利时首都布鲁塞尔建设成科学性城市，于是出资举办当时世界上最有名的科技会议。会议以他的名字命名，叫作"索尔维会议"。索尔维会议每三年召开一次，第一届是在 1911 年召开的，参会者有洛伦兹、卢瑟福、普朗克、爱因斯坦、居里夫人等众多物理学界的知名人物。会议因第一次世界大战被迫中断，1921 年重新召开，到了 1927 年正好是第五届。

　　第五届索尔维会议的参会人员可谓是科学史上的梦之队，云集了洛伦兹、普朗克、爱因斯坦、玻尔、薛定谔、海森堡、泡利等一批知名科学家，其中还有美丽的居里夫人。论资历，洛伦兹是最老的，且精通多国语言，因此毫无意外地继续担任本次大会主持人。他曾主持过第一届索尔维会议，那时的他还兴致勃勃地与别人讨论普朗克的量子化，而如今年高德劭的洛伦兹的心情截然不同。

　　这次会议的主题是光子和电子，很显然就是为量子力学准备的。大会一开始，洛伦兹发表演讲，他说："电子就是个粒子，在确定的时间一定会处在某个确定的位置，那些尝试用概率观点来解释的，绝对是错误的……"对于如今的量子力学，老人激动地说："我只遗憾我没有在五年前死去，让我在有生之年看到这些讨厌的东西。"翌年，老人去世，物理学界悲恸良久。爱因斯坦在追悼会上致辞，感谢这位伟人对他的帮助。

　　大会第一天异常平静。首先由康普顿和布拉格（1890—1971）两位知名实验物理学家发表最近的研究报告。除爱因斯坦外，大家都发表了简短的看法。第二天，德布罗意首先发言。为了统一波粒二象性，他和玻尔一样操了不少心，终于想出了一个绝妙的主意：波函数上有一个奇点[1]，奇点代表电子的粒子性，奇点的运动引导着波函数前进，因此叫作"导波"或"引导波"。

　　刚开始，泡利比较赞同引导波理论，毕竟它出自波动方程的解，也算是出身于名门正派——数学，但仔细一想，引导波存在种种弊端。泡利回过神后，向德布罗意发起了猛烈攻击。德布罗意也意识到引导波不够成熟，只得放弃这一理论。

　　第三天波恩发言，内容自然是概率波理论。发言期间，一向表情凝

---

　　① 奇点知识见 7.3 节。

重的爱因斯坦微微一笑，这一幕正好被坐在旁边的埃伦费斯特（1880—1933）看到了。埃伦费斯特以解决物理学中的悖论而闻名，他与爱因斯坦、玻尔的关系都非常要好，曾邀请二人到莱顿大学讲座，希望解决量子理论上的分歧。这次他似乎更偏向波恩的理论，于是在纸条上写了"别笑"二字，递给了爱因斯坦。爱因斯坦在纸条上写了"幼稚"二字，又递了回去，不过这次爱因斯坦依然保持沉默。

波恩发言后，大家讨论了一番，对于概率波的态度，哥本哈根派也有分歧。狄拉克认为是"自然的选择"，而海森堡是受过互补原理洗礼的，坚持认为是"测量所致"。自然的选择大意是指"上帝"在掷骰子——至少与人无关。而测量显然是指人为测量——与人有关。不管怎样，他们都承认波函数是概率波。

接下来是海森堡发言。海森堡不仅智商高，情商也超群，他先阐述了矩阵力学和不确定原理，然后又回顾了整个量子力学的历史，把普朗克、爱因斯坦等人抬得高高的。最后，话锋一转，认为量子力学理论是继往开来的，是一套完备的理论体系。

下午，薛定谔上台发言。他坚持认为电子是波，既然 $|\psi|^2$ 是一种分布，那很有可能是电荷密度分布。电荷密度又让人想起了麦克斯韦方程，但是也让人想起了量子力学与麦克斯韦方程之间的种种悖论。不等别人开口，德布罗意就提出了反对意见。海森堡也对薛定谔感到失望。泡利更为直接，称薛定谔的发言是"幼稚的论文"。薛定谔倔强地坚持自己的观点，最终落了个"薛定谔不懂薛定谔方程"的历史考语。

讨论在第三天开始激烈起来，在第四天戛然而止，原因是法国科学院举办菲涅尔逝世 100 周年的纪念活动，众多科学家抽身出席。很显然，科学家们在第四天思考了很多问题，所以第五天会议一开始，整个会场就像菜市场一样，洛伦兹拍着桌子也没有让会场平静下来。埃伦费斯特走上讲台，在黑板上写了句："上帝使人们的语言变乱了！"这句话出自《圣经》，犹太人逃离埃及越过红海抵达亚洲时，打算建立一个能通天的巴别塔来祭奠上天。但是上帝对此感到忧心忡忡，认为团结的人类早晚会通向天庭，于是将人类分派到世界各地，并让他们拥有不同的语言。

众人都笑了，大会恢复平静。洛伦兹请爱因斯坦发言，爱因斯坦谦虚地表示自己对量子理论研究不深，没有资格来讲，推荐朗之万或费米发言，但他们二人都没有准备。洛伦兹最后请玻尔来发言，玻尔应允，发言的内容正是量子力学。

刚开始，爱因斯坦对玻尔的发言不停地赞许，但是到了互补原理时，他保持着死一般的沉默。玻尔做完报告，爱因斯坦这才走上讲台，在黑板上画了一幅图。

如图 6.24 所示，一束电子通过隙缝 A 后发生衍射，再经过 B 和 C 后发生干涉。现在测量通过 A 的电子的反冲[①]，就能知道通过 A 隙缝的电子的信息，这样就能在不破坏实验的前提下得知实验的基本信息。很显然，爱因斯坦是冲着不确定原理来的。玻尔想了想回答道："怎样才能确定电子的总信息量呢？还是测量，只要测量就具有不确定性，而且对反冲的测量（多次测量）只会让最终测量更加不确定。"

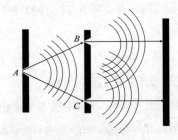

图 6.24　反冲思维实验

---

① 反冲指的是一个静止的物体分成两个部分，两个部分的运动必然相反。

据海森堡后来回忆，这届会议很快就沦为了玻尔与爱因斯坦的论战。玻尔甚至为此晚上睡不着觉，而住在玻尔楼上的爱因斯坦也没有睡好 —— 听皮鞋蹭地板的声音就能猜出来。两人的论战累坏了埃伦费斯特。埃伦费斯特曾写信给朋友说："作为玻尔的好友，玻尔经常晚上一点敲开我的房门，只说了一个字，又转身离开。"而爱因斯坦也经常拉着埃伦费斯特讨论到深夜。不过，埃伦费斯特称自己非常享受大师间的博弈，就像看一局精彩的象棋博弈一样。

爱因斯坦总能想出奇妙的思维实验来"挑刺"概率波和不确定原理，但玻尔总能在第二天将其化解。由于会议已经结束，大部分讨论都是在会后进行的，因此没有过多记载。最后，略显尴尬的爱因斯坦喃喃地说："上帝不掷骰子！"玻尔则反击道："别去指挥上帝该怎么做！"波恩听到爱因斯坦的言论后，感慨道："我们失去了我们的导师。"支持爱因斯坦的薛定谔则言辞激烈，他称概率解释下的电子为"可恶的跳蚤"。而埃伦费斯特则打趣爱因斯坦说："当年人们就像你现在讨厌量子力学一样讨厌相对论。"

物理学的每个阶段都伴随着激烈的争论，所以大家都猜到这届索尔维会议会有言语交锋，但是绝对没有想到会如此激烈，最终仍在"谁也不服谁"中落下帷幕。与第五届不一样，对于第六届索尔维会议，人们早已预料到将是一场激烈的论战。

时光荏苒，岁月如梭，转眼就到了 1930 年，第六届索尔维会议如期召开。三年了，什么事情都会发生。量子力学的发展蒸蒸日上，玻尔的互补原理已经成型，海森堡、狄拉克等人已然把薛定谔方程推广到了相对论上，还提出了量子场论。而爱因斯坦也练就了一身本领，想要一决高下。这次爱因斯坦不再矜持，在实验物理学家们发言结束后就走上台，拿出准备好的"光盒子"实验。

如图 6.25（a）所示，一个箱子，里面有若干光子，侧面有个开关，开关一次打开闭合的时间可以足够短，只让一个光子逃逸出去。假设这个时间为 Δt，很显然 Δt 是可以确定下来的。这时再用一个理想的秤测量箱子的质量，前后相差 Δm，很显然 Δm 也是确定的。根据质能方程，箱子损失的能量 ΔE 也就可以确定。这样说来，ΔE 与 Δt 无关，既然无关总可以使得 $\Delta E \cdot \Delta t < h/2$，所以不确定原理是完全错误的。

对于突如其来的攻击，玻尔有点不知所措。爱因斯坦眼看胜利在即，不料第二天早晨玻尔就给予了有力的回击。怎么测量箱子的质量损失呢？将箱子放在引力场中然后用秤测量才可以 [图 6.25（b）]。当箱子里的一个光子逃逸时，箱子也要向上运动一段距离，根据广义相对论，逃逸的光子频率会发生红移，即光子频率发生改变，能量（$E = h\nu$）也就不能完全确定。此外，由于箱子在引力场中变速移动，根据广义相对论，箱子里的时钟会发生变化，所以说 ΔE 与 Δt 是相互关联的，且计算得出 $\Delta E \cdot \Delta t \geqslant h/2$，不确定原理依然成立。

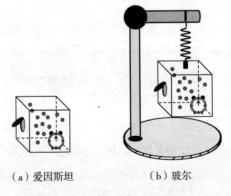

（a）爱因斯坦　　　　　　（b）玻尔

图 6.25　光盒子实验

玻尔的精彩辩论让所有人折服，包括爱因斯坦。曾几何时，意气风发的爱因斯坦几乎凭一己之力创立了广义相对论，可谓独步天下，如今广义相对论却成为他人之利器，而自己却倒在自己铸造的"利剑"之下，何其悲哉！不过，玻尔终究只是防守，依然没有办法让爱因斯坦接受新的理论。既然分歧仍在，那就寄希望于下一届会议吧。

1933 年，欧洲发生了一件大事 —— 纳粹上台执政，整个欧洲局势陷入紧张。第七届索尔维会议如期召开，其主题与 1932 年刚发现的中子有关。薛定谔和德布罗意虽然出席了会议，但是缺少主心骨爱因斯坦，他们甚至都没有发言。而远在大西洋彼岸的爱因斯坦正在蓄积着力量，准备致命一击。

"二战"中的科学家

第一次世界大战后，德国作为战败国在巴黎和会上受尽了屈辱。此后的十数年内，德国经济萧条，民不聊生。民众把矛头对准了美英法等战胜国，也对准了富有的犹太人，爱因斯坦就曾受过极端民族主义发出的死亡威胁。1933 年 1 月，纳粹政党开始执政，德国民族复仇主义和反犹太主义情绪空前高涨。希特勒一上台，就发布政令将犹太人列为二等公民，限制犹太人在德国的权益，不让犹太人教书，还在媒体上大肆攻击犹太人，称他们为劣等民族。另一方面，希特勒拉拢非犹太裔的知识分子，委以重任，诺贝尔奖得主自然是优先考虑的对象。1919 年的诺贝尔奖获得者斯塔克（1874—1957）便是一个典型。斯塔克自希特勒一上台便加入纳粹党，担任德国技术研究所所长，其研究领域与军火生产相关，后因屡屡干涉军事政务被开除党籍。在思想上，他是一名极端的民族主义者，除发表仇视犹太人的文章外，还大肆抨击不与纳粹合作的科学家，比如海森堡。

1933 年，斯塔克在报纸上撰写署名文章，称相对论和量子力学是犹太人的物理，大肆攻击。在 20 世纪初期的物理学上，犹太人确实扮演了非常重要的角色，比如爱因斯坦、玻尔、波恩、泡利、施特恩等人。尽管从血缘上可能混入了其他的民族成分，但他们都在犹太家庭中长大，宗教信仰与其他种族的欧洲人完全不同。然而，科学家中更多的还是非犹太人，比如普朗克、索末菲、约尔当、海森堡、薛定谔、狄拉克、德布罗意等，因此以民族划分物理学是不科学的，纯属"疯狗乱吠"。

上台的纳粹首先拿名气最大的爱因斯坦下手。1933 年 3 月，纳粹趁爱因斯坦夫妇访问美国之际，找借口将爱因斯坦的家洗劫一空。爱因斯坦从美国返回欧洲的途中得到消息，伤心不已，随后宣布放弃德国国籍，加入美籍。从此，爱因斯坦再也没有踏入欧洲半步。

由于禁止犹太人教书，波恩被迫停职，随后移居英国，在剑桥谋了个临时职位。1936 年，波恩去往英国爱丁堡大学教书，直到 1954 退休时才回到西德定居。

泡利是奥地利人，本不会受到德国政府的迫害，但 1938 年，德国吞并了奥地利，泡利的处境变得艰难。他曾申请加入瑞士国籍但没有得到同意，只得远赴美国，加入美国国籍。1949 年，泡利终于成为瑞士人，并在欧洲度过了人生的最后几年。

非犹太裔的科学家也不是个个都一帆风顺。普朗克是一名爱国主义者，德国能成为世界科研中心，普朗克功不可没。眼看着很多科学家受迫害离开德国，他心急如焚，劝说他们留下来。尽管没有与纳粹合作，但是盖世太保们也不敢拿功勋卓著的普朗克怎么样。索末菲对德国的贡献也是非常大的，尽管他没有获得过诺贝尔奖，但是在所有的老师中，他的学生们获得的诺贝尔奖最多。因此，索末菲也没有受到迫害，平平淡淡地度过了疯狂的十几年。

薛定谔就没有那么幸运了。他是奥地利人，1927年接替普朗克，在柏林的洪堡大学任教。纳粹想拉拢风头正劲的薛定谔，不过风流倜傥的他怎会受得了纳粹的摆布？于是毅然决然地辞职，去往英国牛津做访问学者，后来去了美国。1936年，他回到奥地利任教。1938年，德奥合并后，他又去往爱尔兰。总之，他才不会做纳粹的爪牙去残害自己的好友。

作为当时最年轻的诺贝尔奖得主，日耳曼人海森堡在纳粹刚上台时就是重点培养对象。然而渐渐地，纳粹发现根本不是那么回事，这位"白色的犹太人"在思想上与他们背道而驰。眼看着犹太裔物理学家被驱逐殆尽，世界物理学中心的光环正在德国消失，海森堡也心急如焚，但也只能把矛头对准斯塔克，在报上互怼了一回。不久，海森堡就被党卫军抓起来审问。好在家里有些关系并且认错态度良好，他才被允许留在德国继续接受考察。当时索末菲即将从慕尼黑大学退休，于是写信给海森堡希望他能顶替自己的职位，但是被纳粹禁止了。

尽管时局动荡不安，但物理学仍在蓬勃发展。1932年，英国人发现中子，人类朝着微观领域又迈了一大步。1934年，意大利物理学家费米（1901—1954）利用中子轰击22种重元素，得出放射性结论，获得1938年的诺贝尔物理学奖。费米虽然不是犹太人，但他的夫人是。为了避免家人遭受墨索里尼政府的迫害，费米借领取诺贝尔奖之际逃往美国，最后成为美国曼哈顿计划的技术负责人。

中子被发现后，德国物理学家哈恩（1879—1968）经常用中子做实验。哈恩有两个助手，一个是奥地利的犹太人迈特纳夫人（1878—1968），另一个是德国的非犹太人斯特拉斯曼（1902—1980）。迈特纳夫人于1926年开始在柏林大学任教，1933年丧失教学资格，只得到威廉皇帝研究所给哈恩当助手。1938年，德国吞并奥地利，迈特纳夫人成了德国人，毫无意外地受到纳粹的疯狂攻击。哈恩帮助迈特纳夫人逃到荷兰，还把母亲留给他的钻石戒指送给了迈特纳夫人，以便她在必要时贿赂警卫。迈特纳夫人逃到荷兰后又逃到丹麦，在玻尔的帮助下，又逃到瑞典，终于在诺贝尔研究所找了份工作。之后，迈特纳夫人和哈恩一直有书信往来。1938年的某天，哈恩和斯特拉斯曼用中子轰击重金属原子，发现了原子"破裂"现象，但是二人不知道怎么回事，于是写信给迈特纳夫人，请她计算。1939年，迈特纳夫人发表了题为《中子导致的铀裂变：一种新的核反应》的论文。在论文中，她计算得出裂变后的质量比裂变前要小，根据爱因斯坦的质能方程，又计算得出裂变会产生巨大的能量。从此，一个威胁人类社会并继续威胁下去的名词诞生了——核武器！这个武器将物理学与政治紧密地联系在一起。德国政府对哈恩和斯特拉斯曼委以重任，又派海森堡进行理论指导，希望他们尽快研制出原子弹，于是哈恩和海森堡就成了纳粹核武器计划的领导者。

1939年9月，德国闪击波兰，第二次世界大战爆发。作为在"一战"后成长起来的德国青年，海森堡、约尔当并不在乎战争的残酷，他们满脑子只记得当年的耻辱，现在满心里只有一个想法——复仇！向来愤青的约尔当更是加入纳粹，上了前线。

穿上军装的海森堡也沉浸在德国战车在欧洲大陆横冲直撞的自豪中。1940 年 4 月 9 日凌晨，德国轰炸机盘旋在哥本哈根的上空，4 个小时后，丹麦沦陷。这里曾是海森堡生活的地方，还生活着他视为父亲的玻尔。

与此同时，美国也开始了核武器研制计划——曼哈顿计划。与纳粹不同，美国人才济济，奥本海默、费曼、费米等，都是一伙智商超群的人。海森堡感受到了压力，不过哈恩还好，他本就是被德国政府强迫来研制原子弹的。哈恩比海森堡大 22 岁，亲历过"一战"，深知战争给人们带来的痛苦，他的反战思想让海森堡清醒了许多。随着战争的深入，越来越多的人死亡，这让海森堡感到恐惧。他意识到战争早结束一秒就会少一个人死亡，结束这场战争的唯一途径是赶在美国之前研制出原子弹，这样美国人就不会参战，苏联人也会臣服。但是德国的研制计划进展得并不快，他想争取一下玻尔，让这位导师也加入队伍里来。

1941 年 9 月，海森堡在得到德国政府的允许后，带着妻子重返哥本哈根。当天晚上，玻尔在家中接待了海森堡，和他长谈。海森堡自然对德国军队深信不疑，因为此时的德国坦克已经兵临莫斯科，英国也快被夷为平地，整个欧洲再也没有抵抗的力量，唯一忌惮的只有美国的原子弹。海森堡告诉老师有套方案可以让人死得少一些，一是加入德国，尽快研制出原子弹，战争将很快结束。凭借现在的身份和地位，他完全可以保护个把犹太人，所以玻尔完全不用担心人身安全；二是让玻尔捎个话给美国的奥本海默，大家都消极怠工，没有核武器也会少死很多人。

玻尔非常不快，想当初，他拒绝了曼彻斯特大学的高薪诱惑，毅然决然地回到哥本哈根，就是想为祖国贡献自己的力量，爱国的初心不为金石所动，又怎会畏惧刀与斧呢？他对海森堡说，这场战争对于德国人来说是宣泄，可对于丹麦人来说却是彻头彻尾的灾难，他宁死也不会与侵略者合作，这场谈话不欢而散。不久后，玻尔秘密逃往美国，加入了奥本海默的队伍，海森堡的自尊心又一次受到了严重的打击。

1941 年冬天，德国军队在苏联遭遇到了前所未有的溃败。"猪队友"日本又捅了世界第一工业国——美国的屁股，让后者有理由直接参战。对于纳粹而言，战争形势急转直下，德国政府迫于形势，希望尽快研制出原子弹。然而，此时的哈恩依然不紧不慢、有条不紊地把政府给予的经费用在裂变其他的原子上——按照元素周期表，一个接着一个……海森堡明显看到哈恩在消极怠工，责任感驱使他说服了哈恩，让后者一起尽快研制出原子弹。经过海森堡的计算，如果要研制出原子弹，至少需要几吨铀235——这是不可能弄到了。于是海森堡也松懈了，因为美国人也弄不到那么多的铀235。

1945 年 4 月，德国战败，哈恩、海森堡等 9 名德国核物理学家被囚禁在英国剑桥附近的农庄里。1945 年 8 月 6 日和 9 日，美国在日本投下两颗原子弹，消息传来，海森堡等人都惊呆了。哈恩质问海森堡是怎么回事，海森堡这才意识到，当初没有计算中子的扩散率，原本以为要几吨的铀235，实际上只需要几公斤。当得知有数十万人死于原子弹时，哈恩崩溃了，他认为自己发现的核裂变是成千上万人死亡的本因，为此他一度尝试自杀。而海森堡内心也是五味杂陈：如果德国人率先研制出原子弹，可能被炸的就不是广岛和长崎了，而是伦敦、巴黎、莫斯科——整个欧洲可能会成为一片废墟。

在关押海森堡等人的地方，到处安放着隐形的麦克风，每次交谈都会被记录下来，盟军这才知道哈恩是反战人士，是"敌人的敌人"。哈恩因发现核裂变而获得1944年的诺贝尔化学奖，这个奖是1945年颁发的，颁发的时候，哈恩还被关在农场里。

1946年1月，海森堡等人被释放回国。回国后，海森堡担任威廉皇帝研究所的所长，带领着大家重建德国物理学。然而，昔日的荣光已被战争消耗殆尽，人才都被纳粹赶到了美国，让美国成了世界物理学的新霸主。在很多学术会议上，很多物理学家都不愿意和海森堡握手。尽管昔日的良师好友们 —— 包括玻尔都选择原谅海森堡，但是战争带来的隔阂让他们再也回不到从前。

6.9　薛定谔的猫

爱因斯坦尽管没有参加第七届索尔维会议，但与玻尔之间的论战仍在继续。1935年，爱因斯坦（E）"纠集"波多尔斯基（P）和罗森（R）发表了题为《能认为量子力学对物理实在的描述是完备的吗？》的论文，这次攻击的出发点是粒子的自旋。

前文说过，所有的理论都必须基于一点：原子是稳定的。如果一部分要"这样转"，那么另外一部分就必须"那样转"。假如有个大粒子，"情绪"很不稳定，会衰变成两个小粒子 A 和 B，A 和 B 向两个相反的方向飞去，那么 A 和 B 就称为"纠缠粒子"。

A 和 B 都有可能自旋，假定有两种自旋状态 —— 向上或向下。根据互补原理，在观测前，A 和 B 均处于不可测的"云雾状态"，即叠加态，

现在对 A 粒子进行观测，A 瞬间坍缩成一个粒子，随机地选择一种自旋状态，假设为向上。为了保持守恒，B 会别无选择地瞬间向下自旋。然而，并没有人对 B 粒子进行观测啊！怎么会坍缩呢？此外，如果对 A 进行观测就能影响到 B 的状态，B 何以知道 A 被观测的时间呢？就算有"心灵感应"，二者之间怎么做到瞬间通信的？而且这种通信超越光速——包含信息量是不能超越光速的。这就是史上著名的"EPR 佯谬"。

此时人们都在观望，有人等着看玻尔的精彩辩论，也有人等着看量子力学出丑，比如薛定谔。薛定谔看到 EPR 佯谬后称爱因斯坦抓到了量子力学的"小辫子"。玻尔听到爱因斯坦的隔空喊话，先是大吃一惊，不过很快又冷静下来，他有充足的理由来证明爱因斯坦揪住的不是小辫子而是大腿——胳膊是拧不过大腿的。

第二天，玻尔指出爱因斯坦的破绽所在：A 粒子在哪呢？B 粒子又在哪呢？不是说好了吗，在观测前它们都不存在，只能用波函数描述，也就是说，这个问题根本就是不存在的。这就好比我为了发家致富，决定和银行的工作人员沟通一下，在沟通之前我得先备一份小礼物——枪。等到枪店时，我却傻了眼，因为我没有钱买，所以说发家致富这一命题对我来说从一开始就不成立。读到此处，也许你会觉得好笑，但是如果把故事中的"我"换成"路人甲""过客乙"，我想故事的可笑度要打个大大的折扣。也许你也和我一样，毫不关心粒子的状态，除非它和一只猫的命运挂钩，于是诞生了史上最可怜的猫。

这次薛定谔稳稳地抓住了玻尔理论中的小辫子，提出了一个惨绝人寰的思维实验——薛定谔的猫。

如图 6.26 所示，一只可怜的猫被孤单地关在盒子里，它旁边有个剧毒无比的毒气瓶，毒气瓶上面有一个开关，开关由上面的放射性原子控制。若原子发生衰变，开关打开，锤子落下打碎毒气瓶，猫必死无疑；若原子不发生衰变，开关不会打开，猫依旧活蹦乱跳。现在的问题是，我们不知道原子是否会衰变，也不知道原子何时会衰变，只知道原子有一半的概率会衰变，所以猫有一半的概率会存活。

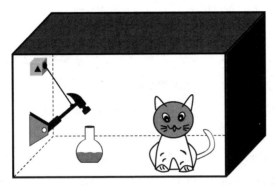

图 6.26　薛定谔的猫

　　猫到底是死还是活呢？打开看看啰！当薛定谔打开盒子时，猫非死即活。假设猫已经死了，薛定谔可以通过尸体的体温，甚至请个法医来确定死亡的时间。总之，猫是死是活都不是薛定谔所决定的。

　　但是玻尔就没有那么幸运了。根据哥本哈根派的理论，在观测前，原子是一团"云雾"，处于衰变 / 不衰变的叠加状态，那么猫也就处于死 / 不死的叠加状态。当玻尔打开盒子时，意味着对原子进行观测，原子瞬间坍缩，取衰变 / 不衰变中的一个状态。也就是说，在打开盒子的瞬间（被观测），猫的状态瞬间坍缩，取死 / 不死中的一个状态。从根本上说，玻尔的观测决定了猫的最终状态——死还是不死。如果玻尔不观测，那么猫将永远处于死 / 不死的状态。

　　何必这么麻烦，如果法律允许，把猫换成人不就行了？实际上，里面的人与外面的世界是不能通信的，因为通信就意味着被观测。薛定谔的猫论证的是观测者与未观测世界的关系，说到底，就是意识与客观世界的辩证关系。

长久以来，人类在潜意识里拟定了一个客观存在的世界，人作为客观世界的一部分，只能有限度地改造世界，不能决定客观世界。比如烛火在风中摇曳，可以说是风动，也可以说是烛火在动，与人看不看没有关系。风动、烛火动都不以人的意志为转移，而是被自然规律决定好的。承认世界客观存在且符合因果规律便是决定论，又称为"拉普拉斯信条"。法国数学家拉普拉斯曾骄傲地对拿破仑说：如果给定了宇宙的初始和边界条件，他就能计算出宇宙中任何一点在任何时刻将要发生的事。

然而，佛家却说：风未动，烛火也未动，而是心在动。心者，意识也，当人心如冥茫时，风动、烛火动对于他没有任何意义，这可能是王阳明"心外无物"的缩影，属于哲学范畴。但是哲学始终无法解释，当我们心如明镜时，风和烛火是怎么瞬间出现在我们眼前的。

互补原理的本意是解释微观粒子的行为，可是薛定谔巧妙地借助他的猫将来自哥本哈根派的解释推向了风口浪尖 —— 意识决定客观世界的存无？

如果玻尔回答是，那么又是谁的意识呢？上帝的意识？在无神论者眼中，上帝不过是一个拟人化的宗教形象，而在信徒的眼中，或许上帝就等同于客观世界，所以归为上帝太牵强；人类的意识？那么人类以前的世界呢？要知道从进化角度来说，"人"不过才存在几百万年，相比宇宙，那不过是某人一生中的某次眨眼而已；玻尔的意识？那么玻尔出生以前和去世以后，宇宙该如何自处呢？

不管怎样，决定论出现了危机！也许这个时候的拉普拉斯很想让人扶他起来与玻尔辩论，或者修改自己的哲学。在量子力学面前，$1 + 1 = 2$都显得那么费力。在此，虚拟一段没有结论的对话，只为抛砖引玉。

小爱和小玻

小爱："你说无法观测的世界对人没有意义，难道我不看月亮时，月亮就不存在？"

小玻："你这个假设本身就不成立，月亮是可以测量到的，宇宙中很多的星星都超过了人类的视界，你说说它们对于我们有什么意义？"

小爱："但它们存不存在，不是人能决定的。"

小玻："是的，但在物理上，你也是这样处理的。还记得你在建立等效原理时，有个自由落体的电梯实验吗？时间一直存在，但是电梯里的人却无法测量，请问时间对于他而言有什么意义？"

小爱："这仅仅是一个思维实验，现实中是不存在的。"

小玻："我想是存在的，正所谓'山中无甲子，寒尽不知年'，如果没有时间测量，时间也会毫无意义。实际上，这种情况人一般能感受得到，比如有的人一觉睡醒，昏昏沉沉地完全感受不到时间，在看表之前，时间对他而言也是没有意义的。"

辩论至此，爱因斯坦也不能完全否定哥本哈根派的量子力学。只是他认为它对自然的解释不够完备，那怎么样才能完备呢？爱因斯坦及他的追随者们提出了"隐变量"的概念。

早在1927年的第五届索尔维会议上，德布罗意就认为人类搞不清电子的行为的主要原因是没有把一个"未知因素"加进去，一旦加进去，问题就迎刃而解了。就像现在很多质疑不确定原理的人认为，不确定性是因为人类的测量还没有达到某种水平，一旦达到了，不确定也就确定了。

　　未知因素是什么？不知道，只知道它隐藏在事物的内部，故而称为"隐变量"。隐变量理论由玻姆（1917—1992）提出，时间是1952年。隐变量真的存在吗，它真的符合决定论吗？我们以打麻将为例，虽然打麻将充满着概率性、随机性，但毫无疑问，每家的牌和其他三家都有说不清道不明的关系，这种关系可能就是麻将里的隐变量。假设坐在东边的爱因斯坦已经听牌并且是"嵌三条"，而三条已经被别人暗杠了，那他这局就别想和牌了。

　　如果将一桌麻将看成一个系统，那么它必须满足以下三点。

　　（1）决定论。别人打出了三条，爱因斯坦才能赢牌。

　　（2）局域性。信息不能超越光速，也就是说，和牌不能与出牌同时发生。

　　（3）实在性。大意是指可以将某个物理系统孤立起来，也是就说，这一桌麻将和其他桌没有关系。当爱因斯坦听到有人喊三条时，千万别着急和牌，因为有可能是隔壁桌的玻尔出的。

　　这是爱因斯坦向往的物理理论，三者缺一不可。有此三者，才可以称为完备。对于EPR佯谬中的纠缠粒子，如果它们真能同时且瞬间坍缩，爱因斯坦认为也是隐变量导致的，就像一副分开的手套，无论何时何地，只要看见左手，就知道另外一只是右手——决定论依然有效。

　　1964年，爱因斯坦的粉丝贝尔（1928—1990）在得知隐变量理论后，从数学上推导出一个不等式，称为"贝尔不等式"。他将粒子自旋的方向定义为"前后、左右、上下"，画在三维坐标上，可得 $|P_{xz} - P_{yz}| \leqslant 1 + P_{xy}$，其中 P_{xz} 表示纠缠粒子一个向 x 方向转和另一个向 z 方向转的相关性。贝尔认为如果不等式成立，则预示着纠缠粒子像爱因斯坦的手套那样。但事实让贝尔失望了，越来越多的实验证明纠缠粒子更像两枚分别旋转的硬币，其中一个倒下、正面向上，另一个也瞬间倒下、反面向上——决定

论荡然无存。

自 1972 年起，科学家们不断地证明贝尔不等式在多个场合下不成立。1998 年，科学家们甚至让一对纠缠的光子分离 400 米远，验证了贝尔不等式的不成立。尽管很多人对实验的准确度产生怀疑，但是越来越多的证据显示爱因斯坦当年真的错了。不管未来如何，爱因斯坦与玻尔之间的大辩论以玻尔的胜出而告终。不过这一切，爱因斯坦和玻尔都看不到了。

1955 年 4 月 18 日，爱因斯坦蒙上帝的召唤回到了上帝的身边。也许此时的爱因斯坦早已搞清了宇宙的真相，又或许爱因斯坦看见了上帝的抽屉里摆满了骰子……

玻尔也没有等到贝尔不等式不成立的那一刻。1962 年 11 月 18 日，玻尔在丹麦去世，据说他逝世当天还在黑板上画着当年与爱因斯坦辩论的光子逃逸图……

1961 年 1 月 4 日，薛定谔静静地躺在了奥地利美丽的小山村阿尔卑巴赫。也许薛定谔并没有死，只是处在"薛定谔的状态"中。

1970 年 1 月 5 日，波恩离开了人间，或许他在天堂碰见了爱因斯坦，寒暄拥抱后，从口袋里掏出一款玩具对爱因斯坦说："来，我们玩一局大富翁……"

1976 年 2 月 1 日，海森堡与世长辞。要不是战争，海森堡的一生将是无比光辉的。

九十五岁高龄的王子德布罗意于 1987 年 3 月 19 日去世，他的理论总是那么新颖，那么提纲挈领，物质波、未知变量、引导波[①] 都是如此。

相比德布罗意，泡利的寿命实在太短暂。1958 年 12 月 15 日，泡利

---

　　① 尽管德布罗意放弃了引导波，但 1952 年，玻姆将其发展，形成新的理论，算是对波函数的一种新诠释。

带着他的"狙击枪"离开了人间，以至于后人对某个问题迷惑不解时，常感慨："若泡利还在，不知道他会有什么高见？"

爱因斯坦终其一生都没能将物理学统一到万有理论之下，他的后半生在量子力学的道路上越走越远，晚年的他几乎不看物理学的新发现。曾有历史学家开玩笑地说，1925年后的爱因斯坦选择做渔夫也不会影响物理学的进程。但是笔者认为一个人要获得成功需要的是朋友，一个人要获得巨大的成功需要的是"敌人"。没有爱因斯坦，量子力学恐怕不会如此成功。只是可惜，这位物理学的大明星客串了二十多年的"反派角色"——至少目前看来是这样。

这些伟大的人物共同缔造了一段物理学的黄金时代，以至于后人在谈论这些名字时依旧热泪盈眶。如果将这段峥嵘岁月拍成一部电影，那么绝对值得我们反复观看。我知道，我只是一个写故事的人，也不知道有没有把量子力学的故事写清楚，只知道如果继续写下去，早晚会疯掉；读者朋友，不知道你是否看得明白，如果你看明白了，那一定是我写得不好，因为玻尔曾说过："谁不对量子力学感到困惑，那肯定是不懂它。"

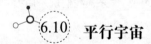

6.10 平行宇宙

还有人关心那只连生死都不知道的小猫吗？

1956年，美国量子物理学家艾弗雷特（1930—1982）在读博期间写了篇论文，提出了一个与哥本哈根派相反的观点。他认为既然波函数的概率性不可捉摸，不如直接承认波函数不是概率的，而是真实存在的，所以这篇论文叫《没有概率的波动力学》。既然波函数是真实的，波就不能坍缩——不能违背狭义相对论，所以"坍缩"一词就像当初的以太，只是人类直观上的感觉，它也应该被奥卡姆剃刀剃掉。

既然波函数没有坍缩，又怎么经过双缝呢？艾弗雷特认为电子在宇宙中按照薛定谔方程演化，通过双缝时，宇宙瞬间分裂成了两个宇宙，一个宇宙从左缝通过，另一个宇宙从右缝通过。两个宇宙之间并无交集，因此叫作"平行宇宙"，也叫作"平行世界"。

在薛定谔的实验中，平行宇宙理论认为，在打开盒子（测量）的一瞬间，宇宙发生了分裂，一个宇宙中的原子衰变，另一个宇宙中的原子没有衰变；猫同样也会进入两个宇宙，原子衰变宇宙中的猫是死的，原子没有衰变宇宙中的猫自然是活的。这两个宇宙除一只猫是死的、一只猫是活的外，其他的一模一样。

纵使在今天，平行宇宙的假说都相当"雷人"，然而艾弗雷特是认真的，有 100 多页写满数学公式的博士毕业论文为证。不得不说，平行宇宙确实解决了测量带来的波函数坍缩的问题，所以他的博士导师惠勒（1911—2008）非常欣赏。

惠勒是曼哈顿计划的功勋人物，与玻尔一同研究过核裂变问题，两人相当熟悉。1959 年，惠勒带着艾弗雷特去哥本哈根见玻尔，艾弗雷特当面向玻尔阐释了自己的新思想，但是玻尔没有留下任何评语。很显然，玻尔对这种"离经叛道"的理论给予了无声的回应，玻尔的学生们更是称它为"邪派异说"。无可奈何，艾弗雷特淡出了物理学圈子，去美国国防部工作，后又创办过公司，成了富翁，一晃就是十几年。

20 世纪 70 年代，美国物理学家德威特（1923—2004）发现了平行宇宙的价值，再次将它推向物理学界，并把它称为"多重宇宙"或"多重世界"。在被一些物理学家点评后，平行宇宙成了最热门的话题之一。20 世纪 70 年代末，艾弗雷特想重返物理学界，甚至还被惠勒邀请去大学演讲，但最终未能如愿。1982 年，艾弗雷特因心脏病过早离世，未能继续推广他的理论。

对于一个颠覆性的假说，如果所有人都支持，那它肯定是盖棺论定了的；如果所有人都反对，那它离死也不远了。平行宇宙假说之所以能"死而复生"，正是得到了很多物理学家的支持，比如霍金。霍金非常赞同平行宇宙，粒子可以有叠加态，由粒子组成的宇宙为什么不能呢？有叠加自然可以分裂，电子、人乃至宇宙万物都可以分裂进入不同的宇宙。霍金曾调侃地说："我在另一个宇宙可不是这样。"那么，另一个宇宙中的"我"是什么样的呢？科幻作品的回答很精彩，其中最有名的当数电影《蝴蝶效应》。电影的主角通过日记本回到过去，在某个过去的时间点上选择做相反的事。如果把这个时间点看成是宇宙分裂，那么他就是从一个宇宙回到宇宙分裂的那一刻，然后进入另一个宇宙中。只是在进入另一个宇宙之前，忘了喝一碗"孟婆汤"[①]——依然记得这个宇宙的事情，从而导致平行宇宙不是平行而是相交的。

这在物理学上是不成立的，平行宇宙之所以平行，是因为两个宇宙之间没有任何交集。所以，"我"永远不知道另一个宇宙中的"我"是什么样的。既然不知道，怎么测量另一个宇宙的存在呢？无法测量。既然无法测量，又怎么肯定另一个宇宙的存在呢？这似乎又是一个"以太"问题。光传播不需要以太就能说以太不存在吗？显然不能，所以相对论并没有证明以太的存在或不存在，只是根据"如无必要，勿增实体"的纲领，不需要考虑它。物理学需要平行宇宙吗？太需要了！波函数坍缩（或薛定谔的猫）困扰了哲学、物理学很多年，该有个解释了。至于解释得对不对，每个人心中都有自己的答案。

有支持就有反对，反对的理由也非常多。最基本的问题是，平行宇

[①] 孟婆是中国民间传说中的人物。传说人在去世后，魂魄都会喝一碗孟婆汤，借以忘记前世的所有事情。

宙假说不符合质量守恒,即宇宙分裂,一个变成两个,质量平白无故地翻了一番。不过,这个问题在支持者的眼中并不是一个问题,因为他们认为宇宙包含暗物质与暗能量,如果把所有物质与能量加起来,总和可能是0,所以分裂后宇宙质量的总和还是0。另一个悖论是,假设薛定谔的猫已经以活着的状态进入其中一个宇宙,在新宇宙中,先关上盒子,没有衰变的原子依然有1/2的概率发生衰变。一段时间后,再打开盒子,新宇宙又分裂成两个宇宙,一只猫活着进入下一个宇宙……如此无限循环下去,总有一只猫将会永生。需要特别强调的是,这里的"永远"与阿喀琉斯"永远"追不上乌龟不是一回事。

惠勒可能早就感觉到宇宙分裂存在问题,因此建议艾弗雷特将论文中的"分裂"换个词,但是艾弗雷特没有照做。后来还是惠勒想了个好主意,他认为宇宙并非分裂成更多的宇宙,而是进入了其中一个"子宇宙"。"总宇宙"由无数个子宇宙组成——就像一条线由无数个点组成一样,总宇宙比子宇宙维度更高,子宇宙是总宇宙的某个分量或某个方向上的投影。当打开薛定谔的盒子,一只猫活着进入了其中一个子宇宙,另外一只以死亡状态进入另一个平行的子宇宙。总宇宙并没有变化,变化的是方向及总宇宙在该方向上的取值。在数学上,惠勒的方案是成立的,但是物理解释未免牵强。有些物理学家认为艾弗雷特和惠勒的思想太过于小题大做,只是小小电子的问题,却搬出了宇宙,真是杀鸡用了宰牛刀。

20世纪60年代,科学家们找到了微波背景辐射,宇宙起源于一次大爆炸的假说不再是天方夜谭,但同时也带来新的问题,于是科学家们将平行宇宙加以推广。2003年,美国宇宙学家泰格马克(1967—)在一篇论文中,将平行宇宙按照物理规律分为4个等级。

(1)人类视界之外的宇宙。光速有限,人类能到的宇宙也是有限的。科学家们认为可观测宇宙的直径为730亿光年,由于宇宙加速膨胀,超出该直径的地方，人类会永远看不到，所以会有一个超级无限的宇宙，而我们所处的宇宙只是超级宇宙的分量。各个分量间的物理常数相同，但粒子的构造方式可能不一致。

（2）现在科学已经证实宇宙是在加速膨胀的，这就给大爆炸理论带来很多问题。有学者认为，原始原子总在不断爆炸，新宇宙在不断地诞生。平行宇宙间的物理规律是相同的，但是物理常数会不同。

（3）量子解释下的平行宇宙。

（4）终极宇宙。在终极宇宙中，一切规律都是统一的，都是用数学来描述的。

与其他科学假说或理论不同，平行宇宙并非科学发展的必然产物，却把科学带入了奇思怪想之中，这条路究竟是对是错呢？目前没有答案。但我想这样做还是有意义的，正如汤姆孙仿照布朗运动来研究电子排列一样，尽管现在知道汤姆孙的实验方案是错误的，但科学的美在于未知。

都知道今晚会尿床，谁还敢睡觉呢？

6.11 粒子、场与弦

1911 年，卢瑟福等人在实验中证明了原子核的存在，但是原子核又是什么呢？它是一种独立单位还是某种"组织机构"呢？1914 年，卢瑟福等人又如法炮制，用 α 粒子轰击氢气，得到一种新粒子，计算得出该粒子带正电，其电荷量与电子相当，但质量是电子的千倍。由于氢原子是元素周期表中最小的元素，因此可以推断氢原子核就是由这种粒子组成的。卢瑟福将这个新粒子命名为"质子"，质子出自希腊语，意为"第一"。

一个氢原子由一个质子和一个电子组成，质子带一个单位正电荷，电子带一个单位负电荷，二者相加为零，所以氢原子不带电；质子的质量为一个单位，电子的质量大约为 1/1000，因此在计算原子质量时，电子质量可以忽略不计。

一开始，科学家们认为元素多样化是由原子核内的质子数不同引起的。如氢原子核有 1 个质子，氦原子核有 2 个质子，以此类推。但是在推算氦原子时出现问题，氦原子核外有 2 个电子，因此核内只可能有 2 个质子，但是质量却是氢的 4 倍，剩下的质量该算到谁的头上呢？卢瑟福预言原子核内除质子外还有其他粒子，这个粒子由一个质子和一个电子"揉"在一起组成，因此不带电，质量与质子差不多。因为不带电，所以很容易穿透磁场——这也是很难找到它的原因。1920 年，卢瑟福在美国贝克利演讲中提到了这个假说，但当时很多科学家没有留意。

1930 年，德国物理学家博特（1891—1957）和他的学生贝克用 α 粒子轰击较轻的原子——特别是核内只有 4 个质子的铍原子时，得到了一种能量很强的粒子。这种粒子在磁场中不偏转，再通过很厚的铅板后，数量并未减少，说明它有很强的穿透力。这样强的穿透力，α 和 β 射线都做不到。博特并不了解卢瑟福的预言，仅猜测它是一种类似于 γ 射线的粒子。1932 年，约里奥 - 居里夫妇[①]重复了博特的实验。不同的是，他们把产生的粒子通过石蜡，测算出的速度比博特和贝克估算的还要大很多；相同的是，他们延续了博特和贝克的思考方式，认为产生的粒子是质子的某种效应。

卢瑟福的学生查德威克（1891—1974）在看到约里奥 - 居里夫妇的论文后向卢瑟福请教，卢瑟福认为这可能就是自己当年预言的新粒子，建

---

① 伊雷娜·居里（1897—1956）是居里夫人的大女儿。按照欧洲的习俗，女人结婚后跟随夫姓，但她和她的丈夫让·约里奥（1900—1958）觉得居里的姓氏太伟大，因此采用合姓约里奥 - 居里。

议查德威克换个方向思考。查德威克用 α 粒子轰击硼元素（核内 5 个质子），得到氮元素（核内 7 个质子）和一种有质量的新粒子。这种粒子不带电，但是也绝不可能是 γ 射线，因为光子没有静止质量。因这种粒子不带电，无法在磁场中测速，查德威克将新粒子撞击重原子核，测量后者被撞击后的速度，从而确定其质量与质子相当。很显然，这与卢瑟福的预言是一致的。由于不带电，查德威克将其命名为"中子"。1932 年，查德威克将该发现写成论文发表，并于 1935 年获得诺贝尔物理学奖。

约里奥－居里夫妇看到查德威克的论文后遗憾地感慨道："要是我们夫妻二人听过卢瑟福在贝克利的演讲的话，就不会让查德威克捷足先登了。"有趣的是，约里奥－居里夫妇因人工合成放射性磷元素（磷的同位素）获得了 1935 年的诺贝尔化学奖。要是约里奥－居里夫妇真的"捷足先登"，不知道 1935 年的诺贝尔奖该怎么颁发。

同位素、核裂变和核聚变

1789 年，化学家拉瓦锡制定了第一个元素表。经过化学家们百余年的努力，元素表变得更加丰富和科学。随着研究的深入，科学家们发现有些原子质量不同的元素却具有同样的化学性质，从而导致不知道将它们如何列入元素表。1910 年，英国化学家索迪（1877—1956）提出一个新观点，认为这些化学性质相同的元素是同一种元素，应当放在元素表的同一位置，因此称为"同位素"。同位素的化学性质相同，但质量不同。

与此同时，电子的发明者汤姆孙正在改良测量电子的仪器。有次他用新仪器测量氖气，发现氖离子会形成两条抛物线。刚开始，他以为氖气不纯，但无论怎么提纯，两条抛物线依然存在，这说明氖元素存在不同的质量，即存在氖同位素。不久，索迪和汤姆孙的工作再次得到证实，索迪因此获得了 1921 年的诺贝尔化学奖。该奖于 1922 年颁发，1922 年的诺贝尔物理学奖授予了玻尔。早在 1911 年，玻尔就曾独立提出同位素的假说，他认为元素的化学性质只取决于核外电子，与原子的质量无关，核内电荷数相等的就为同一种元素。玻尔多次向卢瑟福提出自己的想法，但均被卢瑟福否定了。卢瑟福和法拉第一样，宁可多做一次实验，也不愿多提出一种假说。那时科学家还没有发现质子和中子，因此玻尔也没有办法进一步阐明自己的道理。

中子被发现后，同位素就有非常完美的解释了。比如氢原子，它由一个核内质子和一个核外电子组成。纯净的氢气中还含有氢的同位素——氘，氘核内有一个中子和一个质子。1934 年，卢瑟福用氘核轰击氘核后，发现了氢的另外一种同位素——氚。在物理学中，人们常常用氕、氘、氚来表示氢的三种同位素（图 6.27），其中氕就是我们常说的氢。

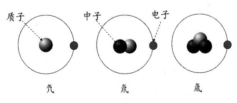

图 6.27　氢的同位素

在自然界中，许多元素具有多种同位素，其中一些同位素具有放射性。比如核燃料铀 235，它核内有 92 个质子和 143 个中子。铀 235 被高速中子轰击后，会发生裂变，产生钡、氪等较轻的原子核,还会产生大量的高速中子。高速中子继续轰击铀235原子,进而产生链式反应(图6.28)。在裂变过程中,原子质量会亏损,转化成能量,原子弹就是利用这一原理制成的。

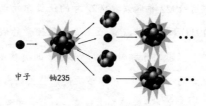

图 6.28　核裂变

核反应除了核裂变还有核聚变。两个氢的同位素——氘和氚在极高的温度下会发生聚变,产生一个氦原子、一个中子和其他射线①(图6.29)。伴随着质量亏损,释放出比裂变更大的能量,能量促使其他的氘和氚继续聚变。氢弹基本上就是依据上述原理制成的。

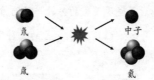

图 6.29　核聚变

太阳的能量也是来自氢的聚变,但原理与氢弹聚变不一样。太阳上有大量的氢(一个质子),氢与氢之间发生聚变会产生一个氘核、一个电子和其他射线,氘核再与氢聚变,产生 ^{3}He 核——氦的同位素。两个 ^{3}He 核之间发生聚变,产生两个氢和 ^{4}He 核(图6.30)。

───────────────

① 图6.29和图6.30为求简明,均只画了聚变时原子核的变化,没有增加相关射线。

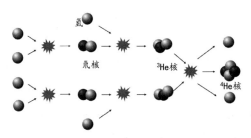

图 6.30　太阳核聚变

氢弹式核聚变会产生大量的高能中子。由于中子无法用磁场束缚，所以会对环境造成严重破坏。太阳式核聚变则安全很多，因此太阳式核聚变产生的核能可能是下一代主力能源。目前的核聚变燃料主要来源于海水，数量有限，且提取困难。经研究发现，月壤中含有大量的 ^3He 元素，可为人类提供 500 年的能源，因此探月工程有着实际的经济意义。2004 年，我国正式启动名为"嫦娥工程"的探月工程。2020 年 12 月 17 日，嫦娥五号带着月壤成功返回地球，令西方顶尖科学机构都羡慕不已。

至此，原子核的内部可以描述为由质子和中子组成，质子带一个单位正电荷，中子不带电，质子与中子的质量差不多——不是相等，所以才会产生质量亏损。质子数的不同是区分元素的根本依据，但是同种元素的中子数可能不同。

1930 年左右，泡利和费米等人也曾预测一种中性粒子的存在。β 射线（电子流）产生于元素的 β 衰变，但是经过费米测算，衰变前后的能量、动量和自旋角动量都不守恒。泡利推测衰变会产生一种新粒子，这种粒子不带电，于是称为"中子"。由于查德威克将新发现的粒子命名为中子，因此泡利不得不换个新名字，叫作"中微子"——比中子质量轻。当时科学家们对于中微子是否存在产生过激烈的讨论。1933 年的索尔维会议上，玻尔认为这种粒子可能不存在，而且非常大胆地提出可以在量子力学中放弃能量守恒。泡利又一针见血地指出中微子存在的外在条件，并建议在实验中找证据。果然，泡利是对的，中微子确实存在。在中子和中微子的基础上，费米对 β 衰变作了假设性解释：一个中子衰变成一个质子和一个电子外加一个不带电的中微子。

$$n \rightarrow p + e^- + v$$

其中，n 表示中子，p 表示质子，e^- 表示电子，v 表示中微子。

由于当时实验条件有限，物理学家没能从实验中直接找到中微子，所以费米的假说并没有引起足够的重视。费米被搞得心灰意冷，转投实验物理，并在实验物理上大放异彩，获得 1938 年的诺贝尔物理学奖。中微子直到 1956 年才被科温（1919—1974）和莱因斯（1918—1998）检测到，莱因斯因此获得了 1995 年的诺贝尔物理学奖，而此时的科温已经去世，没有进入获奖名单。

中子之后，从实验室中找到的新粒子是正电子，是美国物理学家安德森（1905—1991）利用一个叫"云雾室"的设备发现的。云雾室也叫作"威尔孙室"。1896 年，英国物理学家威尔孙（1869—1959）在天文观测时想到了一个好主意：往封闭的容器中输入纯净的水蒸气或乙醇蒸气，当一束带电粒子进入容器后，会使蒸气电离，形成小液滴，这些小液滴便能巧妙地记录带电粒子的路径。1921 年，威尔孙将云雾室改进，增加了照相设备。1927 年，威尔孙与康普顿一同获得了诺贝尔物理学奖。

1932 年，安德森将宇宙射线[①]引入云雾室中，并在云雾室上加了个磁

---

① 来自外太空的带电粒子。

场，通过观察相片上的轨迹，可以明确地计算出这是一个带正电、质量与电子差不多的粒子留下的，也就是正电子。安德森因发现正电子而获得了 1936 年的诺贝尔物理学奖。

反物质

　　实际上，早在两年前，狄拉克就预言了正电子的存在。1928 年，狄拉克将薛定谔方程与相对论和电子自旋结合，提出了狄拉克方程，方程有一对共轭解。轭本是套在牛肩膀上的弯曲的木头，如果让两头牛并排拉车，就需要把轭拼成对称的共轭。简单点说，共轭就是孪生。例如，方程 $x^2 = 1$，$x = \pm 1$ 可以简单地看成是方程的一对共轭解。共轭解的特点是大小相同，方向或符号相反。解狄拉克方程可以得出电子能量的共轭值，即有正有负的能量。能量不是矢量，只有正值，负能量表示什么呢？狄拉克认为既然正能量是由带负电的电子在磁场中运动产生的，那么负能量则是由带正电的电子在磁场中运动产生的，所以应该存在正电子。如果将共轭解推而广之，应用到所有粒子上，那么每种粒子都有一个"共轭粒子"与之对应，它们质量相同，电荷数相反，因此称为"反粒子"。粒子与反粒子结合后会湮灭，释放出光子。光子没有静止质量也不带电，它的反粒子就是本身。

　　电子有反电子，质子有反质子，那么一个反质子加上一个反电子就组成了一个反氢原子，再推而广之就能得到"反物质"。严格地说，反粒子就是反物质，所以反物质是存在的，只是目前还没能从自然界中找到大量的反物质。

与正电子一样，下一个新粒子的发现也是理论先于实验的。1935 年，日本物理学家汤川秀树（1907—1981）在研究原子核时发现质子的库仑力不足以束缚中子，所以在一个稳定的原子内，应该还存在一种介于质子与中子之间的粒子，这种粒子会让质子和中子和平共处，后来人们称之为"介子"。汤川秀树通过计算得出介子的质量比质子小、比电子大，大约是电子的 200 倍。

安德森一直忙于从宇宙射线中寻找新粒子。1936 年，安德森和助手内德梅耶找到了一种新粒子。这种粒子带负电，质量介于电子与质子之间，荷质比约为电子的 1/200—— 近似地符合汤川的理论要求。安德森将其命名为"中间子"，后来被称为"μ介子"。这一发现引起了物理学界不小的震动，很多物理学家都来研究 μ 介子。但是随着物理学家们研究的深入，他们发现 μ 介子并不参与核之间的相互作用，所以 μ 介子根本不是介子，而是和电子一样，属于轻子，只是质量比电子大很多，因此叫作"μ 子"。

汤川预言的粒子在哪呢？ 1947 年，英国物理学家鲍威尔（1903—1969）与其工作小组发展了一门利用照相乳胶观察粒子的新技术，终于从宇宙射线中找到了符合汤川要求的粒子，这个粒子被称为"π介子"。汤川和鲍威尔分别获得了 1949 年和 1950 年的诺贝尔物理学奖。为什么 μ 子比 π 介子更容易被发现呢？因为 π 介子很不稳定，容易衰变产生 μ 子和中微子。

$$\pi \to \mu + \nu$$

继 π 介子之后，科学家们从宇宙射线中还找到了一些新粒子。宇宙射线中的粒子寿命极其短暂，很快就会衰变，所以要找到新粒子变得越来越困难。20 世纪五六十年代，粒子对撞机投入使用，新粒子如雨后春笋般呈现在人类的面前。一时间，给粒子命名成了大难题 —— 希腊字母不够用了。

与普通常见的粒子（质子、中子、电子等）相比，还有一些不常见的粒子，称为"奇异粒子"。科学家们发现奇异粒子总是在强相互作用中迅速产生，然后又通过弱相互作用衰变成普通的粒子。粒子之间的相互转换暗示着可能存在更小尺度的基本粒子，它们的不同组合构建了种类繁多的大粒子。这个基本粒子叫作"夸克"，夸克分六种，即人们常说的六味，分别是上、下、奇、粲、底、顶。夸克自旋为1/2，带电量为 +2/3 和 -1/3。夸克还能不能再分下去呢？微观世界到底有多"微小"，目前还没有答案（图6.31）。

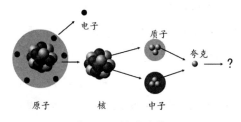

图 6.31　微观世界

1964 年，两位美国科学家盖尔曼（1929—2019）和茨威格（1937—）独立提出夸克模型。1968 年，科学家们从实验中得出质子还可以分成更小的点状物，从而证实了夸克的存在。1995 年，科学家们在费米实验室中找到了最后一种夸克——顶夸克，粒子的标准模型随之建立了。

什么是粒子？微观中的粒子并非我们常见的粒子，是微观物质所表示的粒子性质，它们依然具有波粒二象性。说到波粒二象性，让我们来回忆一下光子（电磁波）是如何产生的？麦克斯韦说变化的电场产生磁场，变化的磁场产生电场，于是就产生了电磁场，电磁场的变化激发了电磁波。那到底是怎样"激发"的呢？电磁波的产生和电子自旋一样，都无法用经典图像来描述。不过，人类是聪明的，没有的可以创造，创造不了的还可以想象。1927 年，狄拉克就类比于机械振子[1]，将电磁场看作由无穷多个

---

[1] 振子见 2.4 节。

振子组成，每个振子不停振动就会激发电磁波，每次振动就会产生一个光子，光子的频率由振子振动的频率决定。因为光子是量子化的，所以电磁振子的振动也必须是量子化的，于是得到量子化的电磁场。

如果把光子推广到任何微观粒子，便可轻松地认为每一种粒子都有一个量子化的场与之对应。场有量子化的能量态，由低到高便激发出粒子，反之则湮灭。不同粒子之间的相互转换也可以看成是两个场之间相互作用的结果，这样建立起的理论叫作"量子场论"。

在量子场论下，电子也是由电子场激发产生和湮灭的。1928 年，约尔当和维格纳（1902—1995）率先将电子场引入电子中，此时的波函数 ψ 不再是电子波也不再是概率波，而是一种场量——类似于电磁场。由此可见，波函数 ψ 是什么也许并不重要，重要的是怎么使用。

在量子场论中，粒子与场是协调的，因此物质间的相互作用是通过传递粒子来实现的。例如，电磁作用的传递粒子是光子，中子与质子之间的传递粒子是 π 介子，夸克间相互作用的传递粒子被称为"胶子"。

迄今为止，人类发现自然界中有四种力存在——电磁力、强相互作用、弱相互作用和引力。核子与核子间的相互作用属于强相互作用，粒子的衰变属于弱相互作用。这四种力的强度有很大的差别，如表 6.1 所示。

表 6.1　四种作用力的比较

作用力	强度	作用力程	媒介
电磁力	1/137	$<10^{-17}m$	光子
强相互作用	1	$10^{-5}m$	胶子
弱相互作用	10^{-5}	$F \propto 1/r^2$	$W^{\pm}$，Z^0
引力	10^{-39}	$F \propto 1/r^2$	引力子？

电磁力的传递粒子是光子。由于核子是由夸克组成的，所以强相互

作用的传递粒子是胶子。弱相互作用的传递粒子是弱介子，20 世纪 60 年代，物理学家格拉肖（1932—）等人就预言弱介子的存在。直到 1983 年，科学家们果然发现 $W^{\pm}$ 和 Z^{0} 等弱介子。引力的传递粒子是引力子。与其他粒子不同，引力子目前还没有找到。

　　从表 6.1 中可以看出，引力相对其他的自然力非常微弱，所以找到引力子是非常困难的。即便找到了，建立大统一的理论还有很多路要走。理论物理学家们早已料到这点，他们认为如果想要四种粒子统一，物理学观察物体的尺度还要再继续缩小，可能仅有目前尺度的百万甚至亿分之一。在如此微观的尺度下，粒子也就不存在了，而是一个一个的"弦"，也就是人们常说的"弦理论"。

　　1967 年，一位意大利学生为博士论文煞费苦心，他研究的方向是强相互作用力，因此需要找一个能够描述强相互作用力的方程。一天，他在一本两百多年前的书上找到了数学家欧拉（1707—1783）的一个数学方程。经过仔细琢磨，他认为该方程能很恰如其分地描述强相互作用，于是将其写入论文。该方程所描述的函数图像很像一根开口的皮筋（弦），"弦理论"因此而得名。弦理论在发展之初，并没有引起人们的注意。当人类又煞费苦心地寻找引力子时，弦理论终于被物理学家们从废弃的"垃圾篓"里捡了回来，正式上了台面——这是 20 世纪 80 年代的事。

　　在弦理论看来，自然界的基本单元不是电子、光子和夸克之类的点状粒子，而是很小的、线状的弦。弦的尺度是原子的亿分之一，但却是组成宇宙的根本，所有宇宙现象都可以通过弦的振动来解释。就像拨动一根琴弦会发出不同的音律一样，弦的不同振动方式会造就不同的粒子。与经典理论一致，弦振动得越剧烈，能量就越大，反之则越小。弦有闭弦、开弦，可以分裂，还可以相互碰撞成为更长的弦，物质与能量的交换都可以通过弦的分裂和碰撞来解释。既然弦如此灵活，统一四种自然力也就充满

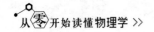
了希望。

在短短的三十年里，弦理论经历了两场革命，如今诞生了"M 理论"和"膜理论"。不过，这些理论都摆脱不了无法用实验验证的弊端，就目前而言，只能说弦理论是一种数学处理方法。这种数学处理方法让人头痛不已，甚至连高深的弦理论学家也不例外，可以说现在的理论物理学已经进入了"肉食者谋之"的时代。至于弦理论的前景会怎样，笃信者认为它将是明天物理学的太阳，但悲观者认为就怕漫长的黑夜让意外先来临。

第7章 宇宙学

7.1 宇宙在膨胀

1610 年，当伽利略将刚发明的望远镜对准银河时，发现银河不是别的，而是由一颗颗星星汇聚成的星系，也就是我们今天所说的"银河系"。当时日心说已经盛行，于是人们认为宇宙中的星体都在银河系中，即宇宙等于银河，而太阳就在银河系的正中心，所有的星体都绕着太阳转动。

这种看法一直持续到 20 世纪。当时欧洲顶尖的科学家都在研究量子力学，比如泡利和海森堡。他们都在学习了广义相对论后，觉得量子力学更有趣味，于是选择了量子力学。而美国自南北战争之后，进入了飞速发展的黄金时代，虽然在自然科学研究上还不是世界的中心，但是他们正在为天文学研究建立很好的实验环境，因此 20 世纪初的很多天文学上的成就都要归功于美国天文学家。

1918 年，美国天文学家沙普利（1885—1972）经过长期的观察，认为太阳系并不在银河的正中心，而是在边缘。另一位美国天文学家柯蒂斯（1872—1942）根据前人对旋涡星云的观测结果，认为旋涡星云不属于银河系，理由是旋涡星云的运动比恒星复杂得多——比较慢甚至有些是静止的。柯蒂斯的观点引起了很多天文学家的反对，其中就包括沙普利。1920年，两位天文学家展开大辩论，但是双方都没有压倒性的证据。

证明宇宙不等于银河系的是哈勃。哈勃（1889—1953）是土生土长的美国人，大学里主修天文，毕业后去牛津大学攻读法学，后来成了一名律师，参加过"一战"，退伍后被威尔森天文台聘用。当时威尔森天文台建了一个大口径天文望远镜，哈勃有幸成了第一位使用者。哈勃相信柯蒂斯的论断，但是要证明这一点，还得想办法测量旋涡星云到地球的距离。

测量天体到地球的距离

闭上一只眼睛看一个物体和闭上另一只眼睛看同一个物体，角度会有差异，通过这个角度差异和两眼距离，便可以计算出物体到人的距离。这种方法叫作"视差法"（图7.1）。视差法起源于古希腊时代的喜帕恰斯。

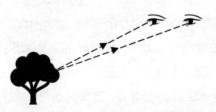

图7.1 视差法

视差法的精度取决于视差产生的角度，当物体越远，角度差异越小，误差就越大。倘若用人眼测量月亮到地球的距离，光靠睁一只眼闭一只眼是不行的。怎样正确测量月地距离呢？增加

"两眼"的距离,便能获得精确的数值。喜帕恰斯正是这样做的,他跨越地中海,在亚欧非多地分别测量仰望月球的角度,根据三角形的关系,计算得出月地距离大约是地球半径的60倍。在喜帕恰斯之前,阿利斯塔克曾根据月食测量出月地距离,但并不精确,因此喜帕恰斯是历史上第一个精确测量月地距离的人。

第一个精确测量地球半径的科学家是古希腊的埃拉托色尼(公元前275—公元前193)。埃拉托色尼出生于今天的利比亚,那时处于希腊文化的统治之下,我们现在所熟知的"经纬度"就是他发明的,因此被后人尊为"地理学之父"。

埃及有个叫赛伊尼的城市,位于北回归线上。城市中有一口很深的井,每当夏至日的正午,太阳光能直射井底,也就是说,夏至日正午的太阳位于这个井口的正上方,那么阳光的延长线一定会到达地心(图7.2)。此时的太阳肯定不会直射另外一个城市——亚历山大城。于是他用一根长柱,垂立于地面,测出亚历山大城在夏至日正午时的阳光入射角,根据这一角度和两座城市的距离,便能测出地球的半径。

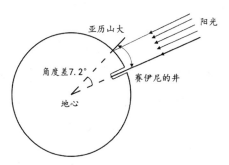

图7.2　测量地球半径

喜帕恰斯正是在埃拉托色尼的基础上,测出了月地距离值。

后来喜帕恰斯用同样的方法测量日地距离，但误差非常大。造成误差的原因还是"两眼"的距离太小。

　　一千多年来，科学家们不断估算日地距离——包括哥白尼，但都不精确。第一次精确测量日地距离的是意大利天文学家卡西尼（1625—1712）。既然日地距离不好直接测量，那么可以先测量火星到地球的距离，再根据开普勒第三定律，推算出日地距离。1672年，卡西尼在巴黎和南美洲两地分别测量火星的视差，第一次比较精确地得出了日地距离。

　　当"两眼"的距离越来越大，能测量的距离也就越来越远。天文学上，测量恒星距离最常用的方法还是视差法。"两眼"的距离是日地距离的两倍，是地球周年运动产生的，因此叫作"周年视差"（图7.3）。尽管原理很简单，但测量起来难度还是非常大。

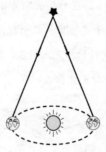

图7.3　周年视差

　　视差法测量离太阳系较近的天体（500光年[①]以内）比较方便，但是测量遥远的星云就不准确了。星云距离太阳系非常遥远，该怎么测量呢？好在星云中总含有一类发光且呈周期变化的恒星，

[①] 光年是距离单位，1光年就是光走1年的距离。

称为"变星"。变星是英国天文学家古德利克（1764—1786）于1784年发现的，当时他发现了两颗变星，其中一颗是仙王座的δ星。中国古代的天文学家们称这颗星为"造父一"——造父是中国古代传说中星官的名称，后来我们将所有的变星统称为"造父变星"。

1912年，美国天文学家勒维特（1868—1921）根据观察大麦哲伦星云中的上千颗造父变星得出结论：造父变星的变化周期与亮度有直接的关系，变化周期越长，亮度越大。勒维特通过计算得出二者之间的数学关系式，称为"周光关系"。测量造父变星的亮度变化周期，就可以得出其亮度。亮度和距离的关系又怎么衡量呢？

很早以前，喜帕恰斯凭借着个人毅力，绘制了一份详细的恒星星图。除了位置，还绘制了恒星的亮度：将肉眼看起来最亮的20颗星定义为一等，将最暗的星定义为六等，以此建立"视星等"。但是判断远处光源的亮度由距离和光源本身的亮度共同决定，比如夜晚看星空，月亮最明亮，但这仅仅是因为月亮离地球最近而已。所以，后人在视星等的基础上，建立了"绝对星等"：假设把所有的恒星都放到一个标准距离①上，通过数学换算得出亮度等级。也就是说，有了亮度等级，就可以根据标准距离估算出恒星到地球的距离。1918年，沙普利就是根据银河系造父变星的周光关系，得出银河系的大小及太阳系在银河系中的位置。

勒维特是一位伟大的女天文学家，曾就职于哈佛大学天文台，她的成就可能会让她获得诺贝尔物理学奖。1924年，一位瑞典科学家打算提名勒维特，写信给当时的台长沙普利，请求后者

---

① 标准距离为300兆公里，约为32.6光年。

给出一点关于勒维特的工作资料。沙普利在回信中说勒维特已经去世了，并声称真正能获得提名资格的是他本人，因为正是他发现了勒维特工作的价值。由于诺贝尔奖不授予逝者，因此勒维特没有被提名，但也没有提名沙普利。沙普利对人类认知宇宙作出了不小的贡献，但终身没有获得诺贝尔奖。

1924 年，哈勃利用周光关系测量仙女星云中造父变星到地球的距离，其结果大大超出了银河系的大小，因此仙女星云是一个星系，与银河平起平坐。此时人们才了解到，宇宙不等于银河系；银河系外还有很多星系，星系中还有很多星星。

不久，哈勃用同样的方法一口气找到了 9 个星系。哈勃对这些星系的光谱进行研究，结果让他大吃一惊：这些星系的光谱都发生了红移，越远的星系，红移越厉害。根据多普勒效应，红移表示光源正在远离，也就是说，所有的星系都在离我们而去，越远的星系速度越快。不仅如此，哈勃还发现所有的星系之间都在相互远离，就像吹气球一样，越吹越大，上面的每个点都在相互远离。哈勃无意间发现了一个"令人恶心"的事实：宇宙在膨胀。

长久以来，人们都认为宇宙是静态的、不变的和永恒的，但是引力始终都在，宇宙终究要在引力的作用下聚集到一起。爱因斯坦也有这样的担心，于是提出与引力相对的物理概念——斥力。斥力贯穿于整个宇宙空间，与物质无关。他在广义相对论方程中增加了一项宇宙常数（Λ），有了宇宙常数，爱因斯坦的宇宙就是静止的、永恒不变的。

$$R_{\mu\nu} - \frac{1}{2}Rg_{\mu\nu} + \Lambda g_{\mu\nu} = \frac{8\pi G}{c^4}T_{\mu\nu}$$

1917 年，爱因斯坦提出了一个有限的、没有边界的宇宙模型。这个模型正如地球一样：如果一个人始终沿着一个方向走，只要不掉进海里，他总能回到出发点上来。在一次讲座中，爱因斯坦阐述了自己的理论，底下坐着一位主教。主教用颤巍巍的声音问爱因斯坦：如果宇宙恒定，是不是就意味着上帝的存在 —— 宇宙之外便是上帝。爱因斯坦笑着说他创立宇宙常数与上帝无关。从哥白尼算起，已经过去了几百年，仍有人在为上帝安排一个合适的"住所"而操心。

1922 年，苏联数学家弗里德曼（1888—1925）在没有增加宇宙常数的情况下解广义相对论方程，发现宇宙空间存在三种可能性，平直结构、双曲马鞍面结构或爱因斯坦提出的封闭的球状结构（图 7.4）。前两种情况下的宇宙都是在膨胀，第三种宇宙则是收缩和膨胀来回交替。不管哪种结果，宇宙都不是永恒的。

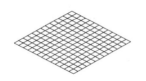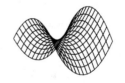

图 7.4 宇宙空间

弗里德曼将自己的结论写成论文，寄给爱因斯坦。爱因斯坦算了一下，认为弗里德曼算错了，因此不建议杂志社将其发表。弗里德曼又算了几遍，实在找不出什么地方有错，于是连同计算稿纸全部寄给了爱因斯坦。爱因斯坦一算才知道原来是自己算错了，他立刻给杂志社写信澄清并道歉，但是他依然坚持宇宙是静止的，而弗里德曼的解是没有任何物理意义的，只是数学上的手法而已。

几乎与此同时，比利时牧师勒梅特（1894—1966）在完全不知道弗里德曼工作的情况下，独自解带宇宙常数的广义相对论方程，最后得出结论：尽管宇宙看似平静，但只要稍微扰动一下，就会变得不平静 —— 不是收缩就是膨胀。勒梅特的这篇论文以法语发表，所以并不流行。其后勒梅特去美国求学，认识了哈勃。1927 年，在第五届索尔维会议上，勒梅特把之前的文章给爱因斯坦看。爱因斯坦难以接受动态宇宙的假说，回答道："你的数学简直无懈可击，但物理方面的观点真是糟透了！"

1929 年，哈勃的工作已经有了很大的突破，得出了著名的"哈勃定律"。消息传到欧洲，爱因斯坦特意到美国跑了一趟。在事实面前，爱因斯坦只得承认宇宙不是静态的，并称宇宙常数是他"一生中最大的错误"。

至此，再也没有人怀疑宇宙在膨胀了。

宇宙膨胀就要面临一个非常大的哲学问题：生从何来，死往何去？假设将宇宙的膨胀过程拍成电影，再把电影倒序播放，那么宇宙就像泄气的气球一样慢慢收缩、慢收缩、收缩、缩 —— 最终缩成一个点；宇宙中所有的物质也会慢慢靠近、慢靠近、靠近、近 —— 最终也聚在这个点上。所以，我们有理由相信，如果沿着时间往上追溯，总会在某个足够早的时刻，宇宙处在很密集的状态，这就是宇宙的起点。宇宙起点有多小呢？1927 年，勒梅特提出了一种假说：宇宙起源于一个"原始原子"。他还初步计算了原始原子的大小和密度。原始原子不大，但是密度高得吓人，试想如果把地球缩小到弹珠般大小，密度自然大得不得了，而这仅仅是地球成为黑洞的基本条件而已，与原始原子比起来简直让我找不到任何形容词。

那么，原始原子又是怎么变成现在的宇宙呢？像细胞一样自我复制吗？肯定不行，因为自我复制就意味着质量、能量不守恒；像吹气球一样，慢慢变大吗？这也是不成立的，因为物质之间是相互吸引的，不是排斥的。因此，宇宙只能诞生于一次痛痛快快的"爆炸"。

7.2 宇宙大爆炸

但是爆炸理论一路走来并不"痛快",人们对它的质疑和嘲讽不亚于同时期的量子力学。在这里,我们必须要着重介绍两位重量级人物:霍伊尔(1915—2001)和伽莫夫(1904—1968)。

霍伊尔出生于英国,是一位非常有趣的科学家。他从小就喜欢独立思考,从不人云亦云,而且敢于挑战权威。比如小时候,老师叫他学罗马数字,他说:"有谁会愚蠢到不写 8,而写成Ⅷ^①呢?"

一开始,霍伊尔就极力反对原始原子说。霍伊尔认为,将宇宙归结为一次爆炸是非常"丑陋"的,因为无法解释爆炸之前的宇宙是什么样的,也就是说,宇宙怎么能诞生于一个没有昨天的某天呢?

在霍伊尔看来,宇宙应该是稳定的、永恒的、不生不灭的,这种宇宙模型叫作"稳恒态宇宙"。霍伊尔一生都是稳恒态宇宙的支持者。那又该如何解释所有的星系都在远离呢?霍伊尔认为星系的运动轨迹是交错的,不会撞到一起,只会相视而过,就像空间中的两条线,它们非平行但也没有交点。星系的距离是来回振荡的——像拉弹簧一样,此时正处在相互远离的时期,但是在足够长的时间内,星系又会相互靠近,然后又会远离。

但霍伊尔不能因为爆炸理论丑陋就去排斥,做人是要讲道理的。他反对是因为爆炸理论本身存在很多问题。霍伊尔抓住了这些问题,将爆炸理论往死"揍"。第一个问题与宇宙的年龄有关。哈勃根据哈勃定律推算出宇宙的年龄在 20 亿年左右,而当时的地质学家们根据地球上最古老的

---

① 罗马数字并非十进制的,现在基本废弃了——除了用在某些文章的标题上,因此霍伊尔这番话真是高见,也足见他的勇气。

岩石得出地球的年龄在 40 亿年以上。爆炸理论刚诞生就出现了"儿子比爸爸年纪大"的怪论，因此受到了很多科学家的嘲笑。不过，年龄问题很快就烟消云散。20 世纪 30 年代，天文学家们重新对造父变星进行测量，发现哈勃在估算变星亮度时出了问题——明明亮如灯光，他却错以为暗如烛火，宇宙的年龄应该在 70 亿年左右。这个数值与今天公认的 138 亿年仍有很大出入，但在当时，大爆炸理论中的宇宙年龄问题顺利得到解决。

与霍伊尔相反，伽莫夫是爆炸理论的坚定拥护者。伽莫夫出身于俄国的一个世代军官家庭，受过良好的教育。他不仅是一位伟大的科学家，还是物理科普大师，一生写过很多科普读物，如《物理世界奇遇记》《物理学发展史》等。他的科普书总是诙谐幽默、举例形象生动，让笔者受益匪浅。1928 年，伽莫夫从列宁格勒大学①获得博士学位后，先后在哥本哈根大学和英国剑桥大学从事物理研究。这两个地方是玻尔和卢瑟福的大本营。因此，伽莫夫也做过量子力学的研究，他将量子力学形容成"要么不喝，要喝就是一瓶"——这个比喻可能与苏联人爱好喝酒有关。1931 年，伽莫夫任列宁格勒大学的物理教授，但是他并不喜欢当时苏联的学术氛围，于是趁着参加第七次索尔维会议，偷偷离开了苏联，第二年移居美国，在密歇根大学任教，主要研究宇宙学。

霍伊尔不能因为丑陋就去排斥，伽莫夫也不能因为喜欢就去鼓吹。1932 年，查德威克发现中子，揭开了原子核的神秘面纱，伽莫夫开始从原子核的角度研究恒星。1938 年，他在美国做了一次学术报告，主题是探索核物理学与天体物理学。当时底下坐着一位叫贝特（1906—2005）的年轻人，听完报告后，贝特很激动，因为他一直就在思考同样的问题，现在终于有伴了。

贝特经过 6 周的思考，提出关于恒星能量来源的假设。他认为恒星的

---

① 现改名为圣彼得堡国立大学。

能量来源于星体核心部分的核反应，由于星体的中心温度极高，原子核拥有无比巨大的速度，这些速度完全高于库仑斥力，会与其他原子核碰撞，发生核聚变，同时释放巨大的能量，巨大的能量会产生高温，维持着恒星的燃烧。1939 年，贝特估算出太阳的核心温度，还给出了太阳核聚变的 3 个步骤[1]。

当时科学家们通过观察太阳光谱，得知太阳的主要元素是氢，这些氢元素从哪来呢？来自宇宙，因为宇宙中的星云的主要成分正是氢元素。星云中的氢元素又是从哪来的呢？科学家们猜测氢原子是宇宙爆炸后的产物，但是霍伊尔还是给爆炸理论泼了盆冷水，理由是宇宙中除氢元素外，数氦元素最多，通过估算，氦大约占整个宇宙元素的 1/4。如果这些氦元素都从恒星聚变中产生，那就没有夜晚了，因为太多的氢核聚变会导致所谓的夜晚比我们现在的白天还要亮。这又是爆炸理论的大硬伤。

1946 年，对于霍伊尔提出的问题，伽莫夫另辟蹊径，提出了一个新的猜想：宇宙依旧起源于一次爆炸，不过在爆炸后的万分之一秒，宇宙的温度超过 1 万亿度。在如此高温下，物质以光子、中子、质子等一些基本粒子的形式存在。随后温度下降，大约在爆炸后的 100 秒时，质子与质子、中子与质子之间相互结合，形成氦原子，所以氦原子不只来源于恒星燃烧，更多的氦原子来源于那次爆炸。宇宙爆炸假说再一次化险为夷。

经过两年的研究，伽莫夫和他的助手阿尔法（1921—2007）得出以上结论。此外，伽莫夫凭借优秀的口才成功地说服了贝特在题为《化学元素起源》的论文中署名，不为别的，只为他们的姓氏的首字母正好是希腊语中的 α、β、γ——发音也很相似。首字母象征着宇宙之始，所以这个假说也叫作"αβγ 假说"。宇宙爆炸假说开始进入理论性阶段。

但是霍伊尔不打算放弃。1949 年 3 月，英国一家广播公司邀请霍伊

---

[1] 见 6.11 节。

尔谈谈宇宙起源问题。霍伊尔在这次广播采访中直言不讳，亲口告诉收音机前的听众，"This Big Bang"的想法是多么荒谬。他本想用"Big Bang"来嘲笑爆炸理论，没想到一语成真，"The Big Bang"就成了"大爆炸"的专属词汇。不过，玩笑归玩笑，霍伊尔仍旧无法用事实推翻 αβγ 假说，于是他又逆向提出了新的问题：如果宇宙真的是爆炸的产物，那么肯定还有爆炸的残留物——宇宙微波背景辐射。任何物体无时无刻不在发光，光的频率与物体的温度有关。宇宙大爆炸产生了大量的粒子与反粒子，它们相互碰撞产生光子。光子又与粒子碰撞，高频光子被吸收，还剩下微波段的光子——相当于 3K（约零下 270℃）的物体发出的光。其实伽莫夫和他的同伴们早就预言宇宙微波背景辐射的存在，如果能把它找到，相信霍伊尔就不会再固执下去了吧。

"二战"后，世界在重建，物理学也是如此。虽然爱因斯坦和玻尔还在为量子力学的完备性争论不休，但并不妨碍量子力学在技术方面的应用。当很多精密仪器投入实验时，大部分物理学家们认为少提理论、多计算，从而使得技术创新不断进步，但也导致部分科学家不太关注最前沿的物理理论。这是情有可原的，毕竟不是每个人都喜欢看那种烧脑大碟，更何况还要在里面当编剧。

时光荏苒，说话间就到了 20 世纪 60 年代，美国两位科学家彭齐亚斯（1933—）和威尔孙（1937—）为改进卫星通信，建立了高灵敏天线。他们在使用中发现有一些噪声始终存在，根据噪声的频率得出其辐射温度大约为 2.7K。噪声让人感到焦躁，他们开始以为是机器的问题，于是将仪器拆了又装，装了又拆，甚至连天线锅上的鸟粪都清扫得干干净净，但仍然无济于事。一次与朋友在一起吃饭，彭齐亚斯告诉了朋友这件诡异的事。他的朋友告诉他，这可能就是普林斯顿大学的某个小组正在苦苦寻找的宇宙微波背景辐射。踏破铁鞋无觅处，得来全不费功夫，彭齐亚斯和威尔孙如释重负。

两支队伍很快会晤，并确定了这个噪声就是宇宙微波背景辐射，时间是 1965 年，这一年是宇宙学历史上最重要的年份之一。

什么是噪声？

在物理学中，噪声指的是不规则的干扰信号，不一定与声音有关。比如用耳机听音乐，可能会有一些杂音，这种杂音是由电流引起的，除了电流，一些杂物也会对信号产生干扰，所以彭齐亚斯和威尔孙需要将天线整理得干干净净。

在生活中，噪声无处不在，强度是随机分布的。现在很多元器件的降噪能力非常强，以至于我们都不太关注噪声问题。比如现在的电视机清晰得如同刚被抹布抹过一样，笔者小时候——20世纪 90 年代，电视机刚进入农民家庭，那时没有高清的信号源，完全靠电视机上面的两根天线接收（图 7.5）。不管有没有信号，电视机的画面中总是带些无法去掉的雪花点。这些雪花点就是电磁波干扰引起的噪声，其中包括微波背景辐射信号，大约占 1%，也就是说，人类早就见过微波背景辐射，只是不知道它。

图 7.5　老式电视机

后来彭齐亚斯和威尔孙把这个好消息告诉了勒梅特。勒梅特欣慰地笑了，看来当年他提出的宇宙起源于"没有昨天的那天"是正确的，不幸的是，他的生命即将到达"没有明天的那天"。1966年6月20日，勒梅特逝世。两年后，伽莫夫与世长辞。他们都是幸运的，毕竟都等到了自己的理论被证明的那一刻。1978年，彭齐亚斯和威尔孙共同获得了诺贝尔物理学奖，而伽莫夫和哈勃一样，都因过早离世，没能等到属于自己的诺贝尔奖。

在众多证据面前，霍伊尔仍然任性地拒绝相信大爆炸理论，不过我想物理学已经原谅了他的任性，并允许他继续任性下去。即使全世界的人都支持大爆炸理论又能怎样？许你一匡天下，就许我四海为家，在辩证中求发展正是物理学的魅力所在。后来很多因研究大爆炸而取得成功的学者都认为是霍伊尔的思想给了他们最初的灵感。

宇宙简史

"砰"，138亿年前，一颗密度无限大的原始原子爆炸了；138亿年后，变成了今天的宇宙。

（1）爆炸，宇宙的起点。此时温度无限高、密度无限大，时空由此开始。

（2）10^{-43}s，普朗克时代。根据不确定原理：$\Delta E \cdot \Delta t \geq \hbar / 2$。$\Delta t \to 0$ 则意味着 $\Delta E \to \infty$，因此 Δt 不能趋向于0。物理学家认为 Δt 不能小于 10^{-43}s，这个数值称为"普朗克时间"。也就是说，任何时间的测量间隔不能小于普朗克时间，大爆炸也不能例外。现在的物理知识还不足以解释从大爆炸到普朗克时代的宇宙。

（3）10^{-35}s，大统一时代。在此之前，物理理论是统一的，但是过了这一刻，引力从统一作用中分离。

（4）10^{-32}s，暴涨时代。在此之前，宇宙发生了一次暴涨，大约增加了 10^{50} 倍，宇宙中产生大量粒子。

（5）10^{-6}s，强子时代。强相互作用分离，产生电子、夸克。

（6）10^{-2}s，轻子时代。弱相互作用分离，产生质子、中子和中微子。

（7）10s，辐射时代。粒子与反粒子在相遇后湮灭，生成大量光子。

（8）约 3min，氦形成时代。宇宙直径达到 1 光年，大量氢原子核聚变形成氦原子，粒子继续减少，光子增多。

（9）半个小时，粒子稳定时代。此时粒子之间的碰撞不足以转化成新粒子，宇宙是光子的海洋，但是由于温度高，光子可以轻易地将电子从原子中剥离，所以此时还没有真正意义上的原子。

（10）30 万年，物质时代。电子与原子核结合形成原子，即我们常见的物质。

（11）1 亿年，恒星、星系形成。温度降到 100K。

（12）10 亿年，行星及生命开始形成。温度降到 12K。

（13）当前。温度降到 3K。

尽管感觉大爆炸是板上钉钉的事，但是还有很多问题亟待解决。举个例子，由于光传播是有速度的，所以离爆炸点越近，微波背景辐射越强，但实际上，微波背景辐射在宇宙各处是均匀的。为了解释这一现象，麻省理工学院的古斯教授（1947—）提出"暴涨宇宙模型"，他认为宇宙爆炸后的膨胀速度不是递减或均匀的，而是存在一个急速膨胀时期，大约在 1 秒的时间内，宇宙增大了 10^{30} 倍。所以，宇宙的历史到底是怎么样的人类还没有搞清楚，这也说明大爆炸理论任重而道远。

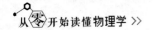
7.3 恒星演化

宇宙中总有一些引力很大、大到连光都逃逸不了的天体，既然光都无法逃逸，看上去就是黑黑的，因此叫作"黑洞"。

早在18世纪，天文学家就意识到黑洞的存在了。1783年，英国天文学家米歇尔（1724—1793）写信给亨利·卡文迪许，提出宇宙中存在一种"暗星"的想法，这里的暗星指的正是黑洞。法国数学家拉普拉斯提出了黑洞的初步构想，还根据万有引力公式，推导出黑洞半径与密度的关系方程。当时盛行光的微粒说，拉普拉斯的方程是将光微粒看作质点而得到的，因此现在看来该方程并不正确。

1916年，第一次世界大战交战正酣。德国物理学家史瓦西（1873—1916）在军队服役，负责研究炮弹轨道的曲线方程。闲暇之余，他计算广义相对论方程，最后得到一个解：如果星体质量除以星体半径超过某个临界值，就能产生黑洞。这个解称为"史瓦西解"，这个半径临界值称为"史瓦西半径"。按此计算，太阳要成为黑洞的史瓦西半径为3km，地球要成为黑洞的史瓦西半径为9mm——差不多和玻璃弹珠一样大。

史瓦西将这一计算结果寄给了爱因斯坦，爱因斯坦很高兴，推荐给杂志社发表。不幸的是，史瓦西在战场上感染了当时无法治愈的天疱疮，1916年5月就病逝了，年仅42岁。如果史瓦西没有英年早逝，相信他会对宇宙物理学的发展作出更大的贡献。

史瓦西为黑洞产生做了一个条件说明，那这些条件能不能成立呢？换句话说，恒星在什么条件下才会演化成黑洞呢？我们不妨来看看恒星的演化。

宇宙中的星云大部分都是由最简单的、只有1个质子的原子（氢原子）组成的，这些氢原子相互吸引形成一个球体，球体不断地滚动，像滚雪球似的越滚越大。球越大，引力就越大；引力越大，体积就越小；体积越小，原子运动就越剧烈；运动越剧烈，温度就越高。等温度高到一定程度时，氢原子核之间就会发生聚变，聚变后会产生更大的能量，温度继续升高，于是恒星被点燃了。

点燃的恒星就成了"主序星"，主序星内部温度高，核聚变更加强烈。随着时间的推移，内部的氢比外部的氢先烧完。恒星内部烧完后，温度降低，此时引力占上风，内部开始收缩。收缩后会产生两种效应，一是产生高温，使外层还没有发生核聚变的氢元素继续燃烧；二是对外层的引力减小，使外层不断膨胀，最终的结局就是内部收缩、外部膨胀。当外层氢原子也烧完时，恒星就变成通红通红的"红巨星"。

以太阳为例，50 亿年后，太阳直径将是现在的 200 多倍 —— 足以到达目前火星的轨道。到那时，水星和金星早已被太阳吞噬，但由于太阳整体引力减小，地球会远离现在的轨道，可能会逃脱被太阳吞噬的命运。不过，人类不必为这一刻感到担心，因为人类或许就在自戕自伐中灭亡了，又或许早已逃到其他星球，建立了新的居住地。

红巨星会继续演化，最终的命运与其自身大小有很大关系。宇宙学家们认为，当一颗质量小于太阳质量 8 倍的主序星进入红巨星阶段后，内部会发生坍缩，因此外层所受的引力会不断减小。当引力不足以对抗斥力时，外层会发生爆炸，产生的氢原子就会消失在茫茫的宇宙中。内部的坍缩仍在继续，而且非常迅猛，所花的时间相当于恒星寿命的一瞬间。在这一瞬间[①]，氦原子之间发生聚变，产生碳原子和氧原子，所以这一过程被称为"氦闪"。氦闪后，红巨星内部的原子在强引力的作用下变得很小，

———————

① 一瞬间是相对恒星的寿命而言的，大约是 100 万年。

原本束缚电子运动的壳被挤碎，电子可以自由自在地在原子间穿梭，就像气体分子一样。根据泡利不相容原理，每个原子内部的电子的状态只能唯一，就像一个萝卜一个坑一样。正常情况下，原子中的"坑"的数量是大于"萝卜"的，但在红巨星核内部，引力大于斥力，"坑"越来越少，最终和"萝卜"一样多，此时红巨星不能再坍缩了，否则就违背了泡利不相容原理。这种平衡状态下的红巨星就成了一个"白矮星"，白矮星的半径小于 1 万千米，密度约为水的 1000 万倍。

　　宇宙中有很多白矮星，大约占所有天体的 10%。历史上第一个确认为白矮星的是天狼伴星，天狼星经常出现在古代诗词中，如苏东坡写的："会挽雕弓如满月，西北望，射天狼"[1]。19 世纪，人们发现天狼星在天空中的位置会发生周期性的变化，由此推测有一颗伴星跟它一起转。不久后，天文学家们发现了这颗伴星，它的质量和太阳差不多，但大小如地球一般，发出白色的光，因此叫作白矮星。白矮星内部仍然有核聚变，总有一天会燃烧殆尽，那时白矮星就不再发光，变成一块密度更大的黑矮星。不过到目前为止，人类还没有找到黑矮星，因为从白矮星到黑矮星大约需要 100 亿年的时间，比宇宙的年龄小不了多少。

　　太阳变成红巨星后，也会有一次爆炸，甩掉外壳，然后继续坍缩，最终形成白矮星，直径只有 180 千米左右。此时太阳系的行星们要么被吞噬，要么早已飞走，只留下火星孤单单地陪着太阳转下去。

　　那么，白矮星的质量最大是多少呢？印度物理学家钱德拉塞卡（1910—1995）计算出了极限值，约为太阳质量的 1.4 倍，也就是说，一颗白矮星最大的质量只能是现在太阳的 1.4 倍，否则就违背了泡利不相容原理。此极限称为"钱德拉塞卡极限"。

_____

　　[1] 出自《江城子·密州出猎》。

钱德拉塞卡极限

1928 年，印度青年钱德拉塞卡打算远渡重洋，到剑桥大学与爱丁顿学习广义相对论。旅途中，他从泡利不相容原理出发，得出了钱德拉塞卡极限。但是他的老师爱丁顿并不相信钱德拉塞卡的计算，理由有很多，比如一颗流星不小心撞到了正处于临界点的白矮星上，白矮星会怎么样演化呢？难道白矮星会继续坍缩成一个点？

在数学上，这个点称为"奇点"或"奇异点"。奇点指的是数学无法处理的点，举个例子，设有方程 $y = 1/x$，$x = 0$ 就是该方程的奇点，因为 y 在 $x = 0$ 处是无限的，而无限在数学上没有办法定义，所以除数不能为 0。物理学也应该避免奇点的出现，因为奇点意味着无限，如果大爆炸理论成立，则原始原子的引力是无限的。爱因斯坦早就意识到这点，他坚持认为宇宙是永恒的就是为了避免奇点的出现。

每当这个该死的奇点出现时，就会有很多科学家出来反对，他们称之为"非物理状态"，其中包括爱因斯坦。得到了好友爱因斯坦的支持，爱丁顿底气更足，有次科学大会前，他当众撕掉了钱德拉塞卡的演讲稿，让后者出尽了洋相。真理往往掌握在少数人手中，但是命运往往相反，得不到众人支持的钱德拉塞卡只得去了美国。唯独支持钱德拉塞卡的是泡利，泡利肯定了钱德拉塞卡的工作，并开玩笑地说："你的工作也许违反了爱丁顿不相容原理，但肯定没有违反泡利不相容原理。"果然，又被泡利言中，当天文学家对白矮星深入研究后，发现当年印度学生的理论是如此正确。1983 年，钱德拉塞卡因此获得诺贝尔物理学奖。

那么，超过 8 个太阳质量的主序星命运又该如何呢？它首先会演化成"超红巨星"。与普通的红巨星不一样，超红巨星内部引力非常大，体积一直收缩，同时温度不断升高，氢核聚变产生的氦元素也会继续聚变下去，进而产生碳、氧等元素。这些元素还会继续聚变，直至铁元素诞生，此时的恒星被称为"超新星"。超新星的引力不足以维持内部核反应产生的高温，它将会用一次爆炸来结束自己的生命。爆炸的同时会产生极高的温度，是太阳中心温度的千亿倍，高温让内部的元素继续聚变，产生金、银等人类已经从自然界中找到的元素。正因为如此，整个宇宙中铁的含量非常丰富，而金、银等金属的含量相对少了很多。

爆炸后，超新星外壳碎片冲向宇宙，相互之间产生碰撞，像滚雪球一样越滚越大，逐渐形成了行星。行星本就是由运动的石头相互撞击形成的，自然有自转的初速度 —— 地球自转的初速度或许来源于此。行星在宇宙中自由驰骋，当被宇宙中大质量的星体俘虏后，会进入一个绕它运转的轨道。

霍伊尔在宇宙演化过程中作出了杰出的贡献。据他推算，太阳在形成之前，太阳系中有很多某颗超新星爆发后的残骸，残骸之间相互撞击，形成岩质星体。这时的太阳星云正在聚集，在某个时刻点燃。点燃的太阳形成强大的冲击力，将超新星爆发后留下的残骸全都冲到了小行星带，为地球的形成与生命的演化铺平了道路。

超新星在爆炸时，内部温度极高，压力极大。强大的压力会挤碎原子壳，电子被压到了原子核中，与核中的质子结合形成中子，超新星演变成了"中子星"。首次提出存在中子星的是苏联科学家朗道（1908—1968）。

最揪心的诺贝尔奖

1932 年，查德威克发现了中子，消息传到了哥本哈根。玻尔组织开会，让科学家们谈谈对新粒子的看法。此时朗道就在玻尔研究所学习，他认为宇宙中应该存在中子星。为什么朗道会想到中子星呢？其实他也研究过白矮星的极限问题，但比钱德拉塞卡晚了几年。1967 年，科学家们果然找到了中子星。

从朗道的出生年月来看，他并没有赶上量子力学的黄金时代，所以他不无羡慕地感慨："漂亮姑娘都和别人结婚了，现在只能追求一些不太漂亮的姑娘了。"1958 年，朗道 50 岁生日那天，苏联原子能研究所送给朗道一对大理石板作为生日礼物，上面仿照摩西十诫，刻着朗道的十条伟大贡献。杨振宁先生认为爱因斯坦、狄拉克和朗道是 20 世纪最杰出的科学家。

1962 年 1 月，朗道突遇车祸，昏迷了 40 多天，成了植物人。整个物理学界为之震动，政府为他安排最好的医生，玻尔也从哥本哈根找了一流的医护队伍奔赴莫斯科，很多国家寄来了名贵的药材。诺贝尔奖委员会也为之提心吊胆，这么伟大的科学家，必须列入诺贝尔奖名单才行。为此，委员会召开特别会议，决定乘朗道还活着，赶紧将 1962 年的诺贝尔物理学奖颁发给朗道，至于理由嘛，那可能是所有困难中最轻松的一件事。好在朗道挺过了艰难的岁月，同年 10 月，瑞典驻苏联大使将诺贝尔奖牌授予朗道的代理人后，如释重负地说："我终于把这个揪心的奖颁发了！"

但是中子星并不一定是最终的结局。1939 年，奥本海默也从泡利不相容原理出发，计算出中子星质量的极限，约为太阳质量的 3.2 倍，此极限称为"奥本海默极限"。也就是说，最重的中子星不能超过太阳质量的 3.2 倍，超过了，中子星会继续坍缩，最终会成为黑洞。

恒星演化时，有两个量化质量，一个是主序星时的初始质量（$m_{初}$），另一个是爆炸后残留的核心质量（$m_{核}$）。在物理学中，经常以处于主序星阶段的太阳质量（M）为基本单位，来衡量恒星演化的质量边界条件（图 7.6）。

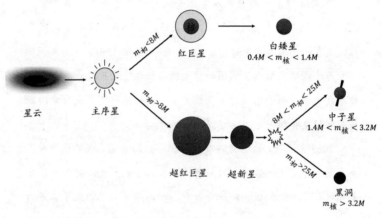

星云　主序星

$m_{初} < 8M$　红巨星　白矮星　$0.4M < m_{核} < 1.4M$

$m_{初} > 8M$　超红巨星　超新星

$8M < m_{初} < 25M$　中子星　$1.4M < m_{核} < 3.2M$

$m_{初} > 25M$　黑洞　$m_{核} > 3.2M$

图 7.6　恒星演化

相比白矮星与中子星，黑洞似乎没有办法找到，因为黑洞是看不见的。在深邃浩瀚的宇宙中找黑洞就像在煤堆里找乌鸦一般，所以科学家们就黑洞是否能存在争论了很久，其主要争论焦点在于引力能否无穷大。首先证明黑洞在数学上存在的是霍金（1942—2018），1974 年，他从广义相对论方程得出引力无限大的奇点是存在的。

励志人生

再也没有哪位科学家的人生如霍金一般励志了。霍金生于英国牛津，17 岁上大学，获得学位后转入剑桥大学研究宇宙学。21 岁时，他被确诊患有一种怪病，病的名字很长，简单点说就是肌肉萎缩导致行动不自由。当时医生十分肯定地告诉霍金他只能再活两年，这导致霍金想放弃正在攻读的博士学位。后来在导师希尔玛的鼓励下，霍金才重拾信心。不过，他的身体每况愈下，说话已经变得不清楚了，只能靠拄着拐杖走路，渐渐地变成了大家所熟悉的形象。传记类高分电影《万物理论》讲述的正是霍金的人生故事。

在霍金青少年时，大爆炸理论与稳恒态宇宙理论并驾齐驱。霍金认为稳恒态宇宙更合乎自然，所以读博士时，他想拜霍伊尔为师，但是霍伊尔不再招收学生，于是他拜希尔玛为师。希尔玛原本是霍伊尔的支持者，但是他不像霍伊尔那么"犟"，立场渐渐地被大爆炸理论俘虏。希尔玛教学有个很大的特点，他喜欢让学生独立思考，如果学生有问题，他会根据问题找到相关的解答人，霍金就这样认识了彭罗斯教授（1931—）。当时彭罗斯正在研究爱因斯坦的广义相对论方程，他从方程中推导出黑洞中必然存在一个密度无限大、时空无限弯曲的点——引力奇点。在奇点上，时间和空间变得无效，一切物理定律都会失去意义。彭罗斯因此获得了 2020 年的诺贝尔物理学奖。

霍金从彭罗斯的理论中受到了很大的启发，他把黑洞的演化看成宇宙大爆炸的逆过程。如果黑洞中奇点可以存在，那么宇宙在大爆炸的前一刻也就可以存在。1970 年，霍金与他的老师彭罗斯在论文中证明：如果广义相对论是正确的，那么宇宙中存在时空的奇点，所以黑洞与大爆炸都不是天方夜谭，而是不可避免的。如果这一切都是正确的，我们可以初步下个结论：时空起源于大爆炸，而终结于黑洞。

后来霍金以黑洞为主要研究方向，得出很多与黑洞有关的定律。受技术限制，霍金的很多理论都没有被证实。相信如果霍金能够长寿，将会获得一个诺贝尔奖。

霍金出生那天正好是伽利略逝世 300 周年纪念日，他在不少文献中提到这点——包括最畅销的《时间简史》，并且为之感到骄傲。巧合的是，霍金逝世那天正好是爱因斯坦 139 岁生日。

数学上，黑洞是存在的。星空中，很多现象也只有黑洞才能解释，比如"引力透镜效应"。爱因斯坦在建立广义相对论时就曾预测，宇宙中的大天体让其他恒星的光弯曲，会导致观察者看到两个或多个像（图 7.7）。如果地球到恒星之间并没有看见什么天体，则只能用黑洞去解释。

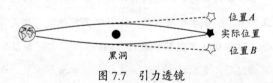

图 7.7 引力透镜

2017 年，人类历史上第一次拍摄到黑洞的照片，直接找到了最直观的黑洞影像。

7.4 未解之谜

随着科技的发展，人类认识宇宙的速度会越来越快，但是困难也会越来越多。我们现在所了解的知识可能只是宇宙的冰山一角，宇宙还有很多未解之谜等待解决，本节仅列举几个。

1. 黑洞、白洞与虫洞

1964 年，苏联物理学家诺维科夫（1935—）根据史瓦西解提出了一个相反的概念 —— 白洞。与黑洞相反，在白洞的时空区域内，所有的物质甚至光线都无法进入，只能向外辐射。

虫洞是奥地利物理学家弗莱姆（1885—1964）于 1916 年提出的概念。1935 年，爱因斯坦与助手罗森将黑洞与白洞联系起来，建立了"爱因斯坦—罗森桥"的假设：物质从黑洞进入，从白洞而出，连接黑白洞的那条狭长的时空区域就是虫洞（图 7.8）。尽管爱因斯坦本人认为虫洞只是数学伎俩，宇宙中并不存在虫洞，但是热爱科幻的人们总是想象着利用虫洞穿越时空。

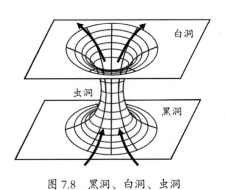

图 7.8 黑洞、白洞、虫洞

"我生君未生，君老我年轻"，这是科幻小说和电影最钟爱的话题之一，时空旅行也成了科幻作品的常客。到目前为止，人类还没有找到虫洞存在的任何证据，这些都是广义相对论带来的"科幻效应"。

时空能否穿越？这是一个仁者见仁、智者见智的话题，想从笔者这里找到答案无异于缘木求鱼，在此我们仅谈谈霍金的看法。霍金认为虫洞是存在的，而且就在我们身边。当我们近距离观察任何事物时，都会发现隙缝。同样，时间也有隙缝，它们非常小，比原子还要小很多，称为"量子泡沫"，虫洞正是存在于此。有了虫洞，就能想办法将其放大，放大到一个人或一艘宇宙飞船能够通过，那样的话，将虫洞一端靠近地球，另一端靠近某个星球，一段光怪陆离的旅程就开始了。霍金认为不管怎么穿越，都不能让时光倒流，假设有一个人穿越到过去，开枪杀了过去的自己，如果他过去死了，也就没有现在往回穿越的他了。但霍金认为人可以穿越到未来。根据广义相对论，引力大的地方时间会变慢，如果一个人在黑洞旁边旅游了一周，再回来时，地球可能已经过了一个世纪，这样的话，他就穿越到了未来。在此，笔者也提出一个小小的疑问，假设秦始皇在统一六国前去黑洞边上玩了一圈，穿越到的未来还是那个被他统一一过的未来吗？笔者认为物理学是"人"的物理，并不能脱离"人"而存在。

2. 暗物质

爱因斯坦在建立广义相对论之初，指出宇宙的形状取决于宇宙的密度。当时爱因斯坦认为宇宙是有限的、封闭的，要维持宇宙平衡，其平均密度必须达到 $5 \times 10^{-30} \text{g/m}^3$，但是随着天文观测技术的进步，实际观测值只有理论值的 1/100。两个数量级的差异让天文学家们感到困惑，1932 年，爱因斯坦与荷兰天文学家德西特（1872—1934）共同发表论文《看不见的物质》，指出宇宙中可能存在大量不发光的物质，也就是我们今天所说的"暗物质"。

与此同时，荷兰另外一位天文学家奥尔特（1900—1992）也提出了暗物质的存在，并找到了证据。奥尔特主要从事恒星运动学，特别是高速星体的研究。1927 年，奥尔特发现银河系的"差异自转"现象，即一个非固态天体或一个星团在自转时，各个部分速度不一致。1932 年，奥尔特发现要维持银河系的自转，仅靠观测到星体的质量是远远不够的，因此银河系内必定存在大量的暗物质。

1937 年，在美国工作的瑞士天文学家兹威基（1898—1974）通过计算星系的平均质量，发现其数值是发光天体总和的 160 倍，再一次论证了暗物质的存在。

科学家们很容易将暗物质与黑洞联系起来。也就是说，星系中存在很多黑洞，尽管看不见，但质量依然存在，从而满足星系运行的总质量要求。

1970 年，美国女天文学家薇拉·鲁宾（1928—2016）发现暗物质与黑洞不能画等号。鲁宾观测仙女星系时发现，星系中明亮的区域几乎都是以同样的速度绕中心旋转。但开普勒第三定律和万有引力告诉我们，离星系中心越远的天体公转周期越长。以太阳系为例，离太阳最近的水星的公转周期是 88 天，而最远的海王星转一圈则需要近 165 年。是什么原因造成星系的旋转不符合万有引力呢？鲁宾认为星系中弥散着暗物质，正是这些暗物质的存在，才导致星系以相同速度旋转。也就是说，暗物质不仅以天体的形式存在，还会以弥散的形式存在。二者之间有很大差别，黑洞是引力的奇点，但弥散的暗物质并非如此。通常情况下，我们所说的暗物质指的就是以弥散形式存在的物质。

暗物质到底是什么？它的微观结构又是怎样的？科学家们认为这种暗物质分为两类，一类称为"冷暗物质"，其组成粒子的速度远低于光速；另一类称为"热暗物质"，其组成粒子的速度与光速接近。无论冷热，它们的组成粒子都是电中性的、有静止质量的、稳定的。电中性保证暗物质粒子能完全吸收电磁波（光）——所以才叫作暗物质，有静止质量保证暗物质粒子可以低于光速运行，稳定性保证暗物质粒子可以"抱团"并长期存在。在已知的微观粒子中，仅有 11 种粒子是稳定的，它们是质子和反质子、电子和正电子、3 种中微子和 3 种反中微子及光子。符合条件的仅剩 3 种中微子和 3 种反中微子，但这些只能是热暗物质粒子。到目前为止，科学家还没有找到符合冷暗物质特性的粒子。

3. 暗能量

向上抛起一个苹果，它会远离地球，但速度越来越慢，这是万有引力的必然结果。自从哈勃发现宇宙正在膨胀之后，人们一直认为宇宙就像抛起的苹果，膨胀速度会越来越慢。20 世纪 90 年代，科学家们开始着手测量宇宙膨胀速率，然而 1998 年的测量结果让所有人大吃一惊：宇宙不仅膨胀，而且是加速膨胀。

无论什么物质 —— 包括暗物质，都是相互吸引的，是什么力量让宇宙加速膨胀呢？科学家们猜测，宇宙空间 —— 包括真空，必定有一种以非实物形态存在的能量，称为"暗能量"。暗能量表现出来的就是斥力，正是暗能量的存在，宇宙才可以加速膨胀。爱因斯坦曾为了构建静态宇宙，在广义相对论方程中增加了宇宙常数，而哈勃的发现让他不得不放弃宇宙常数，并称之为"一生中最大的错误"。现在暗能量的概念让宇宙常数死而复生，科学家们认为暗物质正是广义相对论方程中的宇宙常数。宇宙常数的故事总会让人想起以太，也许是什么并不重要，重要的是需要什么。

20 世纪之初，物理学家们认为物理学是一个即将竣工的大厦，只是飘了两朵乌云而已。这两朵乌云最终引起了 20 世纪最伟大的理论变革 —— 量子力学与相对论。现在，物理学朝着最终的梦想不断迈进，但是大厦的上空从来就没有晴朗过，而暗物质与暗能量之谜是最大的云团之一。路漫漫其修远兮，人类追求真理的梦想也许会步履维艰，但梦想总是要有的，万一实现了呢？

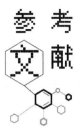

[1]　亚里士多德.亚里士多德的宇宙哲学 [M].刘烨,编译.北京:中国戏剧出版社,2008.

[2]　哥白尼.天体运行论 [M].叶式辉,译.北京:北京大学出版社,2006.

[3]　伽利略.关于托勒密和哥白尼两大世界体系的对话 [M].上海外国自然科学哲学著作编译组,译.上海:上海人民出版社,1974.

[4]　伽利略.关于两门新科学的对话 [M].武际可,译.北京:北京大学出版社,2006.

[5]　波耶.微积分概念发展史 [M].唐生,译.上海:复旦大学出版社,2007.

[6]　牛顿.自然哲学之数学原理 [M].王克迪,译.西安:陕西人民出版社,2001.

[7]　向义和.物理学基本概念和基本定律溯源 [M].北京:高等教育出版社,1994.

[8]　赵凯华,陈熙谋.电磁学 [M].4版.北京:高等教育出版社,2018.

[9]　卡约里.物理学史 [M].戴念祖,译.桂林:广西师范大学出版社,2002.

[10] 王竹溪.热力学［M］.2版.北京：北京大学出版社，2014.

[11] 费恩曼，莱顿，桑兹.费恩曼物理学讲义（第1卷）［M］.郑永令，华宏鸣，吴子仪等译.上海：上海科学技术出版社，2005.

[12] 郭士堃.广义相对论导论［M］.成都：电子科技大学出版社，2005.

[13] 曾谨言.量子力学（卷I）［M］.4版.北京：科学出版社，2007.

[14] 周世勋.量子力学的诞生（1）［J］.大学物理，1982（1）：4.

[15] 周世勋.量子力学的诞生（2）［J］.大学物理，1982（2）：4.

[16] 周世勋.量子力学的诞生（3）［J］.大学物理，1982（3）：5.

[17] P.罗伯森.玻尔研究所的早年岁月（1921—1930）［M］.杨福家，卓益忠，曾谨言译.北京：科学出版社，1985.

[18] 吴飙.简明量子力学［M］.北京：北京大学出版社，2020.

[19] 黄涛.量子场论导论［M］.北京：北京大学出版社，2015.

[20] 杨振宁.基本粒子发现简史［M］.上海：上海科学技术出版社，1963.

[21] 阿伯拉罕·派斯.基本粒子物理学史［M］.关洪，杨建邺，王自华等译.武汉：武汉出版社，2002.

[22] 史蒂芬·霍金.时间简史——从大爆炸到黑洞［M］.许明贤，吴忠超译.长沙：湖南科学技术出版社，2003.

[23] 吴大江.现代宇宙学［M］.北京：清华大学出版社，2013.

[24] 李宗伟，肖兴华.天体物理学［M］.2版.北京：高等教育出版社，2012.